軍事技術者の
イタリア・ルネサンス

――築城・大砲・理想都市――

白幡俊輔著

思文閣出版

目　次

序　章　軍事技術とルネサンス期イタリアの社会 …………………3

第1章　ルネサンス期イタリアの戦争・武器・傭兵 ……………13
　　はじめに ………………………………………………………13
　　第1節　15世紀までのイタリアの軍隊と戦術 ………………14
　　第2節　火器と築城術の特徴 …………………………………27
　　第3節　15世紀イタリア傭兵隊長の戦術改革 ………………37
　　小　結　傭兵隊長の2つの側面 ………………………………54

第2章　フランチェスコ・ディ・ジョルジョの城砦設計と「戦術」……63
　　はじめに ………………………………………………………63
　　第1節　フランチェスコ・ディ・ジョルジョの城砦：マルケの事例 …64
　　第2節　フランチェスコ・ディ・ジョルジョの城砦：ナポリの事例 …84
　　小　結　「重点防御」：フランチェスコ・ディ・ジョルジョの特徴 ……104

第3章　ルネサンスの築城術における合理性追求と古典再解釈 …111
　　はじめに ………………………………………………………111
　　第1節　フランチェスコ・ディ・ジョルジョの都市計画：ウィトルー
　　　　　　ウィウスとの比較 ……………………………………112
　　第2節　軍事的合理性：火器に対する防御と「側面射撃」……118
　　第3節　古典再解釈による築城術の変化 ……………………129
　　小　結　「築城術」に秘められた論理 ………………………144

第4章　都市防衛を超えて：16世紀の築城術 ……………… *152*
　はじめに ……………………………………………………… *152*
　第1節　バルダッサーレ・ペルッツィ：16世紀の「マルティーニ派」…… *153*
　第2節　「稜堡式築城」の成立 ……………………………… *165*
　小　結　築城術の転機 ……………………………………… *183*

第5章　築城術と「国家の防衛」戦略 ……………………… *187*
　はじめに ……………………………………………………… *187*
　第1節　「都市の防衛」から「国家の防衛」へ …………… *188*
　第2節　マキァヴェッリのフィレンツェ城壁改修計画：政治思想家
　　　　　の築城術 …………………………………………… *203*
　小　結　国防戦略を担う築城術 …………………………… *219*

終　章　軍事技術の変遷がもつ歴史的意味 ……………… *227*

資料篇 ………………………………………………………… *233*

参考文献一覧 …………………………………………………… *258*
図版出典一覧 …………………………………………………… *268*

あとがき

索引（人名・地名・事項）

軍事技術者のイタリア・ルネサンス
―― 築城・大砲・理想都市 ――

序　章
軍事技術とルネサンス期イタリアの社会

　ルネサンス期のイタリア社会を理解するうえで欠けているのは、「軍事」という面からこの時代をみる視点ではないだろうか。戦争は人類の社会に大きな被害をもたらすものであるが、その一方で人類史に多大な影響を与える要因となってきたことは否定できない。それゆえルネサンス期の社会への考察も、「軍事」や「戦争」という視点を欠かすことはできない。本書はそうした動機に基づき、とりわけ軍事「技術」という観点から、ルネサンス期イタリアにおける戦争と社会の関係を考察しようとするものである。具体的には、15世紀から16世紀にかけてイタリアで活躍した建築家が残した建築書と、彼らの活動から、ルネサンス期のイタリアにおける軍事技術の発達・変化と、建築家たちの軍事戦略思想の変遷の解明を試みている。

　軍事技術とは当然ながら、敵対者の攻撃から自分や味方の身を守り、相手を殺傷するためのものである。自分たちの命や利益が懸かった場で用いられるのだから、軍事技術は使用者によって常に可能な限り合理的に選択され、より効率的になるよう考案されてきたと考えられている。だが、本当にそうした単純な原則に従って軍事技術は発達してきたのだろうか。軍事技術には、合理性や効率性の追求には収まらない、人間の思弁的な営みや先入観、社会通念といった、人間的な感情を交えた精神史が隠されている。

　そのような観点から、本書ではこれまで軍事技術史でとりあげられてこなかった、いわば非合理な側面に注目する。とくに軍事技術の効率化・性能向上とは一見無関係な、ルネサンス期のイタリア人建築家が持っていた社会的常識や思想上の規範によって、当時の軍事技術の発達がどう影響されたのか

を解明する。

　本書が対象とする時代において、とりあげるべき軍事技術とは、「火器・大砲」と「築城術」に尽きる。火器および大砲は、14世紀にはすでにヨーロッパの戦争で用いられていたが、15世紀以降急速に普及し、とりわけ城砦を攻略するための「包囲戦（英語では siege、イタリア語では assedio という）」における攻撃側の主要な兵器となりつつあった。一方、この「新兵器」の登場によって、これを防御するために城砦・塔・城壁などの設計法「築城術」も、これに対応した変化を求められつつあった。当時のイタリアで、火器や大砲の攻撃に対して築城術を改良し、実際に城砦を建設したのは建築家 architetto であり、同時に火器や大砲の設計・製造や、砲術といった分野を考察・研究していたのも建築家であった。つまり、この2つの軍事技術の主たる担い手はともに「建築家」と呼ばれる人びとであった。さらに、「火器・大砲」と「築城術」は15世紀から16世紀にかけて戦場の主役となって、急激な普及と改良がもたらされたというだけでなく、その後の戦争の様相を変化させた技術だった。

　火器の発達は、「歩兵（小銃兵）」と「砲兵」という近代軍隊の根幹をなす兵科を生み出した。さらにこれらの優れた武器は、少数のヨーロッパ人による他地域への拡張（いわゆる「大航海時代」の到来と、植民地獲得競争）を可能にした。

　一方、築城術の改良は、ヨーロッパ地域と、ヨーロッパ人のアフリカ・アジアの入植地域を防衛しただけではなかった。堅固な城砦の登場は、軍事作戦の長期化と軍隊の大規模化をもたらし、大砲の攻撃に対応した築城術はその建設にこれまでとは比較にならない莫大な資金を必要とした。こうした軍備によってひきおこされる財政圧力は、各国の財政システムならびに政治システムに変化を促し、中央集権的な近代国家制度を生み出したと主張する研究者もいる。[1]

　以上のような軍事技術がもたらした世界史的な変化を広範囲に検討することは、筆者の能力のおよぶところではなく、また本書の目的ではない。だが、

序　章　軍事技術とルネサンス期イタリアの社会

　15－16世紀の「火器・大砲」と「築城術」は、単に軍隊と戦争のあり方を変えただけでなく、さまざまな分野にわたって、中世から近代への分水嶺であった可能性があるのである。そこで本稿では、軍事技術の近代化そのものを考察すると同時に、「火器・大砲」と「築城術」によってもたらされた「近代への分水嶺」として、こうした軍事技術の改良を担った建築家自身の軍事技術や戦術・戦略に対する思想の「近代化」について考察する。

　軍事技術の近代化といっても、その歴史を直線的な発達として理解することは本稿の目的ではない。ルネサンスの火薬と戦争の関係を考察した技術史家バート・S・ホール Hall は、「技術史家は技術そのものを、それの論理を用いて解明することに専念する。一方軍事的な事柄にかかわる歴史家は、経済史家や社会史家にならって、技術を『ブラック・ボックス』、つまり入力と出力は知ることができるが、内部の働きはそれ自体何の関心も引かないシステムとして扱うほうを選ぶ」と、軍事史家の技術への姿勢について批判している。本書は建築家と築城術を主なテーマとして扱うが、こうした批判を受け止めたうえで、築城術自体の働きを、具体的に検討していく。

　ルネサンスの築城術は軍事技術とだけではなく、とりわけ「理想都市 città ideale」論と深い関係を持っていた。理想的な都市は、外敵から防衛するため、そして都市領主の身を安全に保ち統治を容易にするために、最上の防御力を持った城砦および都市城壁を必要とした。あらゆる点で理想的な都市とは、防衛面でも難攻不落の城郭都市でなくてはならなかった。また、都市内部の治安を維持し、領主の身を守る手段としての城砦は、理想都市に欠かせない設備であった。だがいうまでもなく、理想都市を設計するうえで、全ての機能と資源を「城砦・城壁」に費やすことが許されたわけではない。建築家は理想都市を設計する上で、住民や領主の安全以外に、利便性や公衆衛生、美的要素などさまざまな要素を考慮していた。そうした観点から本書で注目したのは15世紀シエナの建築家フランチェスコ・ディ・ジョルジョ・マルティーニ Francesco di Giorgio Martini である。この日本におけるルネサン

ス研究ではほとんどとりあげられることがない建築家・軍事技師の事績を追跡することで、新たな視野が開けてきた。

　それは、火器という新しい武器が登場した後になっても、理想的な城砦を設計するさいには軍事的な関心以外の要素が盛り込まれ、しかもそうした要素によって築城術の方向性が左右されていたということである。ルネサンス期のイタリア人建築家で、「火器の攻撃から防衛することが今後の築城術の課題である」と最初に認識した人物であるフランチェスコ・ディ・ジョルジョですら、ただ防御・防衛力の観点のみならず、理想的な城砦と都市は人体を模倣すべきであるという信念を持っており、それを実際の建設の場でも実行していた。これは古代ローマの建築理論家ウィトルーウィウスが唱えたシュムメトリア symmetria とは異なり、建築物の全体および各部分の比率を人体から導き出すということではない。都市や城砦を人体との比較で説明するとは、文字通り人体と都市および城砦が形状的に模倣されることであって、そこにはアントロポモルフィズモ Antropomorfismo つまり「擬人論」「神人同形説」に従って人の形をした都市や城砦を築こうという意思が働いていた。

　ところが、16世紀以降の建築家が建築書の中で提示し、実際に建設した城砦や城郭都市は、幾何学的な平面プラン・直行する街路・整然と配置された街区など、初期のルネサンスの建築家たちが夢想した「理想都市」としての側面も備えているものの、その多くは純粋に軍事的な「要塞」として建設されたという面が強い。これら16世紀以降に建設された城砦や城郭都市は、多角形の城壁をもち、その周囲を「稜堡 bastione」と呼ばれる堡塁を多数配しており、こうした様式の城砦を「稜堡式築城」あるいは「イタリア式築城」と呼ぶ。「稜堡式築城」を備えた都市では、その城壁は敵の砲兵隊による包囲攻撃に対抗することを第一義的に設計されており、以前の建築論にみられたような、都市に快適さや美的外見を与えるための城壁という考えは全くみられなくなる。城壁が軍事目的に特化したように、「稜堡式築城」の都市機能も、住民のためというより、貧弱な補給能力しか持たない当時の軍隊が駐

序　章　軍事技術とルネサンス期イタリアの社会

屯するためのものとなっていく[3]。

　だが、16世紀以降に建設された「稜堡式築城」で要塞化された都市はただ軍事目的に特化したものにすぎないのだろうか。そして、単に「理想都市」論の軍事要素以外が後退したものであると考えていいのだろうか。ルネサンス期のイタリア人建築家たちは「理想都市」を考察する一環として、軍事技師として実戦に対応することを強いられていたはずである。たとえば、前述の建築家フランチェスコ・ディ・ジョルジョが、擬人論的都市・城砦を理想的な形として提示する一方、「火器に対する防衛」を城砦の第一義的機能であると認識した建築家であることを忘れてはならないだろう。彼は火器は既知の武器の中で最も強力で、将来にわたって城砦の最大の脅威になると主張しつつ、擬人論に従って人の形を模倣することで理想的な防御力をもった城砦が建設できると述べるなど、技術への合理的な態度と非合理的な態度が同居していた。こうした相反する態度は他のイタリア人建築家にもみられるものであり、これこそ築城術発達の原動力であった。それゆえ、「擬人論」と「火器に対する防衛」の2つの思想が、フランチェスコ・ディ・ジョルジョの築城術でいかに対立・融合していたのかという点は、ルネサンスの築城術を考察するうえで重要な問題である。

　15世紀までの築城術と比べると、16世紀以降の築城術では、確かに軍事的機能が突出して重視されているようにみえる。だが、そこには幾何学的に対称な多角形プランといった「理想都市」論的な要素が大枠として生き残っており、そうした要素を建築家たちが完全に捨て去っていたわけではないことを示している。つまり、重点がどちらに置かれたかは時代ごとに変化したとしても、この2つの要素はむしろ築城術の中で常に存続していたのではないだろうか。

　そこで本書では、築城術の「理想都市」と「軍事的機能」の2つの要素が、相互に影響をおよぼし重点を変えながら、フランチェスコ・ディ・ジョルジョの擬人論的城砦から16世紀の「稜堡式築城」に向かって、変化・改良されていく過程を論述する。

しかし、イタリア・ルネサンスの軍事技術というと、どうしても弱体であったというイメージがつきまとう。それはおそらく1494年のフランス王侵攻が原因だろう。1494年、それまでポテンターティ potentati と呼ばれる強国間のバランスの上に繁栄を謳歌し、ルネサンス文化を育んでいたイタリア半島にフランス王の軍隊が襲いかかった。フランス王シャルル8世が、かつてフランス王の分家・アンジュー家が有していた南イタリアのナポリ王国の王位継承権を主張したのである。英国との百年戦争（1337-1453）に勝利して国内の権力を掌握し、強力な常備騎兵軍と砲兵隊を備えたフランス王によって分裂状態のイタリア諸国はたちまち蹴散らされ、ポテンターティの一つで、ルネサンスの中心地ともいえるフィレンツェ共和国は戦わずしてフランスの軍門に下り、ナポリ王家アラゴン家は逃亡した。これ以降、小国の集合体であったイタリアは戦乱に巻き込まれ、最終的にはフランスとそのライバルであったスペイン（神聖ローマ帝国）の影響下に置かれてしまう。もはやイタリアの都市共和国や小君主国は大国フランスとスペインの力に抗しきれず、その主体性を失い、次第にヨーロッパの政治と文化の中心は北へと移っていくのである。1494年を「イタリア・ルネサンスの終焉の年」とみる意見も、うなずけるものであろう[4]。

　1494年に始まる、絶対王政国家に対するイタリア都市国家の没落を象徴するような言葉が、フィレンツェの外交官であったフランチェスコ・グィッチャルディーニ Francesco Guicciardini の『イタリア史 Storia d'Italia』（1561年刊）にある。

>　フランス人たちは青銅製のより役に立つものを造ったが、それはカンノーネ cannone（註：カノン砲、砲身の長い大砲の一種）と呼ばれ、以前のような石の砲弾ではなく鉄製の砲弾を用いる。鉄の砲弾はより大きく、大変重いことにおいてはこれまで使われてきた砲弾とは比べ物にならない。カンノーネは車両に乗せて運搬される。かつてのイタリアでの習慣のように牛で引くことはなく、馬で引っ張る。その速度は、人の歩みやこの種の任務に使われるもろもろの兵器に匹敵するので、軍隊が進撃す

るのとほとんど等しい。そして城壁に対して使用するときには、信じられないほど素早くしっかりと設置される。砲撃と砲撃の間隔は大変短く、強い威力をもって濃密に打撃を与えるので、かつてイタリアでは何日もかかったことが、ほんの数時間で成し遂げられる。都市に対してカンノーネやより小型の砲が用いられるのに劣らず、この人間的というより悪魔的な道具は平原でも使われる(拙訳)[5]

また、グィッチャルディーニの友人で同僚であった政治思想家ニッコロ・マキァヴェッリ Niccolò Machiavelli も次のような言葉を残している。

ある君主が、傭兵軍のうえに国の基礎を置けば、将来の安定どころか維持もおぼつかなくなる。というのは傭兵は無統制で、野心的で無規律で、不忠実だからである。(中略)今日のイタリアの没落は、永年にわたって傭兵軍のうえにあぐらをかいてきたのが、原因に他ならない。彼ら傭兵も、かつては特定の人に仕えて、それなりに成果をあげ、互いに競いあって、勇猛果敢ぶりを発揮したのだったが、外国軍が来たとたん、化けの皮がはげてしまった。そこで仏王シャルルは、イタリアをチョーク(白墨：筆者)一本でまんまと占領することができたわけである[6]

こうした文章は、フランス軍が1494年に全く新しい軍事技術(＝フランス軍のカノン砲)でイタリアを侵略したという印象を、現代まで長く与え続けてきた。そしてこれこそ、いわゆる新しい築城術が発達・普及するきっかけだったという説明が、軍事史のみでなく、他の分野でも広く受け入れられてきた。この"カノン砲の衝撃"説は、ニッコロ・マキァヴェッリの他の著作にもみられ、こうした「衝撃」へのリアクションとしての「築城術の改良」という考え方をより受け入れやすくしてきた。

「衝撃」によって築城術が改良され始めたとする考えは、とりわけ築城術の改良が、国家システムや社会制度の近代化をもたらしたと考える、ジェフリ・パーカー Parker のような「軍事革命 Military Revolution」を主張する軍事史家に多くみられる[7]。しかし、こうした技術の発達史観はあまりに単純すぎる。軍事史家の技術観を、技術を「ブラック・ボックス」(内部の働きは

何の関心も引かないシステム）として扱うと批判したホール自身も、ルネサンス期イタリアの築城術については、火器の発達・普及によって築城術の改良が引き起こされ、さらに築城術が包囲戦術を変化させたという考えを肯定し、築城術の内部の働きには何の関心も示さないという矛盾を露呈している[8]。

　城砦攻撃用の火器が改まることに応じて城砦の防御力が強化され、防御力強化へのリアクションとしてまた攻撃のための包囲戦術が変化するという、攻撃と防御の「シーソーゲーム」という考え方は、一面では正しいこともあるだろう。しかし、とりわけルネサンス期イタリアの築城術については、火器と城砦の間で「シーソーゲーム」が行われたという技術観のみでは説明できない現象が存在する。

　少なくともマキャヴェッリやグィッチャルディーニが述べたような"カノン砲の衝撃"以前に、築城術の変化の兆しは表れているということは複数の研究者によって認められている[9]。フランチェスコ・ディ・ジョルジョが築城術における火器への対応を唱えたのは遅くとも1480年代のことである。この時期のイタリアでは、火器の改良と軍隊への普及は暫時進展中であった。火器は少なくとも1460年代までに包囲戦では一般的な武器となり、1480年代には包囲戦の主役となりつつあった。また、当時の戦争では新旧の火器が混在して使われている状況が長く続いており、パーカーなどの軍事史家のいうような築城術に対して急激な変化を促す火器技術の「ブレイクスルー」が1494年に起こったとは考えにくい。

　このように、15世紀から16世紀にかけて火器は新旧が混在して用いられており、たとえば「カノン砲」のような新しい強力なものが発明されても、それが一度に旧式な火器全てを軍隊の装備一覧から駆逐してしまうといったことは起こっていない。軍隊が装備する火器の更新は一様に行われていったわけではないにも関わらず、建築家による「火器に対抗するための築城術」の研究・考察は、15世紀中期から16世紀中期にかけて急速に推し進められていく。こうした錯綜した状況が繰り広げられる中で、単に「攻撃と防御の技術が相互に競争しあったから」というだけでは、イタリアの建築家たちがあれ

序　章　軍事技術とルネサンス期イタリアの社会

ほど熱心に築城術を研究し続けた理由は説明できないし、ましてやそうした考察が稜堡式築城へと結実する理由も理解できない。

つまり、これまでの軍事史・軍事技術史は、攻撃側と防御側が常に相手の優位に立とうと競争し続けるという史観にとらわれてきたのではないか。だが、たとえ軍事技術といえども、「攻撃側と防御側のシーソーゲーム」という現象で全てを説明できるわけではないのである。そこで筆者は「シーソーゲーム」以外の原因に注目して、築城術の変遷をたどることにする。

本書は火器と築城術の発達史をたどり、変化をもたらした要因を探っていく。そして15世紀から16世紀へと向かって、軍事技術に対する建築家の要求や想定が変化するに従い、戦争および戦争を遂行する上での戦略そのものへの認識まで変化していったことも論証する。とりわけ築城術が戦争における防衛戦術・防衛戦略に密接に結びついた技術である以上、築城術の変化はそうした防衛戦術、防衛戦略の変化をももたらすものであった。それゆえ、前半の章で建築家たちによる築城術の変化・改良について論じたのち、後半の章では建築家たちの軍事技術に対する認識や戦術・戦略思想がどのように変わっていったかを分析する。その変化は、軍事技術によってのみ引き起こされたものでないことは明らかである。そこには当時の社会状況、戦争の推移、そしてイタリア・ルネサンスの舞台となった都市国家の終焉といったさまざまな要因が関わっていた。築城術をめぐる議論も、単なる技術論を越えた拡がりを持つようになっていく。そこで最終章では、政治思想、とりわけルネサンスを代表する政治思想家マキァヴェッリの国防論をとりあげ、建築家の技術論と比較することで、16世紀のイタリアの国家安全保障に関する論争の一端を解明することを試みる。

1）　*The Military Revolution Debate* (ed. Rogers, C. J.), Boulder, Westview Press, 1995.
2）　ホール、バート・S(市場泰男訳)『火器の誕生とヨーロッパの戦争』、平凡社、

1999年、13頁（Hall, B. S., *Weapons & Warfare in Renaisance Europe*, Baltimore, The Johns Hopkins University Press, 1997）。

3） Mallett, M. E. & Hale, J. R., *The Military Organization of Renaissance State : Venice. c.1400 to 1617*, Cambridge, Cambridge University Press, 1983, p.420.

4） 軍事史家C・オーマンはその著作において軍事史における中世と近代の境を1494年の戦役においた。G・パーカーも同戦役を軍事史の一大転換点であり「軍事革命」の始まりであるとしている。詳細は以下を参照。Oman, C., *The Art of War in the Middle Ages*, London, Greenhill Books, 1998（first published, 1937）; Oman, C., *The Art of War in the Sixteenth Century*, London, Greenhill Books, 1999（first published 1937）; パーカー、ジェフリ（大久保桂子訳）『長篠合戦の世界史——ヨーロッパ軍事革命の衝撃1500－1800年』、同文館、1995年。

5） 原文は以下を参照。Guicciardini, F., *Storia d'Italia*（a cura di E.Mazzali）, voll.3, Milano, Garzanti, 1988, vol.I, cap. XI, p.92.

6） マキァヴェッリ、ニッコロ（池田廉訳）『君主論』（『マキァヴェッリ全集』I）、筑摩書房、1998年、41－42頁。

7） パーカー、1995年、15－25頁。

8） ホール、1999年、254－256頁。

9） Hale, J. R., *The Early Development of the Bastion : an Italian Chronology c.1450-c.1534*, in. *Renaissance War Studies*, London, The Hambledon Press, 1983 ; Pepper, Simon, *Castles and Cannon in the Naples Campaign of 1494-95*, in. *The French Descent into Renaissance Italy, 1494-95*（ed. Abulafia David）, Variorum, Hampshire, 1995を参照。

第1章
ルネサンス期イタリアの戦争・武器・傭兵

はじめに

　ルネサンス期の建築家・技術者にとって、軍事技術、とりわけ火器と築城術は大きな関心事であった。そして、彼らは軍事技術の改良を促しただけでなく、逆にこれら新しい軍事技術に影響されることで、その思想や心性を次第に変化させていった。だが、ルネサンス期の軍事技術の詳細な検討に入る前に、いくつかの前提を論じておかねばならないだろう。まずおおよそ14世紀から15世紀にかけての、イタリアの軍隊と彼らが採った戦術・戦法および武器について。そして当時の最新兵器であった火器・大砲と、本書でたびたび言及することになる築城術と、「稜堡式築城（イタリア式築城）」と呼ばれている、火器の攻撃に対応した築城形式について。そして最後に、ルネサンス期のイタリアで軍事を一手に引き受けていた傭兵隊長 condottieri と呼ばれた人びとの活動についてである。

　こうした一般的な軍事史について触れるのは、考察する対象である築城術や軍事技術について、いくつかの「神話」がまかり通っているからである。もっとも根強い「神話」は、「火器の発達によって中世の城砦が廃れ、近代的な要塞が考案された」というものだろう。詳細は第2章以降に譲るが、城砦と火器の関係はそのような単純なものではなく、火器の登場初期から中世城砦に対する改良は始まっていたし、強力な火器が登場してもそれが一気に築城術の変化を招いたわけではなかった。さらにいえば、そうした強力な火器が登場したことと、それが普及し、軍隊に一般的に配備されるようになるまでの時間差は、近代や現代における新兵器開発から普及とは比較にならないほど大きい。中世から近世の軍隊は、兵器や装備の規格化といった最も初

歩的な軍事技術の管理すら不可能であった。軍隊が動員されるときには新旧種類を問わず「可能な限りの兵器を手に入れた」（ホール）のであって、より強力な新兵器の登場が軍隊の装備に反映され、戦争全体に影響を与えるまでには、多くの障壁が存在した。

また別の神話としては、「中世の傭兵は偽りの戦争をおこない、戦争と軍事技術を停滞させる道を選んだ」あるいは「火器（小銃）の登場が人民の武装を可能にし、騎士・貴

地図1　イギリス・北フランスの都市・戦場

族階級を没落させ、国民国家への道を開いた」といった今日ではあまりに古典的であるとしてほとんど考慮されないものも存在する。それらをいちいち詳細に批判することは本書の狙いではないので、ここでは扱わないが、それでも一度広く流布した言説はなかなか訂正され得ないものである。そこで第1章では、そうした一般的な誤解にも留意しつつ、先行研究とともに、中世（ルネサンス）のイタリアにみられた軍隊・武器・戦術の特徴を簡潔に述べたい。

第1節　15世紀までのイタリアの軍隊と戦術

（1）重騎兵部隊の編成と役割

「中世の軍隊」といえば、騎士（英：knight、伊：cavaliere）によって構成された騎兵の集団が槍を構えて突撃しあう、というのが一般的に流布しているイメージであろう。だが、実際のところ中世初期をのぞけば、中世の軍隊はたんなる騎兵集団などではなく、それどころか極めて複雑な要素によって成り立っていたし、戦術も社会状況や武器の発達にともない、より多彩に

第1章　ルネサンス期イタリアの戦争・武器・傭兵

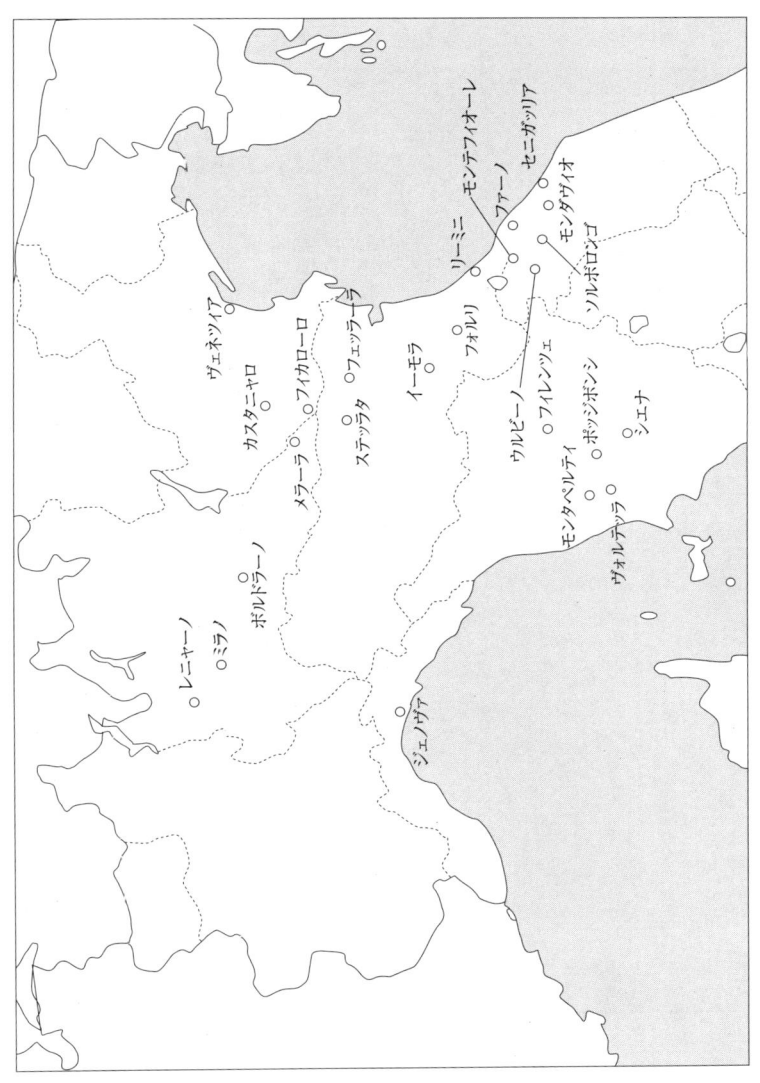

地図 2　北・中部イタリアの都市・戦場

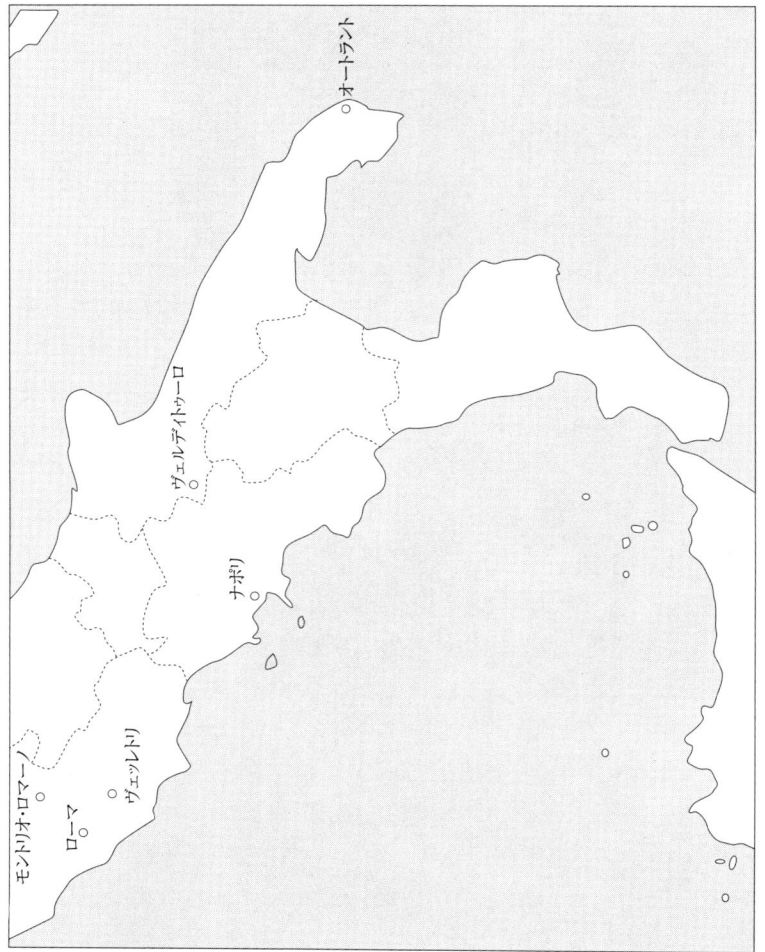

地図3 南イタリアの都市・戦場

なっていった。まずは中世から近世(初期近代)まで軍隊の中核を構成した、こうした騎兵部隊について論ずる。なお、「騎士」という言葉は封建制における貴族身分であることを暗黙のうちに含意している。しかし当時の騎兵部隊は、貴族の従者、平民、傭兵、富裕層たる都市住民などさまざまな階級から構成されていた[2]。そこで以降では、敵部隊との戦闘・突撃を任務とし、軍隊の主力を構成した騎乗兵については、単に「騎兵」と表記するか、あるいは偵察・斥候・追撃などを行うために編成された軽武装の「軽騎兵」との対比で「重騎兵」と呼称する。

　都市国家とその住民が社会の中核を構成していた中世のイタリアにおいても、騎兵が軍の主力であったことに変わりはない。12世紀の都市支配層は、コンソリ貴族 aristocrazia consolare と呼ばれる参政権 consolare を保持した上層階級であった。騎兵もまた、都市および農村の有力家系からなるコンソリ貴族が担ったが、のちには都市の富裕な商人など、騎兵という負担の大きな軍務に耐えうる層もまた加わった。たとえば商人出身であるアッシジの聖フランチェスコのように、青年期には自弁で武装を整えて騎士階級に加わろうとした人物もいる[3]。一般にこうした人びとは武勇と富、家門の名誉を重んじる騎士的生活スタイルを持っており、都市の支配層が同時に「騎兵」という軍における主力を構成する軍事エリートであった。11-12世紀の都市国家の軍では、歩兵に対置される「騎兵」としてミレス miles(ラテン語で「戦士」)という語が用いられたが、まさにコンソリ貴族はミレス(戦士階級)でもあった。
　しかし、こうした状況は12世紀末から13世紀にかけて次第に変化していく。たとえば、コンソリ貴族たちの政治支配に対抗するため、あるいはコンソリ貴族間の党派抗争を調停するため、都市の最高執政官たるポデスタ podesta 制の導入が行われた。また、コンソリ貴族の政治独占に対して、都市に住む平民 popolo たちの結成した同職組合などの組織(こうした組織の長としてカピターノ・デル・ポポロ capitano del popolo などが知られる)が台頭して

くるのもこの時期である。

　こうした変化はコンソリ貴族から政治的な権力を削ぐと同時に、都市の防衛の主体を担う軍人としての機能を奪っていった。主に歩兵として軍務についていた平民の台頭は、戦争におけるコンソリ貴族＝騎兵の役割をある程度は低減させたが、それは本章で問題となる、中世イタリアの軍隊の編成や戦術にはさほど影響を与えなかった。むしろ、ポデスタ制導入と期を同じくして、コンソリ貴族の間で盛んになった皇帝派（ギベリン Ghibellino）と教皇派（グエルフィ Guelfo）の党派抗争、あるいは中世の経済活動が活発になるに従って階級分化が進んだ平民間の抗争といった都市内部の闘争によって、都市住民が武装する危険性を認識させるにいたったことの方が、中世イタリアの軍事制度に強い影響を与えた[4]。

　仲裁者としてのポデスタは、都市のどの階級にも属さない中立な軍事力を必要としたし、都市の権力を握った富裕層は、下層の平民からなる市民軍を次第に恐れるようになった。また、その後ポデスタや都市の代表が世襲化するなどして生まれた僭主 signore も、権力の維持のために中立な軍事力として傭兵を求めるようになる。

　13世紀は都市住民が武装する危険性が認識されると同時に、次第に志願した市民兵が軍務を担うことが難しくなっていった時代であった。まず13世紀になって、武器の発達とそれに伴う戦術変化の第一の波が起こった。騎兵の分野では、馬具の改良と騎兵槍 lancia の導入によって、一般にイメージされる「騎士が槍を小脇に抱えて敵と激突する」という騎兵突撃戦術（英：charge、伊：carica）が用いられるようになった。また、鎧の重装化もこのころ進み、いわゆる鎖帷子や板金で覆った鎧が用いられ始めた。歩兵には、弩や長弓、長槍といった武装が広まり、単なる兵士の集まりとしてではなく、統率のとれた歩兵隊として戦闘に参加することが求められるようになったのである[5]。

　こうした武器・戦術の高度化は、必然的に「軍人のプロフェッショナル化」を促した。だが、都市の権力を握った階級が平民であれ、平民の上流階

級からなる商人たちであれ、あるいは僭主であれ、都市住人の特定の階級を軍事プロフェッショナルとし、そうした人びとを中核とするプロフェッショナルな軍隊に国防をゆだねることは都市の政治権力にとって、自分たちの権力基盤を脅かす行為でもあった。

　イタリアの都市国家で傭兵制が盛んに採用された理由のひとつには、以上のような「軍人のプロフェッショナル化」という現象があったが、さらに、戦争そのものの性格の変化も傭兵制採用の原因となった。都市全体が利害を共有できる防衛戦争が減って、他の都市と経済・領土問題をめぐって争う攻撃的な戦争が増加すると、戦争は特定の階級の利害を反映したものとなった。こうして戦争にあたって「都市全体の利益」という大義名分を掲げにくくなり、結果として市民軍を動員する動機が失われたのである。また、こうした攻撃的戦争には、歩兵部隊からなる市民軍より、騎兵部隊からなる傭兵軍の方が適しているという事情も生まれた[6]。さらに、傭兵制への移行が進んだもうひとつの理由として、軍事プロフェッショナルに対抗できるだけの軍事教練を市民兵が行えば、本業である市民としての商業・生産活動に支障をきたすと考えられた、という面も否めない[7]。

　都市内の階級対立、防衛戦争の減少、商業・生産活動の活発化といった複数の要因が絡み合って、中世イタリアでは傭兵が広く受け入れられ、活躍する状況が生まれた。傭兵は（少なくとも表面的には）都市の政治に関与する存在ではなく、都市のどの階級にも加担せず、その一方でプロの軍人として十分な技能を有していたため、13世紀半ば以降、イタリアの軍事力の多くを担うようになっていく。13世紀から14世紀初頭にかけてはイタリア半島以外の国々の軍隊が、14世紀中期以降は英仏百年戦争（1337－1453）の休戦期間に職を失った傭兵たちが、そして15世紀にはいるとイタリア人自身が、各地で金銭と引き換えに軍務を引き受けるようになる。

　イタリアで傭兵が重用された理由のひとつが、「重騎兵」という兵科の武装と戦術そのものにあった。市民兵にとってあまりに高価な「軍馬」と「甲冑」を装備することは過大な負担となる。また訓練に多くの時間と費用が必

要な「騎兵槍」と「突撃戦術」が、当時の軍隊では決定的な威力を持っていたからこそ、こうした技能の専門家として傭兵が求められた。こうした専門技能職であった傭兵に軍務を委ねたからイタリアの軍隊が堕落したのではない。傭兵制を選択するにあたっては、当時のイタリア都市国家にとって当然の軍事的合理性が働いたことを確認しておくべきだろう。

13世紀から14世紀にかけてイタリアで活動した傭兵が、すべて騎兵であったわけではない。歩兵としての傭兵でよく知られているところでは、ジェノヴァ人からなる弩兵隊がある。だが、傭兵の大部分がいわゆる重騎兵であったことは間違いない。戦闘において極めて重要な重騎兵についてどのような装備と編成がなされていたかを明らかにする研究は乏しいが、ここで幾つかの資料をもとにその姿を復元し、具体像としておさえておこう。

重騎兵は、その武装と戦術を象徴するかのような名称、「ランチャ lancia」（槍組）を最小の戦闘単位として編成された。この「ランチャ」は完全武装の重騎兵1名に、盾持ち1名、さらに従卒数名を含んでいたが、のちに3-5騎の重騎兵を1単位とするようになる。さらに14世紀イタリアで活躍したイングランド兵部隊では「ランチャ」を5つ集めて「ポスタ posta」、「ポスタ」を5つ集めて「バンディエラ bandiera」という上級単位を持っていたとされ、また「ランチャ」10個ごとに「カポラーレ・デクリオネ caporale decurione」（十隊長）が置かれたといわれている[8]。また15世紀のイタリア人傭兵隊長の軍隊では一般に20-30騎程度をひとまとめにして「スクアドラ squadra」、および「スクアドラ」をいくつか集めた「スクアドローネ squadrone」という単位が用いられたが、こうした編成は一定不変ではなかった。

戦闘では騎兵はランチャやスクアドラといった部隊ごとに戦うのではなく、全軍が一団となって戦闘に参加した。だが、「かつては、中世の戦は概してろくに訓練を受けていない騎士の集団の間の野蛮な喧嘩にすぎなかったという考えが根強かった」（ホール）[9]が、ここではむしろ騎兵が担った高度な戦術的役割に注目したい。

前述した騎兵用鎧の重装化、および突撃して相手を「突く」ことに特化し

第1章　ルネサンス期イタリアの戦争・武器・傭兵

た騎兵槍の発明は、重騎兵隊が求められた戦術上の任務を明らかにしている。それは敵の攻撃に挫けることなく突撃し、敵の隊列に「穴」を開けて崩壊させ、最終的には全軍を潰走させることであった（13世紀までの騎兵の槍は、馬上から敵を突くことも、あるいは逆手に持って投げることもできた）。こうした任務を果たすには、武装した兵士の集団が、隊列を保ったまま、迅速に移動する必要があった。そしてこうした役割は歩兵隊にも、あるいは投石機などのいかなる兵器にも不可能であった。なぜなら歩兵隊もその他の兵器も、集団として戦いながら迅速に移動することができなかったからである。それゆえ野戦（包囲戦・籠城戦以外の戦闘）では、重騎兵は最も重要な部隊であり、適切な状況下で戦闘に参加する限りにおいて、彼らは文字通り無敵であった。なぜなら彼らだけが、唯一敵の防衛線を突破し、隊列を乱し、敗走へと導くことができたからである。[10]

　後述する通り、歩兵の武装が改良された13世紀以降、重騎兵もしばしば歩兵に敗北を喫することがあった。たとえば歩兵部隊が塹壕や沼地、あるいは急斜面などの障害物の背後に隠れたり、長槍で守りを固め、長弓や弩などで重騎兵の隊列を乱そうとしてくる場合は、重騎兵も手ひどい損害を被ることがあった。

　いくつか例をあげると、スコットランド独立戦争のバノックバーン、フランドル戦争のコルトレイク、百年戦争のクレシー、ポワティエ、アザンクールでは、障害物や長槍の隊列によって突進する騎兵隊が停止してしまった場合、騎兵は飛び道具の的になるか、馬から引きずりおろされて、殺戮されてしまった。また、15世紀以降になると、火器で防備を固めた野戦陣地を攻撃した場合、重騎兵の突撃が失敗することがあった。

　しかし、こうした歩兵の戦術は常に防御的であって、歩兵部隊の側から戦闘のイニシアティブをとることは難しかった。交戦地点も、戦闘を開始するタイミングも重騎兵側が握っており、重騎兵が交戦を避ければ、歩兵部隊は有利な防御陣地を捨てて戦闘に入るか、あるいは退却するしかなかったのである。騎兵の迅速な移動能力は、指揮官に、好きな場所で、好きなタイミン

グで敵に交戦を挑むという大きな戦術的利点を与えており、この「機動と打撃」こそが重騎兵部隊の持つ最大の特徴であった。

さらにいえば、重騎兵部隊はしばしば馬から降りて歩兵として戦った。とりわけ百年戦争ではフランス軍が隊列の防御を固めるために、重騎兵を徒歩兵として用いた。この戦法の利点は、もちろん甲冑など重装備で固めた熟練の戦士によって自軍の隊列がより堅固になる点である。さらに、徒歩の重騎兵は、まず防御によって敵の攻撃を挫いたのち、好機とみれば、待機させていた軍馬にまたがって、直ちに反撃に転ずることもできた。たとえ歩兵部隊が防御陣地にこもることで敵の攻撃を退けることができたとしても、後退する敵を追撃し、潰走させうるのは騎兵だけであった。こうした「防御から攻撃への迅速な転換」という柔軟な防御戦術が採れる点も、重騎兵の価値を高めるものであった。[11]

一方、中世の戦闘においては野戦以上に盛んに行われた包囲戦・籠城戦における重騎兵の役割も、しばしば軽視されてきた。だがこれについても重騎兵はより「戦略的」な役割を担ったと考えられている。つまり強力な武装と、馬による機動力は、重騎兵をすぐれた「略奪者」とした。[12] 包囲戦においてもっとも効果的な攻撃とは兵糧攻めであり、敵が自国領の食糧を城砦に運び込む前に略奪することで籠城する敵の継戦能力を奪うことができた。あるいは、機動力を活かして短時間に広い範囲を略奪し、十分な食糧を確保することで、より長い期間、敵の城砦を包囲するだけの補給を確保することもできた。

以上述べてきたように、中世において攻撃でも防御でも、野戦でも包囲戦でも、最も有力な戦闘部隊は重騎兵であった。彼らの任務の一部を、歩兵など他の兵科で肩代わりすることは可能だったが、指揮官にとっての使い勝手のよさという点で、重騎兵部隊に敵うものはなかったといえる。唯一にして最大の欠点は、コストの高さであっただろう。高価な装備や訓練期間の長さは、大量の重騎兵を集めることを困難にした。さらに、大量の軍馬を養うた

めの労力は、中世に限らず、近代以降も軍隊にとって頭の痛い問題であった。第一次世界大戦をむかえてもなお、軍馬のための飼葉を全面的に後方からの補給に頼ることは不可能で、騎兵部隊は現地調達に頼らざるを得なかった[13]。ましてや生産・輸送能力の低い中世社会において、どれだけ略奪に頼ろうとも大量の騎兵が軍隊の維持にとって相当な負担であったことは間違いない。

　だが、こうした困難を抱えてもなお、重騎兵は13世紀から16世紀の終わりまで軍の主力であり続けた。これはまさに、彼らの持っていた「機動と打撃」という他の何物にも代えがたい戦闘価値を明確に示している。

(2) 歩兵部隊の編成と役割

　13世紀に入って歩兵の武装が改良されるまでの間、歩兵はあくまで重騎兵の補助的な役割を果たすにすぎなかった（前項）。しかし主に市民兵からなる歩兵は数の上では騎兵を圧倒していた。一例をあげると、1260年、シエナ近郊のモンタペルティ Montaperti でフィレンツェとシエナの間で行われた戦いでは、フィレンツェ軍は都市出身の1400騎の騎兵と6000の歩兵、それを支援するためにコンタード contado（都市に従属する農村地域）から徴募された8000の歩兵から構成されていた[14]。あるいはフィレンツェ率いる皇帝派の都市連合とアレッツォ率いる教皇派の都市連合がアレッツォの郊外で戦ったカンパルディーノ Campaldino の戦い（1289年）で双方が投入した兵力の内訳は、皇帝派側が1600の騎兵と10,000の歩兵、教皇派が800の騎兵と8000の歩兵であった[15]。このように、傭兵の使用が一般化するまでは歩兵が数の上では軍の主力であった。

　しかし、こうした13世紀以前の歩兵が、戦場で重要な役割を果たしていたかというと、明らかに重騎兵に劣る存在であった。ロンバルディア同盟の市民兵とドイツのフリードリッヒ1世の騎兵隊がミラノ北方のレニャーノ Legnano で交戦した戦闘（1176年）は、歩兵が騎兵に勝利した数少ない例外である。だが同盟軍は4000もの重騎兵に支援されて初めて勝利を得たのである[16]。

また、初期の歩兵隊は野戦において、しばしば caroccio と呼ばれる馬車を並べて作った仮りの要塞を用いて戦ったように、あくまで「防御」のための部隊で、その役割は味方の騎兵が突撃する準備が整うまで、敵の攻撃からこれを守ることにあった。もし caroccio のような野戦築城や都市の城壁に頼れない場合は、歩兵隊はひときわ脆弱で、たとえば1312年ドイツのハインリヒ7世が率いるわずか1800の騎兵に対して、フィレンツェ兵は城外に打って出ることができず、都市にこもってなんとかこれをしのいだといわれる。[17]

　当時、とりわけ市民兵からなる歩兵隊の装備は劣悪で、彼らは楯と長剣、あるいは短めの槍で武装していたが、13世紀にはいると重騎兵の攻撃および弩などの新しい飛び道具の出現に対抗するため、歩兵部隊は picca と呼ばれる長さ5メートル以上の長槍をもった長槍兵 picchiere（隊列を組み、槍ぶすまで騎兵突撃を阻止する）、弩で攻撃する弩兵 balestriere、そして大楯 pavese といわれる巨大な盾で味方を飛び道具から守る兵士の3部門から構成されるようになった。[18] こうした新しい武器は習熟に長い時間がかかる上に、長槍、弩それぞれに専門化した部隊編成が必要で、もはや武装自弁の市民兵からこうした部隊を編成することは困難であった。

　こうして、傭兵によって重騎兵部隊が編成されるようになると、それを補助する長槍兵、弩兵などもまた専門化し、傭兵隊に組み込まれることになった。13世紀には個人単位で雇われていた傭兵はやがて組織化され、一種の同業者団体 arte のごとき傭兵軍団 compagnia di ventura を、コネスタービレ conestabile あるいはカピターノ・ディ・ヴェントゥーラ capitano di ventura と呼ばれた隊長の下で結成し始めるが、こうした軍団 compagnia は普通、主力となる重騎兵部隊とそれを支援する若干の歩兵部隊、それに経理や後方支援を担当する雑多な人びとによって構成されていた。たとえば14世紀のロドリジオ・ヴィスコンティ Lodrisio Visconti 率いる「サン・ジョルジョ軍団 Compagnia di San Giorgio」はスイス人を主体として重騎兵約2500、歩兵約1000からなる傭兵軍団であった。[19] 小規模な軍団では、1305年にカタルーニャ人ディエゴ・デ・ラット Diego de Rat がフィレンツェに雇われたとき、彼

第1章　ルネサンス期イタリアの戦争・武器・傭兵

の軍団は200－300騎の重騎兵と500の歩兵から編成されていた。[20]

　14世紀になると、歩兵が戦場で活躍する局面は増加していった。だがイングランド、ウェールズ、スコットランド、フランドル、スイスなどの歩兵隊と違って、イタリアで傭兵軍団に属していた歩兵部隊の活躍はあまり知られていない。アルプス以北の歩兵部隊はしばしば重騎兵からなる軍隊を撃退し、あるいは重騎兵の支援部隊として十分に活躍した。フランドルの都市とフランス王が争ったコルトレイク Kortrijk（クルトレー Courtrai）の戦い（1302年）では、長柄武器を装備したフランドル歩兵たちは塹壕の背後に待機することで、フランス重騎兵の撃退に成功した。あるいはスコットランドのバノックバーン Bannockburn の戦いも、スコットランド兵は方陣を組み、長槍で槍ぶすまを作ることでイングランド重騎兵に勝利した（1314年）。また、重騎兵の補助として歩兵の働きが顕著だった例は、百年戦争におけるクレシー Crecy の戦い（1346年）にみられる。この戦いでは、下馬した重騎兵と野戦陣地に守られたウェールズ長弓兵（長さ2メートルほどの弓を装備したウェールズ人歩兵隊）が、フランス重騎兵の突撃を壊滅させた。このクレシーにおけるイングランド軍の弓兵戦術は、その後も百年戦争の中で、ポワティエ Poitiers の戦い（1356年）、アザンクール Azincourt の戦い（1415年）で繰り返されることになる。[21]

　こうした歩兵が活躍した戦いは、イタリア半島内ではあまり知られていないが、無いわけではない。たとえば1387年カスタニャロ Castagnaro の戦いでパドヴァ軍（イギリス人の傭兵隊長ジョン・ホークウッド John Howkwood が加わっていた）とヴェローナ軍が交戦したさい、パドヴァ側は総勢騎兵7500と歩兵1000、ヴェローナ側は騎兵9000、歩兵1000に加えて弓兵と弩兵1600が参加した。両軍は大楯と下馬した重騎兵で形成した防御線の背後に、弓兵・弩兵を待機させて敵軍を待ち受けた。この戦いではパドヴァ軍の歩兵が敵陣の正面から弓を射かけている間に、ホークウッド率いる騎兵隊がヴェローナ軍の側面を突いて潰走させることに成功した。ここでは歩兵は前線の構築、敵の牽制といった補助兵力としての役割を十分に果たしている。[22]

また、上述のクレシーの戦いでは、イングランド軍のウェールズ長弓兵に対抗するため、フランス軍はジェノヴァ人傭兵の弩兵6000を雇い入れた。彼らは結果としては成功しなかったものの、射撃戦でイングランド軍の隊列を乱すことが期待されていた[23]。ジェノヴァ人弩隊の役割は、味方の重騎兵を守り、敵陣を混乱させて味方が突撃する機会を作り出すというものであり、おそらくイタリアでも歩兵（とりわけ弓兵や弩兵）はこうした任務を担っていたのだろう。

　これら14世紀にしばしばみられた、重騎兵に対する歩兵の勝利をもって、戦場での騎士の没落が始まったとする考えがあるが、それは正しいとはいえない。イタリアでも、そしてアルプス以北の各戦場でも、13世紀の軍隊の構成比とは異なり、ほとんどの場合重騎兵が軍の主力を構成しており、数の上で歩兵を上回るという逆転現象をみせていた。また。下馬した重騎兵が味方の隊列を補強するために歩兵を助けて戦ったのである。

　それに加えて多くの歩兵の勝利は、兵力（とりわけ騎兵の数）での劣勢などのさまざまな不利を覆すために、歩兵を自然や人工の障害物の後ろに待機させ、敵の攻撃を待ち受けた場合にのみ達成できた。もし歩兵部隊が陣地を捨てて不用意に攻撃に転じれば、フランドル市民兵とフランス騎兵が戦ったモン・サン・ペヴェール Mons-en-Pévèle（1304年、フランス北部）およびカッセル Cassell の戦い（1328年、フランス北部）のように、歩兵側が手ひどい敗北を喫することもあった。この戦いで、フランドル兵はコルトレイクの戦いのように防御陣地にこもってフランス騎兵を待ち構えたが、フランス軍が誘いに乗らなかったため、仕方なく陣地から出陣したところを反撃されて大損害を被った。勝利として知られるコルトレイクの戦いですら、最終段階では陣地を出て追撃にでたフランドル歩兵は、しんがりを守るフランス騎兵の反撃にあって蹴散らされるという場面があったのである[24]。

　攻撃に使えないという致命的な欠陥に加えて、優秀な歩兵はどこでも徴募できるものではなかった。すぐれた槍兵であるフランドル兵やスコットランド兵はどこの国の軍隊でも勤務したわけではないし、傭兵として名高いスイ

ス歩兵も、需要を満たすほどの人数がいたわけではなかった。ウェールズ長弓兵はウェールズ農民独特の弓術に頼っており、これを軍に組み入れられるのは実質上イングランド王に限られていた。こうした状況下では、歩兵部隊が軍の主力となることなど望むべくもなかっただろう。

　こうした戦術上の限界および社会構造上な限界から、歩兵部隊は13世紀から15世紀にいたるまで補助兵力の地位にあり続けた。そうした観点からすれば、イタリアの傭兵軍団が騎兵を主力とし、少数の歩兵がそれを支援するという編成を維持し続けたのは当然であった。

　以上述べてきたように、イタリアに限らず、15世紀までの軍隊は重騎兵を中核として構成されていた。歩兵はときとして重騎兵の致命的な突撃を撃退することができたが、それはあくまで有利な地点を占めた上で防御に徹した場合に限られており、敵を攻撃して潰走させることができたのは騎兵のみだった。また、重騎兵に対抗できるだけの優秀な歩兵を徴募できたのは限られた君主や都市政府であり、こうした制限のために歩兵は軍の主力となることはなかった。重騎兵を主力とする戦術は、当時の武器・戦術および社会構造から必然的なものであり、14世紀になって防御を固めた歩兵を撃破することは若干困難になったものの、騎兵の優位はなかなか揺るがなかった。

　騎兵を主力とし続けたイタリアの傭兵は軍事的に遅れていたというのは間違いである。実際は同時代の他国の軍隊とほぼ変わらなかったのである。そして後述する通り、こうした状況は15世紀に入って火器・大砲が普及し始めても変わらなかった。

第2節　火器と築城術の特徴

　15世紀に入ってもイタリアでは重騎兵からなる傭兵隊が軍隊の中核を担っていた。それは戦闘の勝敗を決する突撃戦術は重騎兵のみに可能であるという軍事的理由と、都市国家の安定のために専門的軍人を特定の階級に担わせないという社会的理由による。これは他の国と比べてとりわけ劣っているとはいえないものだった。いくつかの武器の技術的改良や、戦術的工夫をもっ

てしても、歩兵は重騎兵の担っていた任務すべてを肩代わりできる存在ではなかった。

　一方、15世紀までに、多くのイタリアの軍隊がさまざまな形で火薬を用いた射撃武器、「火器」をその装備に加えていた。本書で「火器」と称するのは、14世紀から使われ始めたイタリア語 bombarda の訳語にあたり、火薬を用いた射撃武器全体を表す。古代には存在しなかったこの新しい軍事技術も、イタリアでは少なくとも14世紀初頭には特筆すべきこともない、既知の武器となっていたが、その機能や役割がある程度固まるには、15世紀半ばまで待たねばならない。この「新兵器」は、登場するや否や戦争に革命的な変化をもたらしたわけではない。だが次第に、城砦や都市城壁に重大な変化をもたらす存在となっていくのである。また、火器が当時の軍人や軍事技師に与えた影響は、火器が実際に持っていた威力以上のものがあった。

(1) 火器の誕生と発達：13－15世紀

　もっとも古い火器の記録は、14世紀初頭のミリミートのワルター Walter de Milemete の書いた『注目すべき、賢明なる、巧妙なるものについて De notabilibus sapientiis et prudentiis』という書物の英訳写本（Oxford, Christ Church, Ms. 92, fol. 70 v. 1326年作成）の挿し絵に描かれた、壺型のものである［fig.1-1］。これは架台の上に横向きに壺のような砲身が置かれ、そこから弓で用いるような「矢」が放たれている。同じ1326年2月11日のフィレンツェの行政文書には、町を防衛するための金属製大砲と各種砲弾を調達するよう命じたものが残っており、少なくとも1320年代にはヨーロッパの各地で火薬を推進剤とした飛び道具が一般的に使われていたことが分かる[25]。ミリミート写本に描かれた火器は城門に向かって矢を放っており、当初からこの武器が城攻めの道具（攻城兵器）のひとつであったことを示している。

　前述の通り14世紀初期に登場した火器はイタリア語で bombarda という。この語が意味する武器は砲身が短いもので、しかもそれは鍛造して作った鉄の板を樽のように束ねて作っていたために大変もろく、装填できる火薬の量

第1章　ルネサンス期イタリアの戦争・武器・傭兵

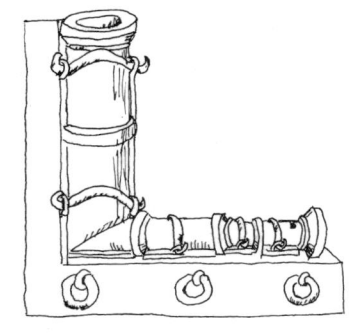

[fig.1-1] イングランドの聖職者、ミリミートの
ワルターの写本に描かれた「大砲」

[fig.1-2] イタリア・リーミニ出身
の軍事技師ロベルト・ヴァル
トゥリオ Roberto Valturio (15 c.)
の描いた砲身が垂直の「大砲」

も限られていた。砲弾も加工した石塊か鉄・鉛などの玉であり、破裂して敵を殺傷したり、可燃物を詰め込んだ砲弾などは存在していなかった[26]。それゆえに、こうした火器は威力、射程、命中精度などあらゆる点で、それまでの catapulta（綱の捻じり応力でアームを動かし、石を飛ばす型の投石機）や trabucco（釣り合い重りの反動でアームを動かす大型投石機）に比べて優れているとは言い難いものであった。とくに大型の火器となると、長い砲身を製造することはより困難であり、「短い砲身」と「少ない発射薬」のせいで、砲弾を高く打ち上げて急角度で落下する放物線弾道でしか射撃することができなかった（中には砲身を垂直に備えた砲も存在した[fig.1-2]）[27]。あくまでこれらは都市や城砦を包囲攻撃するさいに、城壁を壊すか、あるいは砲弾に城壁を飛び越えさせて、城内の建築物に損害を与えるための兵器であった。

包囲攻撃だけでなく、火器を野戦で敵の軍隊を攻撃するのに使おうとする試みも、14世紀から行われていた。それはラテン語で「リバルディ ribardi」あるいはフランス語で「リボードカン ribaudequin」と呼ばれた複数の砲身をもつ火器である。このリボードカンは前述のクレシーの戦いでイ

ングランド軍が用いたという説があるが、確証はない[28]。一方、パドヴァ軍とヴェローナ軍が戦ったカスタニャロの戦いでは、144門の砲身を備えたリボードカンが使われたという。これは、一列12門の砲を4段に重ねた装置をひとまとめにして、それを3つ組み合わせて作られていた。この3つの装置は回転させることができたので、ひとつの装置が全弾（48発）を発射し終えると、次の装置を敵の方へ向けて連続発射ができるようになっていた[29]。

このように、初期の火器の低い命中精度を、多連装化で解決しようという試みは、のちのレオナルド・ダ・ヴィンチの手稿にもみられる[30]。だがリボードカンは大掛かりすぎて容易に移動させることもできず、次の弾を装塡するのに大変長い時間がかかったため、火器を野戦で用いるための「多連装化」という方向性は早々に放棄されてしまう[31]。

15世紀半ばに火縄銃が発明され[32]、これを個々の兵士に持たせることでようやく野戦でも火器を用いることが可能になった。初期の例では1470年代のミラノ領では、弩隊と並んで常設の火縄銃兵隊 Schioppettieri がすでに存在したことが分かっている[33]。イタリア語で fucile, scoppietto, archibugio (arcobuso) と呼ばれたこうした小火器は、「粒化 corning」（粉末状の黒色火薬をアルコールなどの液体でいったん粘土状の塊にした上で、これを乾燥させて砕く）という加工技術が生まれて初めて実用化された。単なる粉末状の火薬では粒子が細かすぎて、点火した瞬間に十分な燃焼ガスが火薬全体にいきわたらない（＝爆発が緩やか）のに対し、粒化された火薬は各々の火薬粒が多孔質になっており、より短い時間で一気に火薬が燃焼する。これにより少量の火薬でも十分な爆発力を得ることができるようになり、小型の火器でも弾丸を実用的な威力で発射できるようになったのである[34]。

粒化という技術の登場および14世紀を通じて硝石の価格が低下したことによって、火器は攻城兵器として、あるいは城砦防御用の兵器として、一般的に用いられるようになっていく。城砦防御用には scoppietto や archibugio といった比較的小型のものが、そして攻城兵器としては大型のものが使われていたが、こうした大型火器も14世紀初頭のものにくらべ、砲身が長くなり、

改良された火薬のせいで威力が向上していた。もちろん14世紀から15世紀半ばになっても、火器と併用するかたちで投石機や弩砲、破城槌といった古代以来使われてきた攻城兵器が用いられていた。

このころの大型火器は2つの部品で構成されていた。鍛鉄板によって作られた「砲身」(tromba) と、砲弾と発射薬を装填しておくための部分で、鋳造によって作られた「基部」(gola) の2つである。こうした砲を「初期後装砲（元込め砲）」と呼ぶ。通常ひとつの「砲身」に対して複数の「基部」が用意され、砲身が発射時の熱に耐えられる限り連続して発射することができた。しかし2つの部品を完全に密着する技術はまだなく、砲弾を押し出す燃焼ガスの多くが2つの部品の隙間から洩れていたため、砲身と基部が一体化した「前装砲（先込め砲）」に比べて威力は劣っていた。

なぜ前装砲が作られなかったかといえば、14-15世紀の技術ではまだ硬度の高い鉄を鋳造することが困難だったからである（鋳造した鋼鉄製の大砲が登場するは19世紀）。そのため、当時としては青銅のような比較的低い温度で溶解する金属で砲身を作るしかなかった（この技術は教会の鐘を作る職人からもたらされたと考えられている）。しかし青銅製の大砲は鉄製に比べてはるかに高価で、しかも腐食に弱かった[35]。つまり、14-15世紀の砲兵は、「威力は弱いが、安価で長持ちする鉄製大砲」か、「威力は高いが、高価で寿命が短い青銅製大砲」の二者択一を迫られていたのである。

最終的に16世紀以降は青銅製の鋳造前装砲が主力となるが、こうした砲は15世紀にすでに知られていた。ちなみに以上の特性から、当時の史料に「青銅製の火器」と書いてあれば、ほぼ間違いなく鋳造製前装砲であると推定できる。

以上、15世紀の火器は、用法および製造法で、3種類に分類できよう。ひとつは野戦あるいは城砦防衛につかわれた比較的小型の火器（scoppiettoなど）、もうひとつは城砦攻撃に用いられる大型火器で、さらにそれが鉄製の「初期後装砲」と、青銅製の「前装砲」に分類できる。

だが14-15世紀の火器は、さらに砲身の材質や長さ、弾丸の大きさや種類

によってさまざまな名前が付けられていた。たとえば15世紀のイタリアでは、砲身が短く、重い石を急角度で打ち上げる大砲は mortaio、砲身が mortaio の3倍以上で金属の弾丸を発射するものは passavolante、さらに砲身が長いが弾丸が小さいものは basalisco、小型の大砲でも鉛弾を使うのは cerbottana、石の弾丸を使うのは spingarda といったように、一概に火器といっても多種多様なものが製作されていた。

15世紀初頭には火器の種類は膨大なものになっており、当時の戦場ではそうした多種多様な火器が、新旧入り混じって使われていた。つまり、15世紀の火器といっても、本節の冒頭で述べたような、鉄製で砲身が短い旧式のものばかりであったわけではなく、中には青銅製の長い砲身を持ち、鉄や鉛の砲弾を発射できる、16世紀の「カノン砲 cannone」に匹敵する強力なものまで存在していた。すでに火器の発達に対応した城砦の改良が起こる下準備はできていたのである。

(2) イタリアにおける築城術の変化

15世紀中葉は、イタリアの築城術の変化が始まる時期である。だが、軍事史や建築史以外の研究者の中には、イタリアでは16世紀に入るまで旧式な城砦が用いられていたという説をとる者もいる。そうした説の根拠はニッコロ・マキャヴェッリの著作や、フランチェスコ・グィッチャルディーニの『イタリア史』で、15世紀末にフランス軍が強力な大砲を持ってイタリアに侵攻し、イタリア諸都市の旧式な城壁が容易く破壊されたと書かれているからである。

だがこの説は2つの点で事実に反する。

①イタリアにおける築城術の変化は、フランス軍の侵入より少なくとも半世紀早く始まっていること。

②フランス軍の装備していた「カノン砲」と同じ技術的特徴を持った火器は、イタリアでもすでに用いられていたこと。

以上の2つの事実があるからである。

第1章　ルネサンス期イタリアの戦争・武器・傭兵

　フランス軍の「カノン砲」は青銅で鋳造され、金属製の砲弾を発射し、馬で牽引されていたので素早く移動できたというのが、マキァヴェッリやグィッチャルディーニ、そしてその言葉を文字通り受けとる研究者が「イタリアの火器には備わっていなかった」と信じている特徴である。だが、前述の通り、青銅製で金属製の砲弾を発射できる火器はイタリアでも用いられていたし、馬で火器を牽引することも珍しいことではなかった[36]。フランス軍がもたらした軍事的衝撃が、イタリアで始まった「築城術の変化」とは全く無関係であったことは、時系列的に明らかである。

　軍事史家 J・R・ヘール Hale は、イタリア・ルネサンスにおける最も革命的な築城術の変化は「角型稜堡 angled bastion」を発明したことにあると述べている[37]。イタリア語で bastione といわれる「稜堡」とは、城や城壁の外周に配置され、城砦の本体を敵の攻撃から守るために建設された、いわゆる「外城」「外郭」のことである。とりわけ火器の登場以降の時代では、「稜

[fig.1-3] イーモラ(左上)、フォルリ(右上)、
　　　　　セニガッリア(下)　　　(2005年筆者撮影)

33

堡」とは敵の砲撃を防御するための外郭を意味する。稜堡は石材や煉瓦などを積み上げて作られ、その内部や天辺に火器を発射するための砲台（砲郭）を備えていることが多かった。ヘールがあえて「角度をつけた angled」と形容したのは、こうした稜堡が、多角形平面構造をしており、その壁体の角を外側に向けた形をしていたからである。これら稜堡の全体的な形は「矢じり」の形に類似したものであった。

しかし、初期の稜堡と、城壁沿いに築かれた塔との差異は小さなものであった。エミリア＝ロマーニャ州のイーモラ Imola やフォルリ Forli、マルケ州のセニガッリア Senigallia の砦の外周を囲む円筒形の塔／稜堡は、その典形例である[fig.1-3]。こうした塔とも稜堡ともつかない防御建築は、砲撃に耐えられるように比較的厚い壁体をもち、火器用の銃眼などを備えていた。だが、これらの塔あるいは稜堡は、ヘールのいう「角型稜堡」ではなく、ほとんどが円筒形のものだった。

砲撃に対抗するために、塔の改良だけでなく、城壁もまた設計が改められるようになった。中世の城壁は、監視と防衛に都合のいいように、とりわけ梯子などで敵兵に乗り越えられないようにするために「高さ」を重視した。しかしながら石材や煉瓦で城壁を作るには、上部に行くに従って重量を軽くするために壁体を薄くしなくてはならない。そのため、守備兵が配置につく城壁の頂部では、かろうじて人間がすれ違える程度の幅しかないこともあった。一例として現在まで中世の城壁の残るグラダーラ Gradara（マルケ州）の市壁を示す[fig.1-4]。こうした高さを重視した城壁とは反対に、砲撃の損害を防ぐために、水平方向から城壁へと飛来する砲弾を避けることを目的として城壁の高さを低くし（その代り、城壁前方に堀

[fig.1-4] グラダーラ Gradara の都市城壁（城壁の内側から／2005年筆者撮影）

第1章　ルネサンス期イタリアの戦争・武器・傭兵

を深く作ることで高さを確保した)、砲弾が真横から命中した場合に備えて厚みをもった壁体を築いた。薄くて高い中世の城壁は、火器にとっては巨大な的となるが、低く厚みをもたせて築いた城壁の場合、これに砲弾を命中させ、瓦解させるためには至近距離から同じ個所に大量の砲弾を命中させなくてはならず、砲撃に対してより堅固となった。

　稜堡の建設および城壁の改良を組み合わせて作られる城砦や都市城壁を、「稜堡式築城」あるいは「イタリア式築城 tracé italienne」とも呼ぶ。この稜堡式築城は、その名の通り、城壁の周囲に稜堡を配して、そこに配備された火器の射撃によって、城壁に接近する敵兵に対して効果的な十字砲火（左右から交差するように飛ぶ銃砲火）を浴びせられるよう設計されていた。このような設計は16世紀のイタリアで急速に発達し、1530年代にはアルプス以北へと普及し、その起源ゆえに「イタリア式築城」と呼ばれるようになった。[38]

　こうした城砦は北ヨーロッパの国々だけでなく、その他の地域にも主にイタリア人建築家の手によって広められた。たとえばマルタ島のヴァレッタ Valletta の城砦および城壁もイタリア人の手による。この「稜堡式築城」を整理した人物としてあげられるのは、フランス元帥にして築城家であるセバスティアン・ル・プレストル・ド・ヴォーバン Sebastien Le Prestre de Vauban（1633-1707）である。彼は築城および包囲戦の名手として知られ、『要塞攻囲論 Traité de l'attaque des places』および『要塞防御論 De la defense des places』を著わした。彼は砲兵隊と塹壕を活用した包囲戦術を体系化すると同時に、稜堡を用いた築城術を3種類に整理した。[39]

　稜堡式築城にはいくつかの特徴がある。まず、稜堡および城壁は、砲撃を避けるために背が低く、分厚い壁体によって構成されていること。幾何学的な多角形平面の城壁をもち、その周囲に死角なく角型稜堡を築くことで、どの方向から敵が接近しても十字砲火で反撃できること。稜堡の形に円筒形や半円形ではなく、直線的な角形を採った理由は、丸みを帯びた外形では防御側の火器で射撃できない死角が生じてしまうことを嫌ったためである［fig.1-5］。

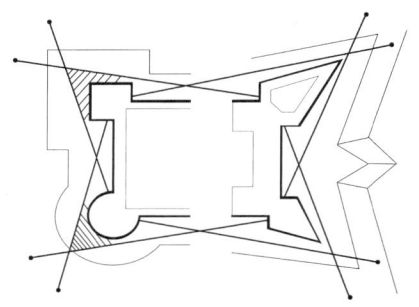

[fig.1-5] 中世城郭(左)と稜堡式築城(右)の比較。中世城郭では防御砲火の死角（斜線部）が生じるのに対して、稜堡式築城には死角が生じない。

[fig.1-6] 函館・五稜郭

　ヴォーバンの方式ほど完全ではなくとも、16世紀以降、背が低く分厚い城壁で囲われ、稜堡を外周に配し、火器によって防御することを目的とした稜堡式の城砦は、火器（とりわけ城攻め用の攻城重砲）が広く用いられるのに対抗するように、イタリア、スペイン、フランス、ドイツ、オランダおよびベルギーなど、ヨーロッパ一帯に広く普及した。その影響はやがてヨーロッパ諸国の植民地となったアフリカやアジア地域にも広がった。その影響の大きさは、日本にも函館の「五稜郭」[fig.1-6]に代表される幾何学的な稜堡式の城砦が建設されたことでも理解できよう。

　一般的に、火器を用いることによる包囲戦での攻撃側の優位は、稜堡式築城の普及によって、16世紀初頭のほとんど30年程度しか続かなかったというのが軍事史研究者の見解である[40]。稜堡式の城砦を建設する費用は莫大であったが、その価値はあった。いささか大仰だが、イタリアの小国家ですら、たったひとつの稜堡式城砦で大国スペインの軍勢を退けられるほどであったとされる[41]。また、前述の16世紀最初の30年を除けば、火器が登場した15世紀から、稜堡式築城が普及する16世紀まで、戦争とは「包囲戦の連続」であり、

36

軍隊同士の決戦はごくまれな現象であった。稜堡式築城が急速に普及したのも、当時の戦闘形態としては包囲戦が一般的であり、防御側にとってはたとえ高価であっても採用するだけの価値があったからだと思われる。

この時代のイタリアでの戦争は、政府や君主と契約condottaに基づいて軍事力を提供する傭兵隊長＝コンドッティエリcondottieriに占有されており、自分の財産である軍隊の損耗を嫌った傭兵隊長同士の、見かけだけの戦いに終始していたと思われている。しかし、上記のような築城術と火器の変化の時代にあって、プロの軍人であった傭兵隊長が、あくまで守旧的であったと考えるのは間違いである。では、稜堡式築城の萌芽が生まれ、同時に実用的な火器が製造・配備され始める15世紀末にあって、イタリアにおける実際の戦闘とはどのような特徴を持っていたのだろうか。

次節では、15世紀後半の傭兵隊長たちが行っていた軍事技術と戦術の改革について考察する。

第3節　15世紀イタリア傭兵隊長の戦術改革

15世紀に限定するまでもなく、ルネサンス期のイタリア傭兵隊長に対しては、マキァヴェッリらの批判以来、その軍事的資質は低かったとの見方が示されてきた。たとえばマキァヴェッリの『君主論 *Il Principe*』に記された「戦場の乱闘では人を殺さず、捕虜にして、しかも身代金をとらない。夜間は城郭都市を奇襲しない。城に立てこもる側も、敵の野営地に夜襲をかけない。野営の周囲には砦柵や掘割り(ママ)をもうけない。冬期の野営は行わない。（中略）こうして、傭兵はイタリアを奴隷と屈辱の地と化してしまった」[42]という一節からは戦闘に消極的で、築城術や包囲戦術に無関心な傭兵隊長というイメージが強く印象づけられる。

しかし、こうした批判は彼らが自説の正当性を補強するために、傭兵隊長の能力を過小評価したり、事例を曲解したりする中で生まれたものである。P・ピエリPieriの指摘によれば、とくに有名なマキァヴェッリの傭兵批判も、市民からなる古代ローマ軍団に対する憧憬と理想化に裏づけられたもの

であり、当時の傭兵隊長の軍事的資質についての正確な描写とは言い難い[43]。

20世紀以降になると、歴史学の立場から傭兵隊長の資質に対する再評価がなされるようになった。その端緒は、ピエリの研究であろう。彼は15世紀末から始まるイタリアの軍事的危機が火器、築城、騎兵軍の改革などにつながったと論じている[44]。つまり、イタリア人は軍事制度や技術の面で時代に対応しようとする意識を持っていたのである。

我が国においては、『傭兵制度の歴史的研究』においてイタリアの傭兵制度について社会史・経済史的観点から検討された。この研究において永井三明は、イタリアで14世紀以前に活躍した傭兵隊は、補給・衛生・人事・会計などの組織を備え、経済基盤となる土地をもたない、独立的移動集団であるのに対し、15世紀以降の傭兵隊は基盤となる土地を有し、長期にわたって雇用される常備軍的性格を強めていたと指摘する[45]。その戦闘組織も、14世紀以前の傭兵隊が、困窮し放浪する騎士・貴族によって構成されていたのに対し、15世紀の傭兵隊は従来の重騎兵に加え、弓兵や弩兵、砲手、軽騎兵などを含んだ専門技能集団であった[46]。こうした傭兵隊の変化の原因について、永井は経済圏確保を狙う北イタリア諸国家間の抗争および南イタリア農業の退潮を指摘している[47]。

中世軍事史家マイケル・マレット Mallett は、さらに15世紀の傭兵隊長とその軍隊の専門性について肯定的な価値を見出している。彼は13－15世紀の傭兵制度を概観したうえで、当時の社会状況から「傭兵」というシステムが必然的に登場した構造を明らかにし、このシステムに一定の軍事合理性が存在したことを示している。とりわけ15世紀後半のイタリア傭兵が、小規模ながら重騎兵・軽騎兵・長槍兵、そして火縄銃兵や砲兵をふくむ混成部隊を有していた点に注目し、イタリアの混沌とした状況が、その後の騎兵・歩兵・砲兵の3兵科からなる近代陸軍を生む「るつぼ」、一種の実験場となったと評価した[48]。また、ヴェネツィア共和国の例として、傭兵隊を恒常的に雇用し、領地からの税収によって維持する常備軍化が進行していたことを示した[49]。

以上のように、これまでイタリア傭兵隊長の軍事的資質についての研究は、

第1章　ルネサンス期イタリアの戦争・武器・傭兵

15世紀の時点でイタリア傭兵隊が飛び道具や火器などの専門的な技能を有した兵士を含んだプロフェッショナルな軍隊になっていたことを認めている。だが、そうした専門的な軍隊が誕生した理由については、主に経済史あるいは社会史的な観点からのみ検討されており、戦争と軍隊の問題でありながら軍事的観点に乏しい。また、傭兵隊の組織や制度面は詳細に検討されているが、彼らの用いた武器や軍事技術については検討が不十分であるように思われる。こうしたこれまでの研究の傾向から、筆者は、のちにヨーロッパ全体に波及していった高度な火器技術や築城術を生み出した15世紀イタリアの戦争がどのようなものであったか、傭兵隊長たちはどのような戦争を戦い、どのような対応をみせたのか、そしてそうした戦争において造兵や築城などの技術がどのような役割をもっていたのかを明らかにすべきであると考える。

　ルネサンス期のイタリアにおける、建築家や技術者の仕事の多くが、戦争に関係していたことは改めていうまでもない。レオナルド・ダ・ヴィンチがミラノの君主ルドヴィコ・スフォルツァに送った手紙（Codice Atlantico, f. 1082, già f. 391a r.）には、自分が武器や城攻めについて詳しく、これまでの兵器に関する発明家や著名人を凌駕する才能の持ち主であることを宣伝する文言がみられる[50]。またミケランジェロもしばしば砲術と築城術に精通した人物とみなされ、仕事を請け負っていた[51]。これはとりもなおさず、当時イタリアで、才能ある軍事技師の需要が高かったことを示している。こうした建築家・軍事技師の庇護者となり、それと引き換えに知識や技術を得ていた君主たちの多くは、傭兵隊長か、傭兵隊長の家系を出自としていた。彼らがどのように戦場で活動し、どのような軍事技術を必要としていたのか、といった点はこれまでほとんど省みられていない。だが、こうした考察を抜きにして、ルネサンスの軍事技術の発達や変遷をたどることは困難であろう。

　そこで本節では、火器の発達と普及、そして築城術の変化がみられた15世紀中期から末期までのイタリアの戦闘をとりあげ、軍事技師と傭兵隊長の関係ならびに軍事技術の変化が軍隊編成や戦術にいかなる影響を与えていたのかを考察する。

15世紀末のイタリアにおいて、建築家などの技術者と密接な協力関係を結んでいた傭兵隊長として、ウルビーノ公フェデリーコ・ダ・モンテフェルトロと、カラブリア公アルフォンソ・ダラゴーナの２人がとくに有名である。前者は傭兵隊長であると同時に、よく知られた学芸の保護者であり、ルチアーノ・ラウラーナやピエロ・デッラ・フランチェスカといった画家や建築家ばかりでなく、シエナの建築家／軍事技師であるフランチェスコ・ディ・ジョルジョ・マルティーニなどを庇護し、彼に命じて多くの城砦を築かせた。また彼を軍事技師として幾つかの戦争に従軍させている[52]。後者のアルフォンソもまた建築や彫刻に強い関心を抱く学芸庇護者であり、フランチェスコ・ディ・ジョルジョやその弟子であるチーロ・チーリあるいはバッチョ・ポンテッリ、アントニオ・マルケージといった築城家・軍事技師を盛んに登用した[53]。

　だが、こうした技術者が実際の戦争のどのような局面で、いかなる活動をしていたのかは、これまで精緻に検討されてきたとはいえない。そこでまず本節では、15世紀中期から末期までのイタリアの戦闘をとりあげ、火器の発達と普及、そして築城術の変化に関係する事件に注目し、軍事技師と傭兵隊長の関係ならびに軍事技術の変化が軍隊編成や戦術にいかなる影響を与えていたのかを検証する。

　ここで考察の対象とする「傭兵隊長」は、フェデリーコやアルフォンソのような、領地を持ち自国の軍事力を傭兵隊として貸し出す小領主型の人物が主となる。たとえば前述の２人以外にもフェッラーラ公エルコレ・デステや、リーミニ領主シジスモンド・マラテスタなどをとりあげる。もちろん、15世紀の傭兵隊長の実態がこうした小領主型の人物の分析のみで全て把握できるわけではない。だが、15世紀以前のイタリア傭兵隊が移動集団型だったのに対し、15世紀の傭兵は根拠地を持つ小領主型が主流となっていた。実際、以下の検討においても頻繁に史料に登場している。それゆえ、小領主型の傭兵隊長に対する分析を一概に一般化することはできないものの、この当時の傭兵隊長の傾向を知ることはできると考える。

第1章　ルネサンス期イタリアの戦争・武器・傭兵

　15世紀の戦争における傭兵隊長の活動を分析するにあたって、15世紀後半に起こった以下の4つの戦争を主な対象とした。
　①1460年から1463年にかけてナポリ・アラゴン家とフランス・アンジュー家の間で戦われたナポリ王位をめぐる戦争（以下「アラゴン＝アンジュー戦争」）
　②1478年から1479年にかけて、「パッツィ陰謀」をきっかけにフィレンツェと教皇庁・ナポリ王国が争った「パッツィ戦争」
　③1480年から1481年にかけてオスマン・トルコ軍に占領された南イタリア・オートラント市をめぐって争われた「オートラント戦争」
　④1482年から1484年にかけてヴェネツィア共和国とフェッラーラ公国が争った戦争（以下「ヴェネツィア＝フェッラーラ戦争」）

　分析にあたっては、同時代人の手による年代記や備忘録に記された戦争の叙述を収集し、これを数値データとして整理した（235頁以下の【資料1－4】参照）。なお今回数値データを表としてまとめうるだけの量の記述を収集できたのは①と④の戦争である[54]。また分析にあたって、具体的な戦術や武器使用が理解できるような記述に注意した。こうした史料はこれまで軍事技術史のためには利用されてこなかった。しかしこうした史料からは当時の人間が観察した戦争の実態が浮かびあがってこよう。

（1）傭兵隊長の主戦場：包囲戦と火器使用
　ルネサンスの傭兵隊や傭兵隊長が、軍事のプロフェッショナルであったという点については、現代のほとんどの研究者が同意している点である。しかし、未だになおその軍事的実力を低くみる傾向があるのはなぜだろうか。その背景には、傭兵隊長の軍隊はその後の国民軍に比べて実戦力で劣っているという思い込みがあったのではないか。とりわけ長らく歴史家ではなく軍人（しかも国民国家成立以降の職業軍人）が研究に努めてきた軍事史では、後世の軍事組織の方が優れているという単純な発展史観が抜きがたく存在したことも、15世紀までの傭兵隊長の能力を軽視する土壌となったように思われる[55]。

41

近代以降の軍事組織を基準にして、イタリアの傭兵隊長を分析するという手法は、現代でも改まったとは言い難い。たとえばマレットの傭兵研究は画期的であり、それまでの歴史学におけるイタリアの傭兵隊長観を大幅に改めたが、古い軍事史研究のなごりを感じる部分もある。彼は当時の傭兵の戦術を論じるにあたって、「騎兵」「歩兵」「砲兵」「築城と工兵」「河川戦闘」「戦術と戦略」といった順番で解説しているが、こういった分類は近代以降の陸軍の兵科にならっている。[56] また個別の戦闘も、軍隊同士が平原で戦闘を行う、いわゆる「野戦」の中でもよく知られたものを多くとりあげる傾向にある。しかし前述の通り、16世紀最初の約30年を除けば、当時は野戦形式の戦いが少なく、戦闘の多くは城や砦をめぐる包囲戦に終始していた。つまり、当時の軍人や技師の関心は、当然砲兵や築城術に集まっていたはずである。

　いったいどれだけの数の包囲戦が行われていたのか、数量的に把握することは難しい。野戦に敗北した側が都市や城砦にたてこもった場合、これを野戦と包囲戦1回ずつと数えるのか、それとも野戦か包囲戦のどちらか1回と数えるのか。あるいは包囲された都市を救出にきた軍隊と、包囲軍が戦った場合これは野戦と考えるのか、包囲戦の一連の戦いと数えるのかといった問題が必ずつきまとい、基準を変えれば野戦と包囲戦の割合は変化する。だが、基準を変えることで野戦の回数に多少の増加をみとめたとしても、当時の戦闘の多くは都市や城砦の争奪をめぐる戦いであったという一般的な傾向は変わらない。[57]

　いくつかの例をあげよう。【資料1】は、15世紀に書かれた教皇ピウス2世の『備忘録』を基に、アラゴン＝アンジュー戦争の戦闘をまとめたものだが、39の戦闘のうち33回と圧倒的に包囲戦が多い（235-7頁）。また、ヴェネツィア貴族マリン・サヌードの『ヴェネツィア＝フェッラーラ戦争備忘録』を資料として算出した、ヴェネツィア＝フェッラーラ戦争における1482年中の戦闘【資料2】では、41例中野戦が16回、包囲戦が22回、堤防を破壊して敵陣を攻撃する洪水作戦が3回と包囲戦が半数以上を占めている（237-40頁）。[58] 同史料に基づく1483年中の戦闘は9回の戦闘が全て包囲戦、1484年では15回

第1章　ルネサンス期イタリアの戦争・武器・傭兵

の戦闘のうち野戦が8、包囲戦が7となっている。ヴェネツィア＝フェッラーラ戦争全体では、65回の戦闘で野戦が24、包囲戦が38、洪水作戦が3となる。当時の戦闘の大半が城砦・都市を巡る包囲戦であったことが理解できるだろう。

　同じヴェネツィア＝フェッラーラ戦争関係の史料でも、フェッラーラ側についたアルフォンソ・ダラゴーナの臣下ジャンピエロ・レオステッロが残した『カラブリア公日録』によれば、1484年中の約半年（1月から6月）の間に、戦闘はわずか4例、そのうち包囲戦は1例のみである。騎兵の分遣隊による小競り合いは頻繁に行われたが、大規模な戦闘は少なく、実際に行われたのも5－6月という初夏に集中している。『日録』からは傭兵隊長による典型的な戦争のやり方、すなわち決定的な損害を受けそうな戦いを避け、兵士の食料や軍馬の飼料の獲得が容易な夏から秋にのみ戦闘をするという姿が浮かんでくる。ただし1484年は、フェッラーラと同盟関係にあったナポリ王国にたいする、ヴェネツィア海軍の攻撃が盛んであった時期であり、プーリア地方からカラブリア地方沿岸の都市を包囲・略奪して回るヴェネツィア海軍と、それを阻止しようとするナポリ海軍の戦いが戦争の焦点となっていた[59]。このころアルフォンソ・ダラゴーナとその軍勢はずっとロンバルディア地方に駐留しており、戦いの少ない副次的な戦線を担当していたにすぎないと考えることもできる。

　では、そうした包囲戦ではどういった武器・戦法が用いられていたのだろうか。上記2つの戦争において、包囲戦での火器の使用例とそれ以外の例を一覧にしたものが【資料3】である（240-3頁）。ハシゴなどを用いた直接戦闘（白兵戦）のみによる城郭の占領がわずかにあるが、ほとんどが大砲や火器の支援をうけるか、砲撃のみで城郭を攻略している。もちろん、史料を残した人びとの記述をみる限り、もっとも有効だった戦法は砲撃でも兵士の突撃でもなく、封鎖による兵糧攻めであったのだが[60]、しかし、すでに大砲が効果的な兵器として用いられていることが分かる。

　ここで用いられている大砲の大部分は「ボンバルダ」であり、いわゆる旧

43

式の、砲身の短い、放物線弾道を描く種類の大砲だった。これらは前述の通り、城壁を直接破壊するだけでなく、城壁を超えて内部の建物を破壊するような使用法もとられた。1460年代に行われたアラゴン＝アンジュー戦争では、後にフランス軍が用いて有名になった「カノン砲」のような、直線弾道をえがく砲身の長い砲の使用例はほとんどみられない。

　だがそうした「新型の」火器が全く用いられなかったわけではなく、すでに青銅製の鋳造砲と思われる火器や、スコピエット scoppietto[61] あるいはフチーレ fucile[62] などの新しい火器も使われていた。とりわけアラゴン＝アンジュー戦争ではフェデリーコ・ダ・モンテフェルトロとナポリ王フェッランテの火器の利用が目立つ。とくにフェデリーコは、ライバルであるリーミニの領主シジスモンド・マラテスタとの戦闘で、大砲の支援をともなう突撃（於モンダヴィオ Mondavio、ソルボロンゴ Sorbolongo）や、爆薬で城壁を破壊するための地下道作戦（於モンダヴィオ、モンテフィオーレ Montefiore、ファーノ Fano）など、多彩な戦術をみせており、軍事専門家としての高い能力の一端を表している[63]。火器を有効に用いたフェデリーコの包囲戦術は、1472年のヴォルテッラ市攻略でも同様に行われたことが、彼に仕えたパルトローニ Pierantonio Paltroni が記した『列伝』によって分かる[64]。

　教皇ピウス2世や、サヌードのような貴族、あるいはパルトローニやレオステッロなどの傭兵隊長の家臣といった、戦争と直接関係した社会の上層の視点からみれば、1460年から1480年代にかけて、火器・大砲が包囲戦で用いられる一般的な武器となっていったことが分かる。一方、戦争において包囲戦で使用される武器として火器が一般化していったことは、民衆視点の史料からでもうかがうことができる。

　たとえば1478年のメディチ家要人に対する暗殺未遂から始まったパッツィ戦争の場合、教皇庁側についたナポリのアルフォンソ・ダラゴーナおよびウルビーノのフェデリーコ・ダ・モンテフェルトロの軍勢がフィレンツェの諸都市の攻略を目指し、とくにポッジボンシをめぐる包囲戦が焦点となった[65]。当時の一次史料としてよく知られたフィレンツェ市民ルカ・ランドゥッチ

第1章　ルネサンス期イタリアの戦争・武器・傭兵

Luca Landucci の『日記』には、包囲されたフィレンツェ側の都市や城砦が敵に砲撃 bombardare されたこと、および攻防で消費された火器の砲弾数が記載されている。

ランドゥッチ『日記』
　1478年8月1日、敵はラモーレ Lamole を占領、100人以上を捕虜とした。そしてラ・カステリーナ La Castellina を砲撃し続けた。[66]
　1478年8月19日、敵は陣営をラッダ Radda およびパンツァーノ Panzano へと進めた。そして20日、終日ラッダおよびパンツァーノの城を砲撃し続けた。[67]
　1478年10月11日、サン・パゴーロ病院 Spedale di San Pagolo の門のところで、病気の子供が見つかったが、誰もデッラ・スカーラ病院 Spedale della Scala に連れていく者はいなかった。この日、敵はモンテ・ア・サンソヴィーノ Monte a Sansovino を砲撃した。[68]
　1479年9月15日、カラブリア公がコッレ・ヴァルデルサ Colle Val d'Elsa を占領した。ここを占領するまでに彼は約7カ月陣を張り、市壁の大部分を破壊するのに1024発の砲撃を行った。[69]

このように、ランドゥッチのような一市民ですら、戦争中の出来事として、包囲戦で用いられた火器に関心を寄せており、こうした記述は、火器が包囲戦の主役という認識が当時のイタリア社会で一般化していたひとつの証拠であろう。

　1480年代になると、民衆視点の史料からも、はっきりとした「火器の主力兵器化」という現象が、陣営を問わずみられるようになる。1480年から1481年にかけて、トルコ軍がプーリア地方の港町オートラントを占領したことでおこった、いわゆるオートラント戦争では、トルコ軍も、さらにこれを奪回したアルフォンソ・ダラゴーナの軍団も、火器・大砲を主力兵器として用いた。この戦いについては、ジョヴァンニ・ミケーレ・ラッジェット Giovanni Michele Laggetto という人物が、戦争を体験した自分の父親世代の人びとに

45

聞き取って書いた『オートラント戦争史 Historia della guerra di Otranto』および当時ナポリ市に居住していた市民フェッライオーロ Ferraiolo が記した『アラゴン朝ナポリ年代記 Cronaca della Napoli aragonese』が参照できる。

　『オートラント戦争史』は厳密には同時代人によって書かれたものではない。しかもこれはトルコ兵に殺されたオートラント市民を教皇庁で列福（教会から徳と聖性を認められ、「聖人」に次ぐ「福者」の地位を与えられること）してもらう手続きの一環として書かれたものなので、その記述を全面的に信用するわけにはいかない。だが、火器についての描写は具体的かつ興味深いものが多い。たとえばトルコ軍の侵略を食い止められなかった理由として、ラッジェットはオートラントの港に敵船が入港するの阻止できるだけの砲兵 artiglierie が配備されていなかったからだと説く[70]。ここでは防衛手段としての火器が、守備隊や城砦よりも重視されている。さらにトルコ軍の砲撃によって砲弾が城壁を飛び越えて降り注ぎ、市内の建物に大きな損害が発生し、これにおびえたギリシャ人の女祈祷師たちが、降ってきた砲弾を聖堂の祭壇に供えて弾避けのまじないを施したという逸話が紹介される[71]。こうした描写からはトルコ軍の砲撃によって大きな被害をもたらされ、それが人や建物のみならず市民の心理を脅かすほどの威力があったことが知れる。また火薬技術と呪術が併存するルネサンス的な戦争の様相もうかがえよう。

　1480年8月に始まったトルコの攻撃によって、オートラントはわずか3日で陥落する。トルコ軍占領後の1481年5月、攻守を入れ替えた形で、アルフォンソ・ダラゴーナ率いる軍勢がオートラントを包囲するが、そこに投

[fig.1-7] 1480年、オートラントに行軍するアルフォンソ・ダラゴーナ軍。中央付近に馬で牽引された大砲がみえる。

入された砲兵隊についてはフェッライオーロ『アラゴン朝ナポリ年代記』の挿絵から、馬に牽引された大型の火器を装備していたことが分かる[fig.1-7]。

　また、ラッジェットは砲兵を主力として包囲を敷いたこと、高所から撃ち込まれるアルフォンソ軍の砲兵の射撃によって、トルコ兵が防護を求めて聖堂などの屋内に逃げ込んだことを記述している[72]。ラッジェットの記すところによると、アルフォンソは城内のトルコ兵から水の供給を断つべく、川と町の間に本隊を野営させ、さらに包囲攻撃のために砲兵隊を3か所、「町の西側は聖フランチェスコ山の上に、また町の南にある聖ドメニコ山の上に、そして南東からはカンデローラ修道院に」布陣させ、城壁を砲撃し始めた。アルフォンソ軍と、トルコ軍の砲兵同士の砲撃戦は数日継続したが、「トルコ人たちは彼らの砲兵隊でもって、こちらの砲兵隊に応戦することはしなかったわけではなかったが、キリスト教徒に対してわずかな損害を与えたのみであった。なぜなら塹壕や遮蔽物を備えた多くの堡塁が築かれていたからである」[73]。この記述からは砲撃戦が行われたことや、包囲側が陣地を築いて砲兵隊を防護したことが分かる。

　また、ラッジェットはアルフォンソの大砲は「運ばれてきたものである」と注記している。中世ヨーロッパではしばしば運搬の労を軽減するため、戦場に職人を招いて大砲を製造された。ラッジェットの注記は15世紀末から『オートラント戦争史』が書かれた16世紀前半にいたっても、未だに戦場に職人を招いて大砲を製造する場合があったことの裏返しであろう。こうした描写からは当時の包囲戦の様子、とりわけ城砦の攻撃にも防衛にも投入される砲兵隊の、戦闘における具体的な行動を知ることができる。

　その2年後のヴェネツィア＝フェッラーラ戦争では、さらに傭兵隊長の火器利用は包囲戦以外にも広がっていることが分かる。たとえばフェデリーコ・ダ・モンテフェルトロの軍は、「包囲戦」と「自軍陣地の防衛」にパッサヴォランティ passavolanti、スピンガルダ spingarda、アルキブージ

47

archibugiとよばれる、直線弾道を描き、正確に狙いをつけることのできる3種類の火器を投入し、ヴェネツィアおよびその同盟軍に多大の損害を与えている。

　こうした新しい火器の投入は、火器が投石器のような「単なる城壁を崩す道具」から脱却し、敵への攻撃や陣地の防御にも使われる汎用性を確保していた証拠である。この戦争ではアラゴン＝アンジュー戦争でみられたような伝統的な城攻めの機械、つまり投石機や投槍機などの描写がなくなり、両軍とも包囲戦でも、野戦でも、水上の戦いでも、もっぱら火器のみが使われるようになっている。

　15世紀末の主要な戦闘形態であった包囲戦は、従来語られてきたような傭兵隊長の戦いとしてイメージされる「形だけの血の流れない」戦闘とはかなり異なっているようにみえる。そこでは個人の武勇や、敵の隙をうかがう部隊機動、そして巧妙な指揮といったものは前面に現れず、火器・大砲の投入、砲撃陣地の設定と建設、その他土木工事や技術的な手続きが戦うために重要な要素であった。イタリアで頻発する戦争の中で、15世紀末における火器は、その使用例が拡大しただけでなく、他の兵器との混用状態から次第に戦場の主役へ、包囲戦の兵器から野戦でも用いられる汎用兵器へと性格を変えていた。

　以上の考察をまとめてみると次のような重要な点が浮かびあがってくる。すなわち15世紀末の戦争は、どの局面でも砲術や土木工事などの「技術」の知識が求められるようになっていたということである。傭兵隊長たちは武器の扱いや部隊指揮といった、これまで自分たちが身につけていたものとは性格の異なる「技術」を戦場で振るうにあたって、どのような対応をしたのか。それを次項では検討したい。

(2) 傭兵隊長の自己変革：軍事技術者の登用と工兵隊

　こうした新たな軍事技術が求められる時代を迎えて、傭兵隊の組織構成は

第1章　ルネサンス期イタリアの戦争・武器・傭兵

どのように変わっていったのだろうか。史料からは、まず中核をなす騎兵の編制単位に変化があったことがうかがえる。【資料4】は、「アラゴン＝アンジュー戦争」と「ヴェネツィア＝フェッラーラ戦争」における、軍隊の構成をまとめたものである（244-9頁）。このうち、重騎兵および軽騎兵の騎数においては、記述の仕方に2通りのやり方がある。ひとつは直接騎数を数字で示す方法。もうひとつはturmaあるいはsquadraといった部隊の単位で示す方法である。前者はラテン語で、古代ローマ軍団の30騎程度からなる騎兵隊を指した。一方、squadraは15世紀の複数の史料で用いられているイタリア語で、「方陣を組む」という意味の動詞squadrareに由来する。このsquadraが何騎の騎兵から編成されていたのかは不明だが、レオステッロの『カラブリア公日録』には「22騎からなるsquadra」という記述があることから、おおむね20騎前後であったと想像できる。【資料4】を作成するにあたっては、turmaおよびsquadraを30騎として計算しているが、表からも分かる通り、通常傭兵隊長は複数のturma/squadraを率いている。だが中にはただ1つのturma/squadraを率いる隊長もおり、こうした部隊が最も小さな戦闘単位となっていたことがうかがえる。

　前項で用いたさまざまな史料から判断するかぎり、当時の軍隊における構成比は、おおむね騎兵と歩兵の数が拮抗していた。マキアヴェッリの傭兵批判に、傭兵たちは自分の名声のために歩兵隊の評判を落とし、多数の人間を雇う必要がある歩兵ではなく、少数で済む騎兵を主力にしたため、傭兵隊における歩兵の数は騎兵の十分の一ほどになってしまったという指摘があるが[75]、これは正しくないことになる。【資料4】の「アラゴン＝アンジュー戦争」のデータをみるかぎり、騎兵対歩兵の比率は、マキァヴェッリのいうような10：1から、歩兵偏重の1：6までかなりばらつきがあるが、全体の平均は1：1.1とほぼ等しい。この比率は「ヴェネツィア＝フェッラーラ戦争」になると、4：1から1：4までとばらつきは小さくなり、平均値も1：1.36である。

　こうした数値データから当時の騎兵部隊の規模を知ることはできるが、こ

の時期の騎兵戦術について詳しく述べた記述はほとんど見当たらない。前述の通り、戦闘自体が都市や城砦に対する包囲戦に偏っているうえに、軍隊同士の野戦については具体的な記述がほとんど史料に現れないのである。

そうした具体的な野戦の記述がある貴重な例は「ヴェルディトゥーロの戦い」である。これはナポリ王フェッランテ（フェルディナンド１世）と傭兵隊長ヤーコポ・ピッチニーノの軍の間で行われた、「アラゴン＝アンジュー戦争」全体を通しても珍しい、大軍同士が野戦で激突した戦いであった。両軍の兵力はともに約1500騎の重騎兵と2000の歩兵からなり、ほぼ互角であった。

1461年８月16日、アッカディーア市（プーリア州）を攻略し、ヴェルディトゥーロ平原に野営したフェッランテ軍に対し、ピッチニーノ軍は敵の水源を断つ位置にある丘を占拠した。そこでフェッランテは配下のアントニオ・ピッコローミニとロベルト・オルシーニに攻撃を命じた。戦いは日の出と同時に奇襲をかけたフェッランテ軍の優勢で進み、ピッチニーノ軍は自分の野営地を捨てていったん後退する。だが彼は後退した部隊を再編成して防衛線を引き直し、フェッランテ軍も部隊を再集結させたため、戦いは夕刻まで続いた。この戦闘の最終段階において、ピッチニーノ軍はパニックを起こして潰走し始め、フェッランテ軍の騎兵は追撃に移った。しかし、約300の捕虜と1000頭の軍馬を奪取されたものの、ピッチニーノとその兵士は近郊のトロイアという城砦への撤退に成功し、フェッランテ軍は戦場に放置された物資の略奪に気を取られた隙にピッチニーノ側の反撃を受け、敵と同程度の損害を受けるという結果に終わった[76]。

だがこうした伝統的な騎兵の突撃による野戦は、15世紀にはほとんど行われないか、少なくとも筆記者たちの関心を引かなかった。その代わりに多くの記述があてられたのが、包囲戦や、火器・土木技術などが用いられた戦闘である。

15世紀に火器の利用が一般的になるに従って、そういった武器から兵士を守るための築城技術もまた戦争では重要さを増した。そのため火器や築城な

第1章　ルネサンス期イタリアの戦争・武器・傭兵

どの新しい軍事技術の専門家が求められる環境が生まれた。14世紀の現象として、騎馬戦術や弩など専門的技能を要する武器の登場が、武器の専門家としての傭兵をイタリア社会に根づかせるひとつの要因になったとすれば、15世紀の新しい軍事技術の登場もまた、あらたな専門家の需要を生み出した。フェデリーコ・ダ・モンテフェルトロが建築家フランチェスコ・ディ・ジョルジョを軍事技師として戦場に同行させた例以外にも、後の時代になるがチェーザレ・ボルジアがレオナルド・ダ・ヴィンチを軍事技術者として召し抱えた話は有名である。しかし、こういった例は決して高名な建築家のみが受けた待遇ではなかった。

たとえば1461年夏、サヴェッリ一族 Savelli のたてこもるモントリオ・ロマーノ Montrio Romano（ラツィオ州）を教会軍が包囲したときには、教皇ピウス2世の依頼でアゴスティーノ・ディ・ピアチェンツァ Agostino di Piacenza という武器製造家が、「シルヴィア」「ヴィットリア」「エネア」と名づけられた3門の巨大な「ボンバルダ」を製作した。前者2つは重さ200リッブラ（約60キログラム）、「エネア」は300リッブラ（約100キログラム）の砲弾を発射する砲で、厚さ20ピエディ（約6メートル）の壁を破壊でき、教会軍を勝利に導いた[77]。

ヴェネツィア＝フェッラーラ戦争では、さらに多くの技術者・知識人が戦争に関与していった。1484年6月5日、アルフォンソ・ダラゴーナは、ヴェネツィア軍の攻撃に対抗して、ボルドラーノ（クレモーナの北）に橋を架けるため、利発さ sagacia と才知ある知識人（姓名不詳）を戦場へと派遣したと記されている[78]。

また、1482年5月にヴェネツィアの傭兵隊長ロベルト・ダ・サンセヴェリーノ Roberto da Sanseverino は、フィカローロ Ficarolo を包囲中、籠城するミラノ軍から放たれた大砲や火縄銃による損害が大きかったので、「武器の専門家 mestieri delle armi」として3人の人物、「砲手 bonbardiere のドナート Donato」、「技術者 ingegnere のジョヴァンニ・ブレシャーノ Giovanni Bresciano」、「ヴェネツィアの提督 ammiraglio d'armata ジャコモ・パリソト

Giacomo Parisoto」を招き、陣地構築を依頼した[79]。また、フィカローロ占領後の8月、ヴェネツィアの元老院は軍監 Proveditore として築城術に詳しいピエトロ・ダ・モリン Pietro da Molin を破壊された要塞再建のため派遣した[80]。

　同じころ、フェッラーラ公のエルコレ・デステは戦局の悪化に鑑み、フェッラーラの町で賢者として知られる17人を選びだし、彼らから町の要塞補修について助言を受けることにした[81]。このように傭兵隊長は広く火器および築城の専門家を招き、直接戦闘に参加させ、その知識を実際に活かしたのである。

　さらに建築や土木・火薬などの専門知識が戦争に用いられるようになると、「グアスタトーリ guastatori」と呼ばれる一種の「工兵隊」が、傭兵隊長の軍隊につき従うようになる。彼らは道路や野営地の建設を行い、橋を架け、野戦陣地を設営し、さらに包囲戦では城の水濠を埋めるといった多様な活動を行った。また、ヴェネツィア＝フェッラーラ戦争ではしばしばヴェネツィア側、フェッラーラ側のグアスタトーリが堤防を決壊させて、敵の陣地や町、占領地の水攻めを行い、さらに敵の水攻めに備えて排水路の建設（於フェッラーラ市）もした[82]。また、1484年のアルフォンソ・ダラゴーナの陣営では、飲料水を確保するための水車の補修も行っていた[83]。こうした専門家が軍の部隊として確固とした役割を持っていたことは、ヴェネツィア＝フェッラーラ戦争の多くの事例からうかがえる。他国の例では、15世紀半ばのミラノの計画では騎兵27,264騎、歩兵18,100、砲手2000、グアスタトーリ1000を動員可能と見積もっていたし、1477年ナポリのフェッランテ王に捧げられた、傭兵隊長オルソ・オルシーニの *Governo et Exercitio de la Militia* という軍事論には、総兵力20,000の常備軍が構想されており、騎兵12,000、歩兵6000、大型の大砲2門、軽砲200門のほか、500名のグアスタトーリを編成する計画が記されている[85]。

　実際に火器を配備していた軍隊は、【資料4】を参照すると「アラゴン＝アンジュー戦争」では20例中8例、「ヴェネツィア＝フェッラーラ戦争」では

第1章　ルネサンス期イタリアの戦争・武器・傭兵

62例中8例と、全体としては決して多くない（244-9頁）。だがこれを個々の軍隊の兵力と合わせて考察すると、兵力1000人以上の軍隊が火器を装備していた例が10例、1000人未満では4例、兵力不明が2例であり、兵力1000人以上の大規模な軍隊（両戦争合わせて32例）のうち大砲を装備していたのはその約三分の一である。これは火器が相対的に高価な武器であり、大軍を動員できる経済的に恵まれた軍隊ほど火器を装備する傾向にあったことを示していると思われる。

　以上の分析に基づけば、15世紀イタリアの傭兵隊はなお半数が重騎兵であり、工兵や火器を配備するといった組織改革がみられたのは、比較的大規模な軍隊に限られていた。だが火器や工兵・築城術などの影響は決して限定されたものとはいえない。これらの軍事技術は包囲戦術のみでなく、野戦の戦術にもはっきりと影響を与えつつあった。

　こうした軍事技術の重要性をうかがわせる例が、1482年8月22日に、リーミニの領主ロベルト・マラテスタとアルフォンソ・ダラゴーナが戦ったローマ近郊のヴェッレトリ Velletri の戦闘である。この地にアルフォンソ・ダラゴーナ軍は2条の塹壕と、大小多数の火器（bombarda, spingarda, schiopetti, passavolanti, archibugi）で守られた野戦陣地を築き、マラテスタ軍を迎え撃った。1500騎の重騎兵と800の歩兵による攻撃は朝から夕暮れまで続き、多数の騎兵が馬から撃ち落とされたという[86]。この戦いは野戦築城と火器の組み合わせが、すでに騎兵突撃に対抗しうるものであったことを示唆している。

　また、同様の戦いは1482年5月にフェデリーコ・ダ・モンテフェルトロの野営地ステッラタ Stellata でもおこり、ロベルト・ダ・サンセヴェリーノ軍は野営地の火器に阻まれ攻撃に失敗している[87]。同様に1484年6月15日にミラノの軍監ジョヴァンニ・ダ・カナーレ Giovannni da Canale は、メラーラにて騎兵400・歩兵300からなるヴェネツィア軍の攻撃を1マイル miglia まで引き付けて砲撃し、約150名の死者と多数の負傷者の損害を与えて撃退した[88]。こうした大砲対騎士の戦いは、スペイン軍の火縄銃隊が、フランス騎兵に初

53

めて勝利をおさめた1503年のチェリニョーラの戦いに先駆けるものであったといえよう。

　以上、15世紀の傭兵隊長の戦争について考察してきたが、ここでは城郭の争奪をめぐる包囲戦や、戦場で応急に建設される防衛施設である野戦築城、そして火器や大砲の利用といった、傭兵隊長が戦場で直面した軍事技術上の問題および戦闘に絞って論じてみた。15世紀の戦場では包囲戦の頻発と火器・大砲の普及がみられた。傭兵隊長はこうした環境の変化に対し、火器や土木技術の専門家を広く登用し、グアスタトーリのような専門部隊を編成するなど、積極的に組織を改革した。血の流れない形ばかりの戦争を好む人びとであったのなら、このような外部知識の導入も、組織改革も決して必要としなかっただろう。傭兵隊長はむしろ、伝統的な騎兵からなる傭兵隊を新しい軍事組織へと変貌させる力と意思を持った人びとだったのである。そうした傭兵隊長の意思があったからこそ、イタリア人建築家・造兵家の活躍の場も与えられ、のちに「イタリア式築城」を生み出すような環境も生じたのである。

小結　傭兵隊長の2つの側面

　本章では、15世紀末までのイタリアの軍事的な状況を概観してきた。当時のイタリアの軍隊は重騎兵を中核としており、これは保守的な傭兵隊長による軍事的停滞の証と考えられてきた。たしかに1460年代から1480年代にいたるまで、傭兵隊長の軍隊の中核を gente d'arme や uomini d'arme とよばれる重騎兵が形成していたことは間違いない。前節で指摘した通り、15世紀当時の傭兵隊における騎兵と歩兵の比率は、おおむね1：1であった。

　だが、重騎兵を主力としていたことをもって、イタリアの傭兵隊を時代遅れの軍隊と断じることはできない。中世軍事史家のクリフォード・ロジャース Rodgers は、歩兵やその他の兵科とくらべて、中世からルネサンスの重騎兵は唯一の攻撃兵科であり、防御にも、また略奪にも使える万能選手であったため、その軍事的価値は火器登場後も高かったと述べている。[89] こうし

第1章　ルネサンス期イタリアの戦争・武器・傭兵

た「重騎兵擁護論」はヨーロッパの戦争における火器の歴史をまとめたバート・S・ホールも述べており、彼は火器によって重騎兵（騎士）がただちに無力化されたわけではなく、重騎兵の衰退は火器登場から約200年が経過した16世紀以降のことだとしている[90]。つまり、イタリアの傭兵隊は、伝統的だがなお重要性を失ってはいない「重騎兵隊」と、新たに登場し次第に重要性を増しつつある「砲兵隊」「工兵隊」という2つの異なる性質の組織が組み合わさった混成部隊であったと考えることができる。

当時の砲兵隊は、初期の技術的限界を脱し、ようやく小火器から攻城重砲にいたる、用途に応じた火器が配備され始めていた。15世紀は、未だに新旧の火器が混在して使用されていたが、旧式の鍛鉄製後装砲が技術的にあらゆる点で劣っており、新式の鋳造前装砲が優っているわけではなかったことに注意しなければならない。質のふぞろいはあったものの、量的には火器の使用は拡大しつつあり、包囲戦で城壁を破壊するだけでなく、城砦を守るため、あるいは野戦における陣地防御のためにも用いられ始めていた。こうした変化は築城術の変化をうながし、また戦場で建築家や軍事技師・武器製造家、そしてグアスタトーリ（工兵）といった「新しい」技術専門家が活躍する舞台を生み出していた。こうした状況下でフェデリーコやアルフォンソのような学芸庇護者は戦争に建築家や知識人を登用したが、それは明らかに実践的な知識を求めてのことであった。

いわば15世紀は戦争に変化の波が押し寄せていた時代であった。イタリアが小国家に分裂していた状況にあっては、変化が一握りの改革者によって全面的かつ急激に行われるようなことはなかったが、少なくとも当時の軍事環境は、傭兵隊長によってイタリアの軍事技術が停滞していた、と表現しえる状況とは正反対であったといえる。傭兵隊長たちは大胆な改革者ではなかったかもしれないが、少なくとも現実に起こりつつある軍事技術の変化にたいして、実際的な対応ができるだけの柔軟性は有していた。

最後に、15世紀当時の軍事技術にたいする人びとの考えを知るうえで興味深い逸話を紹介したい。傭兵隊長であったウルビーノ公フェデリーコ・ダ・

モンテフェルトロは、同時に学芸の庇護者でもあったが、彼に仕えた建築家フランチェスコ・ディ・ジョルジョはフェデリーコに捧げた著書『建築論』の中で「大砲は古代からあったなどと訳のわからないことをいう者がいるが、それは誤りだ」とたびたび主張している[91]。フランチェスコ・ディ・ジョルジョは一貫して大砲は現代人の発明であり、しかもこの兵器は発達をつづけ、さらに恐るべき兵器となると主張している。同時に、当時のイタリアでは、古典古代の知識を絶対視するあまり、大砲のような新兵器すら古代ギリシャ・ローマ人の知恵に基づくと主張する者がいたことを、『建築論』の一文は示唆している。

実はそうした人物の1人は、本章で資料として利用した『備忘録』の著者、教皇ピウス2世であった。ピウスは、これもまたフェデリーコ・ダ・モンテフェルトロとの対話で、現代知られている武器のすべてはホメロスとウェルギリウスによって記されている、むしろ現代では失われてしまった武器がそこには記載されていると説いたのだった[92]。

はたしてフェデリーコはピウス2世のこの発言をどう受け取ったのだろうか。自分自身が戦場で活用している大砲が古代からある武器と信じていたのか、それとも建築家フランチェスコと同じように「訳のわからないことをいう者」として内心は教皇を嘲笑っていたのだろうか。

実際のところ、傭兵隊長たちの中ではこの対立する2つの考えが共存していた。彼らは古典古代を尊重していたし、古代の英雄と自らを引き比べ、個人の武勲や名誉の戦死に価値を信じていた。たとえばピウス2世の『備忘録』ではしばしば個人的な武勇が記録され、城砦への一番槍や、多くの首級を打ち取った兵士の名が特記されている[93]。また、レオステッロは『日録』の中でアルフォンソの近習の1人が、味方の退却を援護して橋の上で敵を食い止め、華々しく戦死した様子をイタリア語で記したのち、改めてラテン語で記している。こうした「名誉の戦死」を、俗語ではなく正式な言語であるラテン語で後世に伝えようという態度は、騎士道精神への憧れが15世紀末になっても十分生き残っていたことを示している。また、当時の傭兵隊長たち

第 1 章　ルネサンス期イタリアの戦争・武器・傭兵

はそれを実際の戦争に応用しようとはしなかったものの、古代ローマの将軍たちの武勇や戦法にたいして憧れを抱いてはいたのである[94]。

　15世紀のイタリアの戦場では、個人の武勇と重騎兵の華々しい突撃といった戦争の「人間的な要素」は、単に伝統的であるだけでなく、戦術的にもいまだ有効であり続けていた。だがその一方で火器や築城術の利用といった「機械化」が進行していた。火器の普及や、攻城戦・野戦築城における工兵の活躍に加えて、建築家や軍事技師といった「知識人の動員」が始まったのも15世紀末のイタリアにおける戦場の姿であった。こうした技術と知識が求められる状況の下で、当時の火器や築城術の方向性を模索していたのは傭兵隊長だけではなかった。実際に技術上の問題を解決しなくてはならない建築家・軍事技師も戦争へと参加し、その重要性を増していっていたのである。

1)　ホール、バート・S(市場泰男訳)『火器の誕生とヨーロッパの戦争』、平凡社、1999年、17頁。
2)　ホール、1999年、28頁。
3)　齊藤寛海・山辺規子・藤内哲也編『イタリア都市社会史入門　12世紀から16世紀まで』、昭和堂、2008年、57頁。アッシジのフランチェスコは回心する以前、家業の商売を見習っていたが、同時に騎士になることを夢見て武装を調えたこともあった。
4)　Mallett, M. E., *Mercenaries and Their Masters: Warfare in Renaissance Italy*, London, The Body Head, 1974, p. 17.
5)　Mallett, 1974, pp. 19 - 20.
6)　Mallett, 1974, p. 16.
7)　富岡次郎「フィレンツェにおける民兵制度の崩壊と傭兵使用」、『傭兵制度の歴史的研究』(京都大学文学部西洋史研究室編)、比叡書房、1955年、171 - 172頁。
8)　Balestracci, D., *Le Armi i Cavalli l'Oro. Giovanni Acuto e i condottieri nell'Italia del trecento*, Roma, Laterza, 2003, p.77；バレストラッチ、ドゥッチョ(和栗珠里訳)『フィレンツェの傭兵隊長ジョン・ホークウッド』、白水社、2006年、87頁。
9)　ホール、1999年、28頁。
10)　ホール、1999年、29 - 30頁。
11)　ホール、1999年、32頁。
12)　Rogers, C. J., *The Military Revolution of the Hundred Years War*, *The Military Revolution Debate*（ed. Rogers, C. J.), Boulder, Westview Press, 1995, pp. 57 - 58.

13) Van Creveld, M., *Supplying War*, Cambridge, Cambridge University Press, 1977, pp. 124-125.
14) Mallett, 1974, p. 12 ; Cafferro, W., *Mercenary Companie and the Decline of Siena*, Baltimore, The Johns Hopkins University Press, 1998, p. 15.
15) Mallett, 1974, p. 21.
16) Mallett, 1974, p. 12.
17) 富岡次郎、1955年、171頁。
18) Mallett, 1974, p. 20.
19) Balestracci, 2003, p. 62 ; バレストラッチ、2006年、72頁。
20) Mallett, 1974, pp. 25-26.
21) ホール、1999年、53-54頁。
DeVries, K., *Infantry Warfare in the Early Fourteenth Century*, Woodbridge, The Boydell Press, 1996, p. 175.
22) Balestracci, 2003, pp. 178-179 ; バレストラッチ、2006年、199頁。
23) ホール、1999年、55頁。DeVries, 1996, pp. 164-165.
24) ホール、64-67頁。DeVries, 1996, pp. 32-48, pp. 100-111.
25) ホール、1999年、77頁。
Cipolla, C. M., *Vele e cannoni*, Bologna, il Mulino, 1983 (first ed.1965), p. 11.
26) 初期の火器の技術的特徴についてはNorris, J. *Early Gunpowder Artillery c. 1300-1600*, Wiltshire, The Crowood Press, 2003。とくにイタリアの火器については *Antiche artiglierie nelle Marche secc. XIV-XVI* (a cura di Mauro, M.), voll. I-II, Ancona, Centro studi per le armi antiche, 1989およびMauro, M., *Rocche e bombarde fra Marche e Romagna nel XV secolo*, Ravenna, Adriapress, 1995を参照。
27) こうした弾道ゆえに初期の火器はしばしば「臼砲」と呼ばれることがある。臼砲とは文字通り臼のような短い砲身から砲弾を高く打ち上げ、敵の頭上から敵を攻撃する火器である。とりわけイタリア語では、初期の火器を総称する語と、(第一次世界大戦頃使われた)「臼砲」をあらわす語は、ともにbombardaと表現される。さらに16世紀初頭まで、bombardaは「砲身が比較的短く、直線弾道を描く大型火器」の固有名としても使われたので、現在日本の研究者の間では混乱がみられる。しかし「臼砲」とは「火器」の下位分類であり、あくまで弾道によって分類した場合の呼び名である。初期の火器にも臼砲のごとき急角度の放物線弾道を描かないものはあった。それゆえ本書では火器の総称としてのbombardaは単に「火器」とし、砲身の比較的短い大型火器の固有名としては「ボンバルダ」とする。「臼砲」はmortaioの訳語として用いる。
28) ホール、1999年、82頁。
29) ホール、1999年、83頁。Balestracci, 2003, p. 174 ; バレストラッチ、2006年、195頁。

第1章　ルネサンス期イタリアの戦争・武器・傭兵

30)　ホール、1999年、84-85頁。
31)　エリス、ジョン(越智道雄訳)『機関銃の社会史』、平凡社、1993年、13-14頁。
32)　ここでいう火縄銃は、イタリア語 fucile および scoppietto の訳語で、人ひとりで携帯可能な小型火器を指す。教皇ピウス2世の『備忘録』には、1460年、イタリア・サルノ Sarno の包囲戦で fucile または scoppietto と呼ばれる、クルミ大の弾を発射する、人の身長ほどの大きさの火器を装備した傭兵隊が活躍したと記されている。これが筆者の確認したイタリアで一番古い火縄銃の使用例である。Cfr. Pio Ⅱ (Enea Silvio Piccolomini), *I Commentari* (a cura di Marchetti, M.), Siena, Cantagalli, 1997, p. 241.
33)　Angelucci, A., *Gli schioppettieri milanesi nel XV secolo*, Milano, Arnaldo Forni, 1980 (first ed. Milano, 1865), pp. 43-49.
34)　ホール、1999年、153-160頁。
35)　Cipolla, 1983, pp. 12-13. ホール、1999年、150-151頁。
36)　馬で火器を牽引する習慣については15世紀にナポリで活躍した傭兵隊長 Orso degli Orsini の戦術論である *Governo et Exercitio de la Militia* (Pieri, P., *Il"Governo et Exercitio de la Militia" di Orso degli Orsini e I"Memoriali" di Diomede Carafa*, Napoli, Sanitaria, 1933, p. 52)およびナポリ市民 Ferraiolo の『年代記』(Ferraiolo, *Una cronaca napoletana figurata del quattrocento* (a cura di Filangieri, R.), Napoli, L'arte tipografica, 1956, pp. 35-40) を参照。
37)　Hale, 1983, p. 1.
38)　マクニール、W(高橋均訳)『戦争の世界史――技術と軍隊と社会――』、刀水書房、2002年、123頁。
39)　ドラクロワ、ホースト(渡辺洋子訳)『城壁にかこまれた都市』、井上書院、1983年、73-75頁。
40)　マクニール、2003年、123-128頁。パーカー、1995年、13頁。ホール、1999年、254-256頁などを参照。
41)　Arnold, T. F., *Fortifications and the Military Revolution : the Gonzaga Experience, 1530-1630*, in. *The Military Revolution Debate* (ed. Rogers, C. J.), Boulder, Westview press, 1995, pp. 201-226.
42)　マキァヴェッリ、1998年、45頁。
43)　Pieri, P., *Guerra e politica negli scrittori italiani*, Torino, Arnoldo Mondadori, 1955, pp 59-60.
44)　Cfr. Pieri, P., *Il rinascimento e la crisi militare italiana*, Torino, Einaudi, 1952.
45)　永井三明「15世紀イタリア社会と傭兵制度の展開」、『傭兵制度の歴史的研究』(京都大学文学部西洋史研究室編)、比叡書房、1955年、279-280頁。
46)　永井、1955年、276頁。
47)　永井、1955年、335頁。

48) Mallett, 1974, pp. 258-260.
49) Cfr. Mallett, M. E. & Hale, J. R., *The Military Organization of Renaissance State : Venice. c. 1400 to 1617*, Cambridge, Cambridge University Press, 1983.
50) ラウレンツァ、ドメニコ(池上英洋他訳)『レオナルド・ダ・ヴィンチ藝術と発明【飛翔篇】』、東洋書林、2008年、33頁。
51) ノーヴァ、アレッサンドロ(日高健一郎監訳)『建築家ミケランジェロ』、岩崎美術社、1992年、104頁。
52) Weller, A. S., *Francesco di Giorgio 1439-1501*, Chicago, The University of Chicago Press, 1943, p. 10.
53) バーク、ピーター(森田義之・柴野均訳)『イタリア・ルネサンスの文化と社会』、岩波書店、2000年、176頁。
54) 「アラゴン=アンジュー戦争」の分析には教皇ピウス2世の『備忘録』を、「ヴェネツィア=フェッラーラ戦争」の分析にはカラブリア公の書記レオステッロの『カラブリア公日録』およびヴェネツィア貴族サヌードの『ヴェネツィア=フェッラーラ戦争備忘録』を用いた。参照したテキストは以下の通り。

Pio II (Enea Silvio Piccolomini), *I Commentari* (a cura di Marchetti, M.), Siena, Cantagalli, 1997 ; Pius II, *I Commentarii* (a cura di Totaro, L.), Milano, Adelphi, 1984.
Leostello, J., *Effemeridi delle cose fatte per il duca di Calabria* (1484-1491), in. *Documenti per la storia, le arti, e le industrie napoletane* (voll. 3) (a cura di Filangeri, G.), vol. I, Napoli, Accademia reale delle scienze, 1883.
Sanudo, M., *Commentari della guerra di Ferrara tra li viniziani ed il duca Ercole di Este nel MCCCCLXXXII*, Venezia, Giuseppe Picotti, 1829.

55) はじめて軍事史を研究対象としたドイツの歴史家ハンス・デルブリュックは、参謀本部の職分を犯すものとして、軍部からの激しい攻撃にさらされた(小堤盾編著『戦略論大系⑫デルブリュック』、芙蓉書房出版、2008年、306頁)。
56) これは最初期のイタリア傭兵隊についての研究である Taylor, F. L., *The Art of War in Italy 1494-1529*, Cambridege, Cambridge University Press, 1921からみられる、いわば定型化した分析であった。
57) 筆者の採用した基準については註58を参照。
58) 筆者は、野戦に敗北した軍が都市や城砦にたてこもった場合は、野戦と包囲戦1回ずつカウントした。また、包囲された都市・城砦を救出にきた軍隊と、包囲軍が交戦した場合はこれを1回の「野戦」として包囲戦とは別にカウントした。包囲された側が都市や城砦から出陣し、包囲軍と交戦した場合は、包囲戦の一連の戦いとみなし、独立した「野戦」とは数えていない。
59) Sanudo, M., *Commentari della guerra di Ferrara tra li viniziani ed il duca Ercore di Este nel MCCCCLXXXII*, Venezia, Giuseppe Picotti, 1829, pp. 111-159.
60) ピウス2世も「飢餓はもっとも強力な武器」と書いている。Pio II, 1997, p. 241.

61) Pio II, 1997, p. 322.
62) Pio II, 1997, p. 240.
63) Pio II, 1997, p. 588, p. 589, p. 594, pp. 828–829.
64) Paltroni, P., *Commentari della vita et gesti dell'illustrissimo Federico duca d'Urbino* (a cura di Tommasoli, W.), Urbino, Accademia Raffaello, 1966, pp. 272–274.
65) 根占献一『ロレンツォ・ディ・メディチ ルネサンス期フィレンツェ社会における個人の形成』、南窓社、1997年、210頁。
66) 《E a dì primo d'agosto 1478, e nimici presono Lamole e androne presi più di cento persone, e tuttavolta bonbardavano la Castellina.》 Landucci, L., *Diario Fiorentino dal 1450 al 1516*, Firenze, Sansoni, 1985 (first ed. 1883), pp. 24–25.
67) 《E a dì 19 detto, andò el canpo de nimici a Radda e a Panzano. E a dì 20 detto, bonbardorono tuttodì e detti castegli.》 Landucci, 1985, p. 25.
68) 《E a dì 11 d'ottobre 1478, fu trovato un fanciullo amorbato in su la porta dello Spedale di San Pagolo, e non si trovava chi lo portassi allo Spedale della Scala. E in questi dì, e nimici bonbardavono el Monte a Sansovino.》 Landucci, 1985, p. 28.
69) 《E a dì 15 di novembre 1479, el Duca di Calavria prese Colle di Valdelsa. Stette circa a 7 mesi a canpo inanzi la potessi avere. Trasse 1024 colpi di bonbarda, disfece la maggiore parte delle mura.》 Landucci, 1985, p. 32.
70) Laggetto, G. M., *Historia della guerra di Otranto del 1480* (a cura di Muscari, L.), Maglie, B. Canitano, 1924, p. 21.
71) Laggetto, 1924, p. 23.
72) Laggetto, 1924, p. 55.
73) 《non mancarono li Turchi a rispondere all'artiglieria con l'artiglieria loro, ma facevano ai Cristiani poco danno, perchè stavano molto bastionati con le loro trincere e ripari》 Laggetto, 1924, p. 52.
74) Leostello, 1883, p. 24.
75) マキァヴェッリ、1998年、45頁。
76) Pio II, 1997, p. 556.
77) Pio II, 1997, p. 308.
78) Leostello, 1883, p. 10.
79) Sanudo, 1829, p. 19.
80) Sanudo, 1829, p. 39.
81) Sanudo, 1829, p. 21.
82) Sanudo, 1829, p. 18–19, p. 26.
83) Leostello, 1883, p. 8.
84) Pieri, 1933, p. 33.
85) Pieri, 1933, pp. 43–48.

86) Sanudo, 1829, pp. 39-40.
87) Sanudo, 1829, p. 17.
88) Sanudo, 1829, p. 128.
89) Rogers, 1995, pp. 57-58.
90) ホール、1999年、298-304頁。
91) Martini, Francesco di Giorgio, *Trattati di Architettura ingegneria e arte militari* (a cura di Maltese C.), I-II, Milano, Polifilo, 1967, pp. 5-6, p. 422.
92) Pio II, 1997, p. 314.
93) たとえば1460年のフランス対ジェノヴァの戦いでは、Paolo Fregoso という司教が兄弟の仇討ちとしてフランス兵15人を殺したことが特記されている（Pio II, 1997, p. 290）。別の例では、1463年のある包囲戦でナポレオーネ・オルシーニ Napoleone Orsini 配下の「エチオピア人」が敵の城に一番槍をつけたことで、その勇敢さを称えられている（Pio II, 1997, p. 746）。
94) Mallett, 1974, p. 176.

第 2 章
フランチェスコ・ディ・ジョルジョの城砦設計と「戦術」

はじめに

　15世紀末のイタリアで重要性を増しつつあった軍事技術、「大砲」と「築城術」。こうした軍事技術は、実戦の場でのみ用いられ、改良され、発達していったわけではない。イタリアの傭兵隊長や君主たちの下で大砲を操り、城砦や陣地を築いていたのは、名もなき大砲職人や工兵たち、兵士だけではなかった。そうした軍事技術は、絵画や彫刻、文芸などと同様、当時の知識人たちによって研究・改良され、それを必要とする君主や都市政府などがそうした知識人を雇用・庇護することで普及していった。

　こうした技術の研究と実践を主に担ったのが、イタリア・ルネサンスの建築家たちである。現代の我々にとって、城砦はともかく、大砲についてなぜ建築家が関与するのか、一見不思議にみえるかもしれない。しかし、そもそも「建築家」を意味するイタリア語architetturaおよびその語源であるラテン語のarchitecturaは、単に「建築・建物・建築術」だけを意味したのではない。architettura/architecturaとは、「原理的知識にもとづく、諸技芸全般・職人などの制作を指導する匠の技」を意味した。[1] つまりここでいう「建築家」とは、単に建物を設計したり、それを建てたりする職業ではなく、人工的な物体の作成全般にかかわる技術の考案者であり実践者を意味している。だからこそ、大砲や火薬・砲弾の作成術から、これをどのように用いるかという砲術まで、建築家の領分となったのである。

　では、新たに出現したさまざまな軍事技術に対して、初期の建築家はどのように対応したのだろうか。15世紀のイタリアで火器・大砲の重要性を認識し、その対策を築城術に反映させたのは、シエナの建築家フランチェスコ・

ディ・ジョルジョ・マルティーニ Francesco di Giorgio Martini（1439 - 1501）であった。我が国ではほとんど知られていないこの人物は、建築のみならず、絵画・彫刻・彫金など多彩な芸術作品を残す一方、当時よく知られた砲術と築城術の専門家（軍事技師）であった。彼は実際の戦場で大砲や火薬兵器の使用を監督し、イタリア各地に多数の城砦を残した。また、建築一般および軍事技術について『建築論 *Trattati di Architettura*』（以下『建築論』と表記）として知られる手稿を残している。

　この時代、フランチェスコ・ディ・ジョルジョ以外に大砲と築城の専門家がいなかったわけではなく、彼もまた当時多数存在した建築家の１人にすぎない。しかし、15世紀の段階で「大砲」という兵器の重大性を認識し、その脅威から都市と城砦を守るため築城術に取り組んだだけでなく、それを著作に記した人物は、フランチェスコ・ディ・ジョルジョだけである。いわば、彼がイタリアの砲術と築城術について、最初に理論化したといえるだろう。そこでまず、15世紀における新時代の軍事技術「大砲」と「築城術」の専門家であったフランチェスコ・ディ・ジョルジョの活動の中でも、彼の建設した城砦を分析することにする。現存するフランチェスコ・ディ・ジョルジョの城砦と、『建築論』に記された築城理論をてがかりに、大砲について、そして城砦のあるべき姿についてどのように考えていたのか探っていく。

第１節　フランチェスコ・ディ・ジョルジョの城砦：マルケの事例

　マルケ Marche 州はイタリア半島中部のアドリア海沿いにあって、目の前を海、背後にアペニン山脈が迫る、地形の変化の激しい地域である。この地方では、13世紀以降、モンテフェルトロ Montefeltro 家がウルビーノ Urbino を中心とし、マラテスタ Malatesta 家がリーミニ Rimini を中心として一帯の統治をおこなった。

　15世紀になると、モンテフェルトロ家はルネサンスにおける名君としても名高いフェデリーコ・ダ・モンテフェルトロ（フェデリーコ３世）が、マラテスタ家はシジスモンド・マラテスタ・マラテスタが現れた。ともに傭兵隊

第2章　フランチェスコ・ディ・ジョルジョの城砦設計と「戦術」

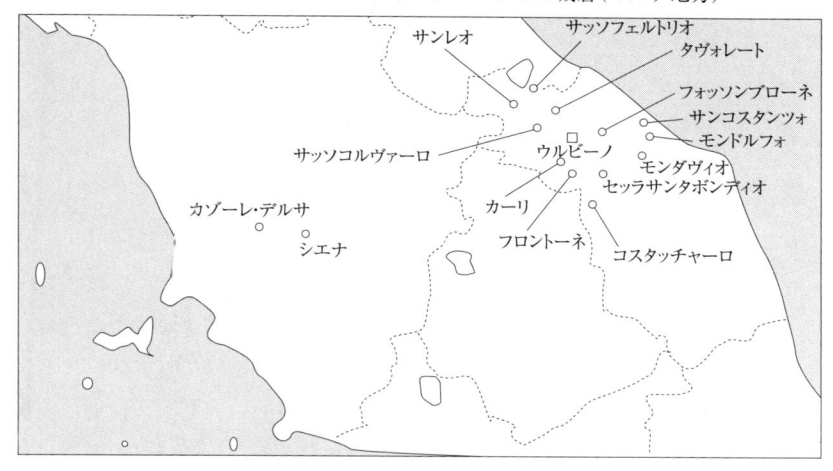

地図1　フランチェスコ・ディ・ジョルジョの城砦(マルケ地方)

　長 condottieri としてイタリアの他の都市や君主に雇われる一方、たがいにマルケ一帯の支配をめぐって争う好敵手であった2人は、領国の防衛と、傭兵隊長として徴兵や補給用の軍事拠点建設のために、競うように城砦を建設した。

　こうした状況下で、2人の君主が同時に後世に名を残す軍事技師を召し抱えていたのは決して偶然ではなく、抗争に明け暮れた当時のマルケの情勢をはっきりと反映していたのだろう。マラテスタ家には大砲や軍船の製造法を解説した書物『軍事について De re militari』の著者ロベルト・ヴァルトゥリオ Roberto Valturio が、そしてモンテフェルトロ家には築城家フランチェスコ・ディ・ジョルジョ・マルティーニがいた。

　当時、フランチェスコ・ディ・ジョルジョは故郷のシエナにおいて、すでに画家・彫刻家としての仕事を請け負うようになっており、それに加えてシエナの地下水道 bottini 建設にも関与したといわれる。そうした仕事と並んで、彼は同じシエナ出身の発明家マリアーノ・ディ・ヤーコポ Mariano di Iacopo（通称タッコーラ Taccola）の軍事技術書などを参考に、武器や砦の

平面図を記した短い2編の手稿（*Opusculum de Architectura* と *Codicetto*）を著わした。タッコーラの軍事技術書はドイツ皇帝ジギスムントに捧げられたものだったが、それにならってフランチェスコ・ディ・ジョルジョはナポリ王国を統治するアラゴン家の皇太子アルフォンソと、フェデリーコ・ダ・モンテフェルトロにこれを献呈した[3]。こうした活動が功を奏して、1477年から約10年間、フランチェスコ・ディ・ジョルジョはフェデリーコと、その息子グイドバルドの下で働くようになったのである。

　ウルビーノ公爵であったフェデリーコに仕えるや、フランチェスコ・ディ・ジョルジョは築城家として活動し始めた。最初に彼が建設したのは、コスタッチャーロ市の稜堡 bastione であったとされる[4]。これはローマとアドリア海を結ぶ古代ローマ街道であるフラミニア道沿いの町で、交通の要衝であった。フランチェスコ・ディ・ジョルジョが築いた稜堡は町の城門を守り、フラミニア道を制圧するように建てられており、そのような重要な防御建築物を任されたところからもフランチェスコ・ディ・ジョルジョに対するフェデリーコの期待と信頼がうかがえる。

　では、フランチェスコ・ディ・ジョルジョはフェデリーコのためにいったいどれだけの城砦を建設したのだろうか。フェデリーコが統治した時代の前後に建てられたとされるマルケの城砦は約26個ある[5]。さらに研究者マイケル・デシェルト Dechert によれば、フランチェスコ・ディ・ジョルジョの関与があるとされる城砦や都市城壁は22個である。しかしその多くは破壊されたり、解体されたり、風化がすすんでおり、現在でも城砦の全体像をある程度つかめる遺構はそれほど多くはない。フランチェスコ・ディ・ジョルジョも、『建築論』の中でマルケで建設した城砦をとりあげ、その設計や意図などを解説している。ここで解説された城砦は、次の6つである。

　サッソフェルトリオ Sasso Feltrio 砦

　タヴォレート Tavoleto 砦

　カーリ Cagli 砦（塔の一部のみ現存）

　セッラサンタボンディオ（セッラ）Serra Sant'Abbondio 砦

第 2 章　フランチェスコ・ディ・ジョルジョの城砦設計と「戦術」

　　モンドルフォ Mondolfo 砦
　　モンダヴィオ Mondavio 砦[6]
　しかしこの大部分は現存しておらず、現在でも『建築論』に描かれた平面図の姿をとどめているのはモンダヴィオの砦たった 1 つにすぎない（なお、『建築論』は 4 つの写本が知られ、さらに作成時期と内容・体裁によって前期 2 写本と後期 2 写本に分類される。以下、特に区別する必要がある場合、前期の写本は『建築論 I』、後期の写本は『建築論 II』とする[7]。城砦解説が記されているのは『建築論 II』である）。

　『建築論』で解説された城砦に加えて、フランチェスコ・ディ・ジョルジョが関与した城砦で、現在でも全体像がうかがえるものは次の 5 か所である[8]。

　　サッソコルヴァーロ Sasso Corvaro 砦
　　サンレオ San Leo 砦
　　フォッソンブローネ Fossombrone 砦
　　フロントーネ Frontone 砦
　　サンコスタンツォ San Costanzo 市城壁

　これに前述のコスタッチャーロの稜堡を加えても、全部で 12 の城砦にすぎないが、しかしこれらの城砦群からフランチェスコ・ディ・ジョルジョの独特な城砦の設計法を知ることができる。さらに、そこには彼が城砦に何が必要で、どのような戦闘を想定していたかを知る手がかりも多く残されている。そこで、個々の城砦の設計や構造を検討し、フランチェスコ・ディ・ジョルジョの築城術の実践がどのような特徴を有していたのかをみていくことにしよう。

（1）**コスタッチャーロの稜堡：フランチェスコ・ディ・ジョルジョの基本型**

　コスタッチャーロは、ローマからウルビーノへと延びる旧ローマ街道である、フラミニア道沿いに築かれた町である[9]。すでに述べたように、ここがフランチェスコ・ディ・ジョルジョがフェデリーコの下で初めて築いた軍事建

築であり、さらにいえば、彼が人生で関与した最初の軍事建築となるが、すでに彼の築城術の特徴があらわれている。

　フランチェスコ・ディ・ジョルジョは、コスタッチャーロの町の城門のすぐ脇に、石造の角型稜堡を築いた[fig.2-1]。その平面形はアーモンド形で[fig.2-2]、その突出部を城壁の外側にむけて、砲撃などの攻撃の威力を逸らせるように設計されている。さらに、稜堡の付け根には銃眼が設けられており、コスタッチャーロの城壁面にそって敵を攻撃できるようになっていた。この銃眼によって、城壁にとりついた敵兵を側面から射撃するのである。こうした防御システムを、フランチェスコ・ディ・ジョルジョは『建築論』の中で offesa/difesa del fianco「側面からの攻撃／防御」と名づけている。

　この、火器を用いた防御システムはフランチェスコ・ディ・ジョルジョの考案した築城術の中でも非常に重要なもので、彼はこの手法をしばしば重視した。さらに、この手法は後世の建築家にも引き継がれ、近代的な城砦設計である「稜堡式築城（イタリア式築城）」の根幹となった。現代ではこうした設計を fiancheggiamento「側面射撃」と総称している（以下「側面射撃」と表記）。

[fig.2-1] コスタッチャーロの稜堡
（2005年筆者撮影）

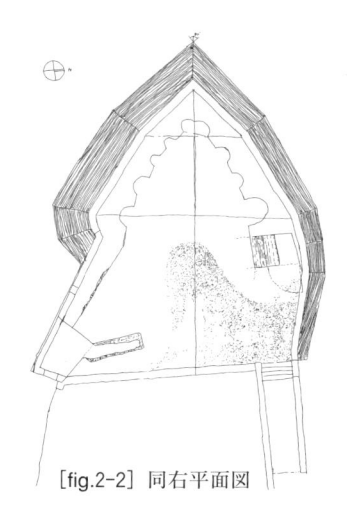

[fig.2-2] 同右平面図

第2章　フランチェスコ・ディ・ジョルジョの城砦設計と「戦術」

　コスタッチャーロの稜堡は、フランチェスコ・ディ・ジョルジョにとって最初の築城経験でありながら、のちに建設される城砦や、『建築論』に記される彼の理想とする築城術が実現している。その1つは「敵の攻撃を逸らすため、攻撃方向に角を向けた角型稜堡」であり、もう1つが「城壁にとりつく敵を、稜堡の脇部に設けた銃眼から射撃する側面射撃」である。この2つは、これ以降もフランチェスコ・ディ・ジョルジョが築いた城砦の主要な防御システムを構成していくのである。

(2) サッソコルヴァーロとサッソフェルトリオ：擬人論的城砦

　コスタッチャーロが、「角型稜堡」「側面射撃」というフランチェスコ・ディ・ジョルジョの築城術の2つの基本要素が現実化したものであるとすれば、サッソコルヴァーロとサッソフェルトリオは、3番目の基本要素が現実化したものである。この2つの城砦は、フランチェスコ・ディ・ジョルジョの「擬人論」思想を強く感じさせる。擬人論 antropomorfismo とは、人以外の万物を、人体の形状と性質に類するものとする考え方を指すが、フランチェスコ・ディ・ジョルジョは、古代ローマの建築家ウィトルーウィウス Vitruvius を根拠として、「すべての技芸と理法はよい姿態と比例をもつ人体から導かれる」「都市、城塞、城郭は人体に倣って作るべきである」という建築術上の原則を『建築論』の中で述べており[10]、これを筆者はフランチェスコ・ディ・ジョルジョの「擬人論」と捉えている。この「擬人論」の説明に合わせて、フランチェスコ・ディ・ジョルジョは『建築論』に人体をそのまま模した城砦都市の挿絵を描いている[fig.2-3]。「ウィトルーウィウス的都市」ともいわれるこの図の示す通り、彼は文字通り人体の形状に倣った城砦を建設していくのである。

　サッソコルヴァーロ[fig.2-4]の町はフェデリーコの従兄オッタヴィアーノ・ウバルディ Ottaviano Ubaldi の領地で、渓谷にむかって突き出た台地に建設された町である。城砦は台地のつけねに位置しており、町は三方を渓谷に、残る一方を砦によって守られている。サッソコルヴァーロ砦は市壁の外

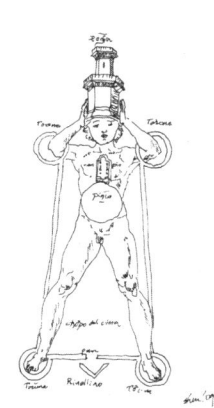

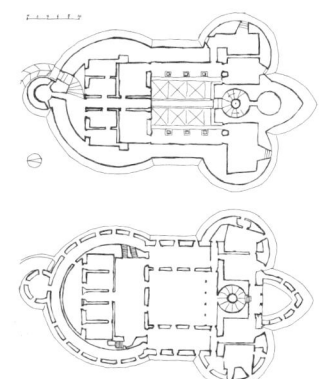

左：[fig.2-3] フランチェスコ・ディ・ジョルジョの描いた「ウィトルーウィウス的都市」
右：[fig.2-4] サッソコルヴァーロの砦と市街地(左)と同砦の平面図(右)

に向かって3つ、町の内部に向かって1つの稜堡が配されている。外側に向いた3つの稜堡は、その屋上と内部に砲台と銃眼が設けられており、外敵から町を守る。この砦は、中央の稜堡がひときわ大きく、まるで動物の頭のようであり、両脇の稜堡が手（あるいは腕）のようにみえる。全体が楕円形で構成されているため、サッソコルヴァーロ砦は亀のようにもみえるが、こうした肉体を模した城砦設計は、フランチェスコ・ディ・ジョルジョの考えるもっとも堅固な城砦の平面形なのであった。

　もう1つの「擬人論」的城砦サッソフェルトリオは、現在遺構は一切残っていないものの、『建築論』の解説とデッサン[fig.2-5]からその全体の形状を知ることができる。この砦には他の塔に比べてひときわ巨大な塔が1つ築かれていた。フランチェスコ・ディ・ジョルジョは砦の要となるこうした塔をマスキオ maschio（主塔）と呼んだが、『建築論』によれば、このマスキオは城主の居住区、食糧庫、攻防戦の最後の避難所であり、さらにもっとも強力に武装されねばならない部分であった。[11] サッソフェルトリオのデッサンからは、マスキオの反対側には2つの塔が、そしてその間には城門と城門を守る三角形の稜堡が設けられていることがみてとれる。その姿は全体的にフ

70

第2章　フランチェスコ・ディ・ジョルジョの城砦設計と「戦術」

ランチェスコ・ディ・ジョルジョが『建築論』に描いた「ウィトルーウィウス的都市」の挿し絵［fig.2-3］と酷似しており、サッソフェルトリオもまた人体を模して作られた砦だった。

さらに『建築論』では、人体で最も高貴な部分が頭であるように、都市にとって城砦が最も重要な部分であり、頭が目を通じてすべてを見渡すように、城砦も都市のすべてを見渡す、際立った場所に置かれねばならないと書かれている。[12] 重ねて、頭がなくなれば人体が失われるように、城砦が失われれば都市も失われる、と彼は繰り返し都市と城砦の関係を人体と頭の関係で捉えるよう、読者に求めているのである。こうした記述から判断すれば、城砦が人体に倣っており、マスキオ（主塔）や稜堡という頭を持っているように、都市という人体は、城砦という頭を持っているべきであるとフランチェスコ・ディ・ジョルジョは考えていたのだろう。ちょうど、サッソコルヴァーロの町という人体にとって、サッソコルヴァーロ砦は頭であるが、砦という人体にとっては、中央の巨大な稜堡が頭となるように。また『建築論』には、サッソフェルトリオ砦のマスキオは、町の外側に向けたと記している。[13] つまり、サッソフェルトリオもサッソコルヴァーロのように、町を守る「頭」として城砦が建設され、その砦の頭（＝マスキオ）も、サッソコルヴァーロのように町の外に向けて、外敵に防御を固める意図があったと分かる。

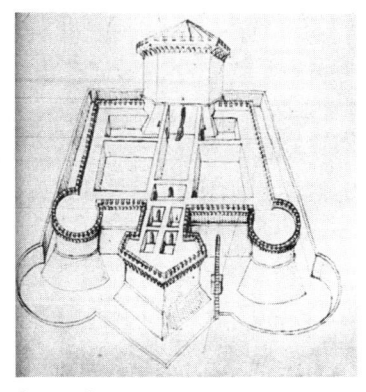

［fig.2-5］サッソフェルトリオ砦のデッサン

人体を模した城砦というと、そこには「実用性」という発想が薄かったように現代の我々には思われるかもしれない。しかしフランチェスコ・ディ・ジョルジョの擬人論的城砦をみる限り、むしろ実用性重視であったと捉えることができる。つまり、都市にとって重要な地点を守るために城砦を築き、その城砦にとって重要な部分を稜堡やマスキオで守るという設計を、彼は

「人体に倣って作る」と表現しているのである。そこにあるのは、都市や城砦全体をまんべんなく守ろうとするのではなく、一点集中で守ろうとする「重点防御」とでもいうべき思想である。フランチェスコ・ディ・ジョルジョの擬人論的城砦が、「重点防御」思想のあらわれとして解釈すべきものであることは、これ以外の城砦にも当てはまる。そうした例はカーリ、フォッソンブローネ、フロントーネ、サンコスタッツォの砦にもみられる。

（３）カーリ、フォッソンブローネ、フロントーネ、サンコスタンツォ：重点防御思想・外敵か内乱か

カーリ Cagli もまたフラミニア街道沿いの町である。町の市壁の西側にそって砦（現存せず）と塔（現存）が建設されていた[fig.2-6]。この砦と塔については、フランチェスコ・ディ・ジョルジョ自身が『建築論』の中でデッサン[fig.2-7]とともに解説しており、その形状や設計意図は理解しやすい。砦全体は菱形をしており[fig.2-8]、マスキオが町の外側に位置するように建設されていた。

フランチェスコ・ディ・ジョルジョは『建築論』の中で、「まずかなめとなる塔を三角形に作り、その一角を、火器 bombarde の打撃を壁体に受けないようにするため、攻撃が加えられる方へと向けた」と記している。[14] マスキオ以外にも１組の円筒形の塔があり、砦の市街地に近い側にもう１組の塔がある。マスキオ脇の２つの塔は城門を守るためのもので、もう１組の塔は側面射撃によってマスキオ脇の塔や砦の城壁全体を防衛する、とフランチェスコ・ディ・ジョルジョは書いている。[15] 実際、デッサンにはこれらの

[fig.2-6] カーリ砦の塔（2005年筆者撮影）

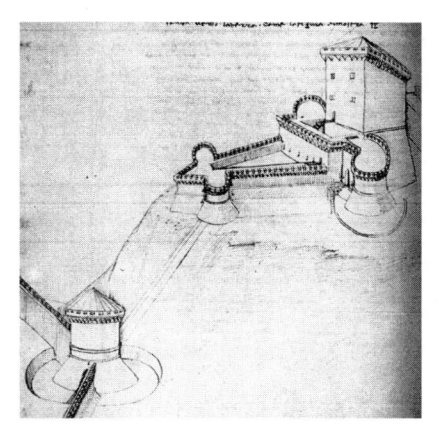

第2章 フランチェスコ・ディ・ジョルジョの城砦設計と「戦術」

[fig.2-7] カーリ砦のデッサン 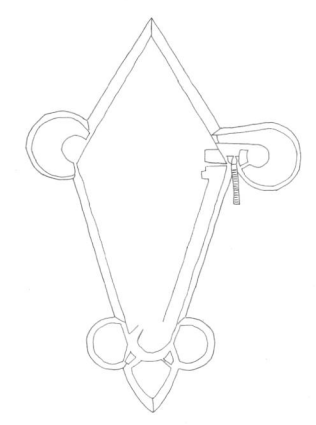　　　　　　[fig.2-8] カーリ砦の平面図

塔の側面に1組の銃眼が描かれている。

　この砦はマスキオが頭、2組の塔が手足に相当し、典型的な人体の形を模倣した砦と分類できる。一方、現存する塔は、主たる砦から離れて、市門の傍らに建設されており、内部には倉庫やパン焼き窯などを備えた独立した小要塞といえるものだった。全体としてこれらの防御建築物は、カーリの町を敵の攻撃（とりわけ砲撃）から守るための位置に、それにふさわしい設備を備えた形で建設されたといえる。

　同じ擬人論的城砦で、重点防御を施した砦でも、カーリとは異なる想定で設計されたと考えられるのが、フォッソンブローネ市の砦（現存）である[fig.2-9]。フォッソンブローネ市はフラミニア道とメタウロ川の合流地点という交通の要衝であった。その砦は、フォッソンブローネの町を見下ろす丘陵の中腹に築かれているが、砦からは市街地の下方を流れるメタウロ川と、そこに架かる橋、そしてフラミニア道までも見渡すことができる。フォッソンブローネ砦は、そこに配備された火器で、メタウロ川に架かった橋とフラミニア道を守ることができたと考えられている。[16)]

　だが、その砦の平面形に強い影響を与えたのは、「市民の反乱」という経

73

[fig.2-9] フォッソンブローネ砦（2005年筆者撮影）

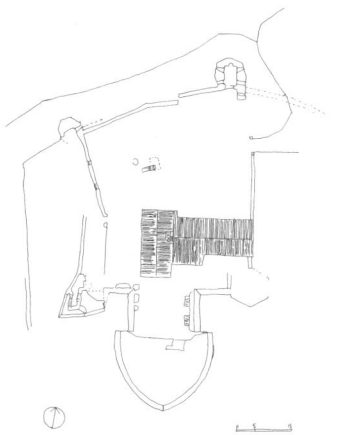

[fig.2-10] 同右の平面図

験である。フォッソンブローネの町は、長年リーミニのマラテスタ家によって支配されていたが、1445年フェデリーコによって統治されるようになった。そのため、町には多くのマラテスタ家に親近感を抱く住民が残り、直後にフェデリーコに対して反乱を起こすことになる。反乱のさい都市は反乱側の手に落ち、モンテフェルトロ側は砦に籠城して反乱を鎮圧した。[17]

　砦の平面図［fig.2－10］からは、フォッソンブローネが四隅に塔を持った四角い城壁から、アーモンド形の巨大な稜堡が張り出す形をとっているのがみてとれる。この稜堡が砦の「頭」であることはこれまで検討してきた他の城砦の例からみて明らかだが、これまでみてきたサッソコルヴァーロやサッソフェルトリオ、カーリの砦が、「頭」となる稜堡やマスキオを敵の攻撃が予想される町の外側に向けていたのに対して、このフォッソンブローネでは稜堡が町の中に向いている。つまりフォッソンブローネの砦は外敵のみでなく内部の敵、すなわち住民の反乱にも備えていたと考えることができる。

　防御の重点が、都市の住民に向けられていたとみられる他の例は、フロントーネの城砦である。フロントーネは山上都市で、細い山道が山頂の町と麓とをつないでいる。しかし城砦は、その防御を山道に対してではなく、

第 2 章　フランチェスコ・ディ・ジョルジョの城砦設計と「戦術」

[fig.2-11] 市街地側からみたフロントーネ砦
（2005年筆者撮影）

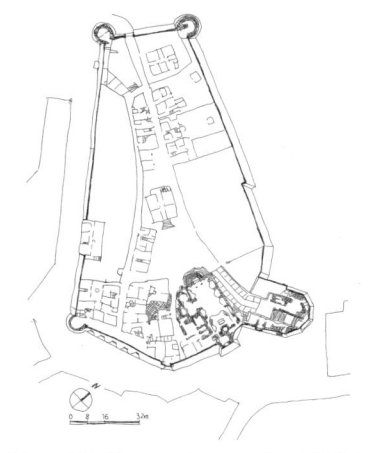

[fig.2-12] サンコスタンツォ市の平面図

　フォッソンブローネの砦のように市街地の方へとむけている。砦を構成する大きな角型稜堡は、都市の外側ではなく、内側に向けられているのである [fig.2-11]。こうした設計が採られた理由は、フォッソンブローネと同じく、フロントーネも永らくライバルのマラテスタ家の領地であり、フェデリーコがシジスモンド・マラテスタから獲得したという経緯が関係しているものと思われる。フロントーネは擬人論的城砦ではなく、長方形の平面形を持っているが、その一方にだけ角型稜堡を持っているという点で、重点防御思想に基づいて設計されている。その稜堡の防御している方向から判断する限り、フォッソンブローネ同様、砦は市民の反乱を懸念しているのではないだろうか。
　これらの例は、同じ擬人論に基づく城砦でも、建設された地形や交通、さらに守るべき相手が「外敵」なのか「反乱」なのかで、異なる城砦設計を採用するフランチェスコ・ディ・ジョルジョの柔軟で実利的な思想をよくあらわしている。
　同様の設計は、サンコスタンツォ [fig.2-12] の市壁にもみることができる。

これは、教皇シクストゥス4世の子ジョヴァンニ・デッレ・ローヴェレが、義父であるフェデリーコの斡旋でフランチェスコ・ディ・ジョルジョに建てさせたと考えられている都市城壁である[18]。モンダヴィオやモンドルフォ（後述）とともに、ジョヴァンニがマルケに有していた領地の北の国境を守る役割を果たすべく建設された城砦の1つである。

サンコスタンツォには、基礎部に傾斜をつけて敵の攻撃を逸(そ)らせるよう強化された城壁と、市門を両脇で守る円筒形の2つの塔、そして巨大な八角形のマスキオが残されている。都市全体が「く」の字に曲がってはいるものの、この都市こそ『建築論』の「ウィトルーウィウス的都市」の挿絵［fig.2－3］そのままの姿を残している。

各々の塔には「側面射撃」用銃眼があり、その内部にはアルキブジオ（台座に据えて使用する巨大な火縄銃）が設置されていた。また、城壁は単純な直線ではなく、ところどころに段差がつけられており、これも敵から銃眼を隠して、「側面射撃」を効果的におこなうための工夫であった。さらに巨大なマスキオの屋上には、「側面射撃」用銃眼とともに、巨大な大砲を据えつけた砲台があり、砲手を防護するための天蓋付き砲郭「カパンナート capannato」（後述）が設けられた[19]。マスキオや銃眼は、サンコスタンツォの北にある港町ファーノからのびる街道を監視・制圧できるように配置されており、「北からの敵の侵攻を食い止める」という戦略上の目的と、街道を進む敵に集中射撃をおこなうという戦術上の目的から設計・建設されたものであることが分かる[20]。ここでもまた、フランチェスコ・ディ・ジョルジョは重点防御に基づいてマスキオという「頭」を配置している。

一般的に、城砦の形は地形や防衛の都合といった点から決定される。フランチェスコ・ディ・ジョルジョの築いた城砦もそうした地形上の制約などから自由であったわけではない。だが彼の場合、もっとも危険が予想される方向や、城砦・町にとって重要と考えられる地点に、城砦の「頭」が建設されているため、彼が城砦を防衛する上で何を警戒していたか、その意図を読みとりやすい。そこで彼が城砦の防衛上考慮したのは、単に敵の攻撃方向と

いったものだけでなく、「市民反乱」といった政治的な要素も含んでいたことは極めて重要である。フランチェスコ・ディ・ジョルジョにとって、城砦の形状は、戦争や反乱といったさまざまな危険から、都市とその支配者の安全を確保するための配慮が反映したものであった。

（4）タヴォレート、セッラ、モンドルフォ、モンダヴィオ：都市と城砦の関係

フランチェスコ・ディ・ジョルジョの建設した城砦で、擬人論的な形態のものに次いで多いのは、マスキオのような巨大な塔とわずかな付属施設で構成されたものである。その例としてタヴォレート、セッラサンタボンディオ（セッラ）、モンドルフォがあげられる。

タヴォレートの砦も現在では残っておらず、フランチェスコ・ディ・ジョルジョが『建築論』に描いた図面［fig.2-13］でしかその姿をみることはできない。この砦は円筒形の巨大なマスキオと、それに付属する五角形の角型稜堡から成る。そしてマスキオと稜堡の間には小さな門があり、そこから出入りできるようになっていた。19世紀のタヴォレートの地図をみると、この砦もまた町を囲む市壁にそって建設され、砦が町のそばを通過する街道を制圧するよう配置されていることがわかる。また、『建築論』の図面からは、市壁にそって「側面射撃」できるように砦の銃眼が配置されていたことが読みとれる。こうした町と砦の位置関係は、サッソコルヴァーロなどにみられる例と同じく、都市を人体に、砦を頭に見立てたものと考えることができる。

こうした都市の城壁の一角に付随するように建てられた城砦を、イタリア語でチッタデッラ cittadella と呼ぶが、セッラやモンドルフォの砦も、タヴォレートと同じく、マスキ

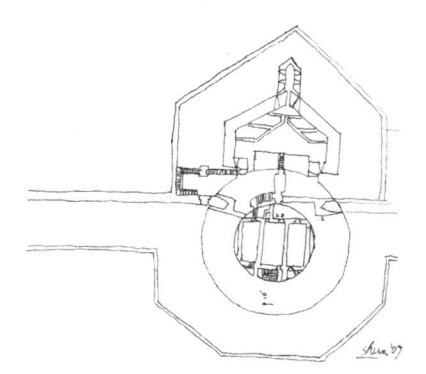

［fig.2-13］タヴォレート砦の平面図

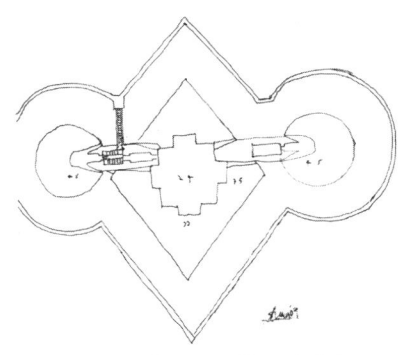

[fig.2-14] セッラ砦の平面図 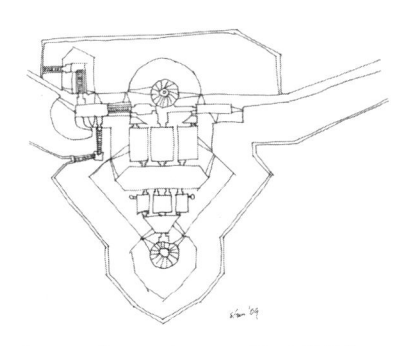　　　　[fig.2-15] モンドルフォ砦の平面図

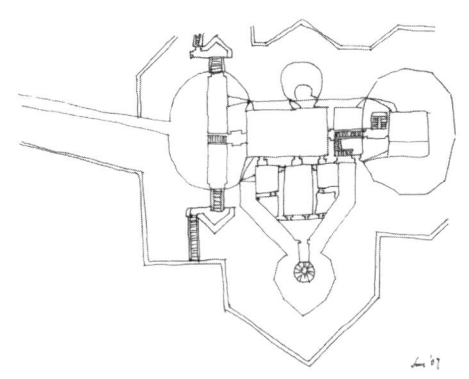

[fig.2-16] モンダヴィオ砦（左：平面図／右：2005年筆者撮影）

オを中心に稜堡や城門が組み合わされた形のチッタデッラである。タヴォレートが円形のマスキオに五角形の稜堡を組み合わせた形であったのに対し、セッラ[fig.2-14]とモンドルフォ[fig.2-15]は菱形のマスキオを核として、その両端に円形の塔が建設されていた。こうしたチッタデッラ自体の形は、「人体」を模倣したとは言いがたいものであるが、都市との関係でいえば、擬人論的城砦のような、「頭」と「体」の関係を保っていたと思われる。セッラにしろ、モンドルフォにしろ、現在遺構は残っておらず、どちらもその跡地が推定されているだけだが、どちらも都市の弱点となりうる地点に建

第2章　フランチェスコ・ディ・ジョルジョの城砦設計と「戦術」

てられていた。つまり地形上、都市の防衛に有利な位置や、町への交通を遮断したり、防衛できるような場所を占めていたと考えられている[21]。

　そうした実例は、遺構がほとんど完全な形で現在まで残っているモンダヴィオの砦にみることができる。この砦は、中央に三角形の稜堡、その片側に小塔と城門、反対側にマスキオを組み合わせ特異な形態をしている[fig.2-16]。砦は小高い丘の上にあるモンダヴィオの市門のすぐそばに建っており、市門へと近づく道はすべて城砦の銃眼から集中射撃を受けるように設計されている。モンダヴィオの町を包囲しようとする者は、砦からの砲撃を受けながら狭い坂道を攻めのぼるか、砦を避けて急峻な丘を攻めのぼるか、いずれにしても不利な状況で戦わなくてはならない。こうした地理・地形を活かした巧妙な城砦の配置と設計は、当時の包囲戦の様相や、戦術を反映したものであった。第1章でとりあげたピウス2世の『備忘録』によると、丘陵や山頂にある都市を攻めるとき、地形のためにしばしば攻撃側は限定された不利な方角から攻め寄せることを強いられている[22]。モンダヴィオもこうした籠城側に有利な戦術的状況を作り出すことをもくろんでいたと考えられる。

　以上のとりあげてきたフランチェスコ・ディ・ジョルジョの城砦からは、3つの重要な要素をとりだすことができる。1つは「角型稜堡」で、コスタッチャーロやフォッソンブローネ、フロントーネ、モンダヴィオなどにみられ、敵の砲撃を「逸らす」ための形状である。2つ目が「側面射撃」で、これは城砦の塔や稜堡に配備された火器で、敵の攻撃を撃退するという、より積極的な防御手段である。そして最後に、「擬人論」があげられる。この要素のみ、実戦的というより観念的な設計要素であるように感じられるが、すでに述べたように、これはむしろ「重点防御」というフランチェスコ・ディ・ジョルジョの包囲戦における戦術が結実したものと捉えるべきである。いや、それどころか、フォッソンブローネ砦の設計にみられるように、都市の内乱鎮圧まで考慮に入れて稜堡の方向を決めていたとすれば、擬人論的城砦という手法は、戦争にとどまらず、治安維持といった統治システムとしての機能までも築城術に盛り込もうとした、フランチェスコ・ディ・ジョル

ジョの優れた思想のあらわれといえよう。

(5)サンレオ砦：側面射撃の死角に対する解決

　フランチェスコ・ディ・ジョルジョの城砦は、おおむね上記3つの要素によって構成されている。だがその中で、唯一4つ目の要素を持った城砦がある。それがサンレオ砦である。これは他の城砦にはみられない特徴があるという点以外にも、その後、マキァヴェッリ『戦争の技術』など、いくつかの16世紀の文献で、典型的な山上城砦の例としてあげられるほど、同時代的にも著名なものであった。

　そうした文献の分析は後の章にゆずるとして、ここではサンレオの独特な防御システムについて検討したい。この砦は[fig.2-17]、サンレオの町近くの山頂に築かれた城砦で、1476年から78年ごろフランチェスコ・ディ・ジョルジョの手によって改築され、現在の形になった。[23)]砦の平面形はほぼ三角形をしており、そのうち二辺は城砦の背後の切り立った崖に面し、残る一辺には城門が設けられ、急峻な坂道によって町と結ばれている。城門が設けられた面の城壁の両端には、2つの大きな円形の塔が設けられている。それぞれの円形の塔は側面に2つずつ銃眼が開いており、城壁にそって側面射撃が可

[fig.2-17] サンレオ砦
（2005年筆者撮影）

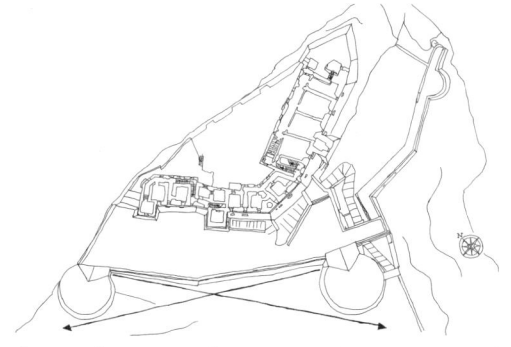

[fig.2-18] サンレオ砦の平面図。矢印（筆者加筆）は「側面射撃」の射線を示す

能となっている。塔の内部は、火器を発射したさいの煙を逃がす換気設備を備えた砲室になっており、火器によって防衛することを考慮した設計である。

城砦正面が、城壁と2つの塔、そして火器によって念入りに防御工事が施されていたのに対して、切り立った崖に面した部分は城壁も薄く、高さも低い。フランチェスコ・ディ・ジョルジョは山や丘、河川といった自然の防衛力は人為の技術よりも高いと考えていたので[24]、地形による防御が期待できる側には防御施設を建設する必要を認めていなかったのだろう。サンレオ砦は、断崖で守られた城砦の背後よりも、城砦へといたる山道に防御の重点を置くように設計されていたといえる。

サンレオ砦の特異な点は、2つの塔から発射される側面射撃の射線をさまたげないよう、塔をつなぐ城壁が屈折している点である。この屈折によって、一方の塔から発射された砲弾は城壁にとりついた敵兵を殺傷できるとともに、他方の塔に誤って砲弾が命中しないようになっている[fig.2-18]。フランチェスコ・ディ・ジョルジョは『建築論』の中で側面射撃を用いて城砦や都市城壁を守るさい、隣り合う塔同士が、味方の発射した砲弾で破壊されてしまうことを懸念しており、サンレオ砦の2つの塔と城壁の巧妙な設計は、こうしたフランチェスコ・ディ・ジョルジョ自身の懸念に対して、一定の解決策を提示したものである。

この城壁の「屈曲」は、角型稜堡の角とは、一見似たようなものでありながら、まったく違う目的を持っていることに注意しなければならない。後述するが、フランチェスコ・ディ・ジョルジョは『建築論』において、さまざまな敵の攻撃兵器の打撃を逸らすためには、城壁そのものにも、角度を設けて敵の方へと向けるべきだと述べている[25]。だがサンレオ砦の城壁の屈曲は、こうした「攻撃を逸らす」という受動的な防御というより、「側面射撃を妨げない」という能動的な防御のための設計と考えるべきであろう。

(6) マルケ地方の城砦の特徴

マルケでフランチェスコ・ディ・ジョルジョが関与した城砦については、

これら城砦群が全体として持っている一般的な性格と、一見個別的にみえる各々の設計に通底する特徴がある。前者はいわば地理的な観点に規定された城砦の特徴であり、後者は戦術的な観点に基づく。

　前者は、たとえばマルケ地方特有の地理的環境が大きく作用している。一般に山がちで、山上に家が密集した小規模な都市が多いため、都市の防衛も自然と山岳という地形を活かしたものにならざるを得ない。具体的にいえば、サンレオやモンダヴィオにみられたように、断崖で守られた面については人工的な防御は施していない。

　さらに山上に位置する都市や城砦は、地形的な都合と防衛上の利点を考えて、限られた数の狭く細い通路で麓と連絡されている場合が多いが、人工的な防御建築は、こうした敵の接近が高い確率で予想される部分に重点的に配置される。15世紀のいくつかの包囲戦でみられたように、山上都市をめぐる攻防は、こうした狭い通路を通り市門や城壁にたどり着こうとする攻撃側と、それを食い止めようとする防衛側の争いとなり、斜面や崖で守られた都市の他の側面では戦闘が発生していない。「包囲」という言葉から連想されるような、都市の周囲を取り囲む形式の戦いではなく、都市に接近可能な限られた通路をめぐって、攻撃側と防衛側がこれを奪い合うような戦いであったと考えられる。

　こうした戦闘の様相からすれば、限られた方向のみを重点的に防御した小規模な砦を建設するという、フランチェスコ・ディ・ジョルジョのおこなった山上都市に対する城砦の配置は当然のものだった。これはマルケ地方の地形や、当時の一般的な包囲戦の様態からすれば、都市全体を堅固な城壁や砦で囲うよりも理にかなったものであったといえる。

　一方、戦術的観点とは、おもに城砦が建設された都市の個別な環境の差異に基づく。最初に建設されたコスタッチャーロの稜堡は、町のすぐそばを通るフラミニア街道の防衛と、市門の防衛を兼務するための配置・形状がとられていたし、フォッソンブローネは市民反乱への対応と同時に、城砦の眼下を流れるメタウロ川の橋を守るのに適するように、稜堡の方向や銃眼の位置

第2章　フランチェスコ・ディ・ジョルジョの城砦設計と「戦術」

が考慮されていた。カーリ砦の場合、地形的な観点はさほど考慮されていないが、火器の攻撃が想定される側に重点を置いて建設された。つまり、フランチェスコ・ディ・ジョルジョの観察から、戦闘の焦点となる方向を見定めたうえで設計されたと考えられる。

全体的にみて、フランチェスコ・ディ・ジョルジョの城砦は、1つとして幾何学的に対称な形や、あらゆる方向に等分に防御の重点をおいたようなものは存在しない。こうした非対称な平面形をもった城砦は、建設される空間の形状に左右されたのではなく、フランチェスコ・ディ・ジョルジョの場合は、非対称形の設計を意図的に採用したと考えられる。

彼が非対称形の城砦を好んだと思われる明白な例は、擬人論にならった人体を模した城砦群である。人体の頭に擬される巨大なマスキオや稜堡は、城砦の非対称性をいっそう強調する。こうした擬人論的城砦は、フランチェスコ・ディ・ジョルジョが『建築論』でウィトルーウィウスを引き合いに出して述べたように、それが彼の信じるもっとも堅固な（いいかえれば理にかなった）都市と城砦の形だったからである。それゆえ彼は人体に倣った形の城砦を多く建設したものと考えられる。

これまでとりあげた城砦の多くが、その都市の役割、政治的背景、周囲の地形や地理的要因に基づいて、防衛上重要な場所や方向が見定められていた。そして、城砦それ自体に加えて、城砦の「最も高貴な頭」であるマスキオや巨大な稜堡は、こうした重点に対応するように築かれた。つまりフランチェスコ・ディ・ジョルジョにとって「人体の模倣」とは、こうした重点形成を意味していた。

フランチェスコ・ディ・ジョルジョに先行する建築家であるアルベルティやフィラレーテは、その著書の中で防衛に適した都市城壁（これも城砦の一種とみなすことができる）の形として、八角形や星形といった、対称で偏りのない形を採用した。また、16世紀以降に普及した稜堡式築城（イタリア式築城）に基づく城砦も、また対称な多角形や星形をしていた。そもそも、15世紀当時の建築家にとって最大の権威であった古代ローマのウィトルーウィ

ウスの『建築十書』には、円形こそが最も堅固な城砦の形状であると記されているが、円形もまた対称な図形である。だが、フランチェスコ・ディ・ジョルジョは実践においても、次章で検討するように著書『建築論』でも、後述するさまざまな理由から対称形や円形を採用しなかった。

　フランチェスコ・ディ・ジョルジョは擬人論的城砦を好んだが、これは観念的理由に基づくのではなく、むしろ城砦を建設するときの実利的な観点から打ち出されたテーゼであって、「城砦の設計においては防御上の重点を形成しなくてはならない」という実戦における必要を、古典の言葉で裏打ちしてみせたものである。それは、各城砦や、城砦の「頭」であるマスキオや稜堡に対して、何重にも施された人為的な防備「角型稜堡」や「側面射撃」、そしてサンレオの例にみられるような「側面射撃を妨げない屈曲した城壁」にもはっきりとあらわれている。フランチェスコ・ディ・ジョルジョの城砦は、一見観念的ともみえるその形状とは裏腹に、非常に実践的な防備をほどこした、まさに「戦う城」であった。

　こうした、フランチェスコ・ディ・ジョルジョが、城砦の防備において重点形成を重視していた例は、ウルビーノを離れ、イタリアの他地域に活躍の場を移しても一貫して維持されていった。

第2節　フランチェスコ・ディ・ジョルジョの城砦：ナポリの事例

　1482年にフェデリーコ・ダ・モンテフェルトロは病死し、その後なお2年ほどウルビーノで活動を続けたフランチェスコ・ディ・ジョルジョであったが、以降はおもに南イタリアのナポリ王国領内で築城家として活躍するようになる。当時ナポリでは1480年から81年までオートラント市がオスマン・トルコ軍に占領される事件（オートラント戦争）が起こり、その後は1482年から84年まで対ヴェネツィア戦争が勃発、さらに1485年にはナポリ王であるアラゴン家のフェッランテに対して在地の領主たちの反乱（いわゆる Congiura dei baroni）が起こるなど、内外で危機が頻発していた。そうした状況が、フランチェスコ・ディ・ジョルジョのような軍事技術に長けた人物を必要と

第 2 章　フランチェスコ・ディ・ジョルジョの城砦設計と「戦術」

地図 2　フランチェスコ・ディ・ジョルジョの城砦(ナポリ王国)

していたのである。

　では、南イタリアにおける、フランチェスコ・ディ・ジョルジョの城郭建設はどのようなものだったのだろうか。こうした城砦群は、彼が主任建築家として仕えた皇太子アルフォンソ・ダラゴーナの経歴に影響されたものといえるだろう。ナポリ王の息子でカラブリア公爵の位を持つアルフォンソ・ダラゴーナは、ウルビーノのフェデリーコと似た面も多い。アルフォンソは当時よく知られた武人として活躍し、さらにフェデリーコ同様ギリシャ・ローマ古典を好んで学ぶ文人であり、またよく知られた学芸の保護者でもあった。とりわけ建築については、ナポリの凱旋門建設にあたって自らウィトルーウィウスの『建築書』の写本を求めるほどの関心を持っていたとされる。[26]

それに加えて、アルフォンソはナポリ王国の対外戦争遂行を一身に担った軍事指揮官でもあった。とりわけ1478年から79年までの対フィレンツェ戦争と、1480年の対トルコ戦争が彼の軍歴でも際立っているといえるだろう。対フィレンツェ戦争ではメディチ家のロレンツォにナポリとの和平会談を決意させるまで追い詰め、対トルコ戦争ではハンガリーや教皇庁からの援軍を含めたキリスト教徒軍を率いて、トルコに占領されたオートラントを奪回した。また1485年の「領主の反乱」でも軍を率いて鎮圧にあたっている。彼の下でフランチェスコ・ディ・ジョルジョはナポリ王国のプーリア、カラブリア、カンパニア各地方で城砦を建設し、さらに1495年にはナポリを征服したフランス軍との戦争に軍事技師として参加することになる。

　フランチェスコ・ディ・ジョルジョがナポリ王国で城郭建設に携わるのは、王国の主任建築家ジュリアーノ・ダ・マイアーノ Giuliano da Maiano が1490年に死去したのちのことである。ジュリアーノの地位を引き継ぐ人物を求めるアルフォンソの要請により、少なくとも1491年から97年まではナポリに滞在している[27]。ジュリアーノ自身、トスカーナのモンテポッジョーロ Montepoggiolo に大砲を防ぐ対策を施した新式城壁を築いたこともあり、そうした技術に詳しいフランチェスコ・ディ・ジョルジョが彼の後を継ぐのはある意味で自然なことであった。

　フランチェスコ・ディ・ジョルジョは、アルフォンソが対フィレンツェ戦争を遂行中の1478年、ラ・カステッリーナ La Castellina の包囲に軍事技師として参加したことをきっかけにすでに知り合っていた[28]。また1479年のポッジョ・インペリアーレ Poggio Imperiale（トスカーナ州）での勝利や、1481年のオートラント奪回など、アルフォンソの軍功を記念したメダルはフランチェスコ・ディ・ジョルジョによって作成されたと考えられており、その他の資料でも1491年以前にナポリに彼が滞在していたことを示す記述がみられる[29]。実際は1480年代から、両者の交流はあったとみるべきだろう。

　しかし、ナポリ王国各地に点在する城砦には、マルケでは明白にみてとれたフランチェスコ・ディ・ジョルジョ特有の城砦設計をみいだすことができ

第2章 フランチェスコ・ディ・ジョルジョの城砦設計と「戦術」

ない例も多い。擬人論的特徴をもたなかったり、マスキオを中核としたタヴォレートやセッラのような構造をとっていなかったりする城砦も多数あり、これがナポリ王国における彼の活動範囲を分かりづらくしている。さらに文献的資料の少なさがこれに輪をかけているが、ナポリでの約10年の活動は、フランチェスコ・ディ・ジョルジョ以降の築城術にとって大きな意味をもつ。

それは、多くの建築家がナポリでフランチェスコ・ディ・ジョルジョとともに城砦建設の仕事に携わるうちに、彼の築城術が他のイタリア人に伝承されていったからである。チーロ・チーリ Ciro Ciri、バッチョ・ポンテッリ Baccio Pontelli、アントニオ・マルケージ・ダ・セッティニャーノ Antonio Marchesi da Settignano といったフランチェスコ・ディ・ジョルジョに影響を受けた建築家は、その後イタリアの他地域で活動し、さらにダ・サンガッロ da Sangallo 一族など16世紀に築城術で名をはせる人びとと交流する。こうしてフランチェスコ・ディ・ジョルジョの築城術の「遺伝子」は姿を変えつつ次第に広まっていったと考えられる。ナポリで活動した前述の建築家たちを総称して Scuola Martiniana（マルティーニ派）という築城術の一派とみなす研究家もいる[30]。本章では、こうした「マルティーニ派」も含めて、フランチェスコ・ディ・ジョルジョのナポリでの活動と、城砦の特徴を分析する。

（1）プーリア地方の城砦：ターラント、ガリーポリ、ブリンディシなど

フランチェスコ・ディ・ジョルジョがかかわった城砦は、アドリア海を挟んでトルコと向かい合うプーリア Puglia 地方の港町におかれたものが多い。これらプーリアの城砦で、建設年代が正確に判明しているものは存在しないが、おおむね1480年代中ごろから90年代にかけてとみられている。ターラント Taranto（1487－92年ごろ改修）、ガリーポリ Gallipoli（1487－92年ごろ改修）、ブリンディシ Brindisi（1488年以降改修）、そしてオートラント Otranto（1485年以降改修）にフランチェスコ・ディ・ジョルジョが建設あるいは改築した城砦が残っている[31]。これらの町は現在でも軍港や商業港として重要な

ものが多く、このうちオートラントは前述の通り1480年トルコ軍に、ガリーポリは1484年にヴェネツィア軍に占領されたことがあった。プーリアにおけるフランチェスコ・ディ・ジョルジョの城砦群は、アドリア海を挟んで対峙する対トルコおよび、アドリア海におけるヴェネツィア海軍への防備と考えることができよう。

また、近年の研究ではプーリア地方の北辺に位置するガルガーノ Gargano 半島に建てられたモンテサンタンジェロ Monte Sant'Angelo の砦がフランチェスコ・ディ・ジョルジョの手によるものと考えられている。これは半島の少し内陸に入った山上都市であり、海に面してはいない。しかし、すぐ近くにマンフレドニア Manfredonia という港町があり、この港を制圧・占領する上で重要な町であった。また、1460年から63年までナポリ・アラゴン家とフランス・アンジュー家の間で戦われた戦争でも、ガルガーノ半島の交通権をめぐって争奪戦がおこなわれたほどの戦略上の要地であった。[32]

その他、マテーラ Matera にもフランチェスコ・ディ・ジョルジョの築いた城砦があったとされ、現在ではわずかな遺構が残っている。この町はナポリ市とプーリア地方を往来する場合に通過する、重要な交通の拠点であった。

ガリーポリ、ブリンディシのロッソ城 castello Rosso、ターラント、モンテサンタンジェロの砦は、擬人論的城砦に分類できる。そのうちブリンディシのロッソ城[fig.2-19]はサッソフェルトリオやサンコスタンツォのように、長方形の城砦の一端に頭となるマスキオがあり、他端には城門が配置されている。そして城門の両脇を「手足」となる塔が固めるという構成である。

これに対して、ガリーポリ、ターラント、モンテサンタンジェロはもともと四隅に塔を備えた四角形の城であったものに、フランチェスコ・ディ・ジョルジョが稜堡やマスキオを増設することで人体形に仕上げている。これらの「頭」はやはり防衛上の重点に対して

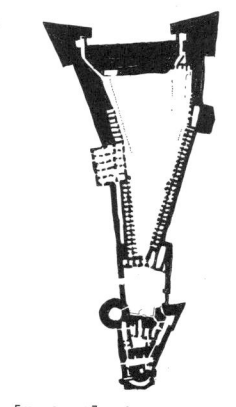

[fig.2-19] ブリンディシのロッソ城平面図

第2章　フランチェスコ・ディ・ジョルジョの城砦設計と「戦術」

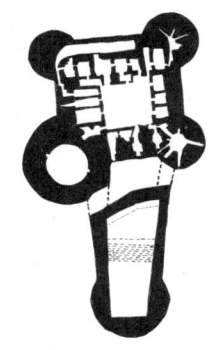

[fig.2-20] ガリーポリ砦(左／2005年筆者撮影)と同砦の平面図(右)

配置されていた。たとえばガリーポリ[fig.2-20]は半島の先端にできた港町である。この町を守るため、半島部の付け根に砦が建設され、砦の「頭」にあたる稜堡は敵の襲撃が予想される内陸部の方を向いている。モンテサンタンジェロ[fig.2-21]は山頂に位置するため、切り立った山肌に面した側は守りが薄く、稜堡は砦へと登る坂道に相対するように築かれている。また、外海(地中海)と内海の間に浮かぶ島にあるターラントの町では、砦は島と本土を結ぶ橋を守るように稜堡を伸ばしていたことが分かっている[fig.2-22]。

　これら3つの砦は町を陸側の攻撃から防衛することに重点を置いているようにみえる。だがロッソ城のマスキオは、ブリンディシの港と外海を分ける突堤の先端に建っており、むしろ外海に「頭」を向けている。内陸からの守りにはブリンディシ城[fig.2-23]が存在するため、ロッソ城の役割は、マスキオの位置およびブリンディシ港の地形から考察するに、敵艦隊の攻撃から港のある湾の入口を守ることにあったのであろう。

　一方、オートラントやマテーラの城砦に擬人論的特徴はみいだせない。マテーラのトラモンターノ Tramontano 城[fig.2-24]は中央に円塔の巨大なマスキオを備えた、均整のとれた三角形(あるいは菱形)の砦であったと考えられているが、遺構はほとんど現存しておらず、その具体的な設計をうかがい知ることはできない。マテーラの旧市街はこの城を前面に、背後に山岳地

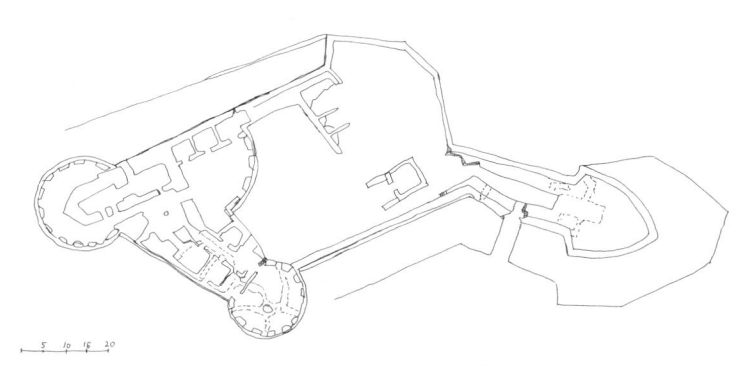

[fig.2-21] モンテサンタンジェロ砦の平面図

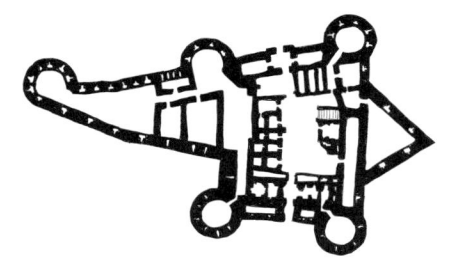

[fig.2-22] ターラント砦の平面図

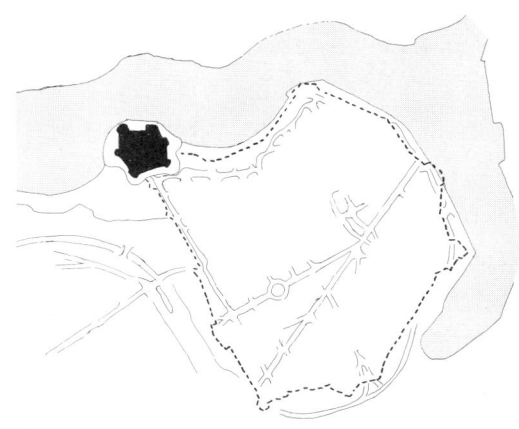

[fig.2-23] ブリンディシ市の平面図、黒塗りの部分がブリンディシ城

[fig.2-24] マテーラのトラモンターノ城

第2章　フランチェスコ・ディ・ジョルジョの城砦設計と「戦術」

を背負っているため、おそらく平野部から進撃してくる敵から町を守るために建設されたのであろうと想像できる程度である。マスキオは市街地の方に正面を向けているが、三角形の城の頂点は、まるで槍の穂先を外敵に向けるように、町の外側を指している。そのため、この砦がどのような目的に重点を置いて建てられたのかを推測することは困難である。だがマスキオを中核としたタヴォレートやセッラのような城砦が、マテーラにも建設されていたことは、フランチェスコ・ディ・ジョルジョが擬人論的城砦とともに、「マスキオ中心型」の城砦設計も引き続き用いていたことを示している。

　オートラントについては、フランチェスコ・ディ・ジョルジョが確実に関与したという文書上の資料は存在しない。しかし、城壁に増改築された円筒形の塔は細部にいたるまでターラントやガリーポリの塔と同じ設計である点や、二重の門で防御力を高めたアルフォンシーナ Alfonsina 門の設計などは彼の『建築論』に記載された特徴に適合する点を考慮すると、こういった部分の設計についてはほぼフランチェスコ・ディ・ジョルジョの手によると研究者はみている[33]。少なくとも、オートラントが改修された時期にこの地域で活動した建築家はフランチェスコ・ディ・ジョルジョか、彼の弟子であったチーロ・チーリのみであり、この町の市壁と城砦を「マルティーニ派」に帰属させることは妥当であろう。

　その他多くの城砦が、1480年代半ばから90年代にかけて改修・強化されたが、その中でも重要な港湾都市群にフランチェスコ・ディ・ジョルジョが関与したこと、そしてその多くに擬人論的な設計が用いられたことは、フェデリーコ・ダ・モンテフェルトロに仕えていた時期以後も、フランチェスコ・ディ・ジョルジョの築城家としての名声が高まっていたこと、そして擬人論に基づく城砦設計がかなり広く受け入れられつつあったことを示している。

（2）カンパニア地方の城砦：サンテルモ城など

　フランチェスコ・ディ・ジョルジョの活動は王国の都であるナポリ市およびその近郊のカンパニア Campania 地方にもおよんでいた。ナポリ市の城壁

および郊外に位置するサンテルモ城 Castel Sant'Elmo のように彼の関与が確実視されているものから、カステル・ヌオーヴォ Castel Nuovo（マスキオ・アンジョイーノ Maschio Angioino）の稜堡式城壁のように、フランチェスコ・ディ・ジョルジョ本人がかかわったかは明らかではないが、「マルティーニ派」に帰属する城砦まで、さまざまな防御建築物が1490年代に建設された。

サンテルモ城[fig.2-25]はもともと王家の宮殿で、高い塔がそびえる中世風の城であったと思われるが、ナポリをとりまく政治情勢が不穏になった1494年から95年にかけてフランチェスコによって改修された。この改修で城の2つの塔が解体され、星形の平面形を有する独特の城へと変化した。[34] サンテルモ城はこうして、国王アルフォンソ2世となっていたアルフォンソ・ダラゴーナの希望で「イタリアで作られた中でもっとも美しい城 castiello lo più bello che mai in Talia fosse[35]」となったという。これについては同時代のヴェネツィア貴族で歴史家であったマリン・サヌード Marin Sanudo も新式の要塞として記録している。[36]

フランチェスコ・ディ・ジョルジョは『建築論』の中で、敵兵器の攻撃の威力を弱めるには、城壁の稜角（城壁が折れ曲がったところにできる先端）を敵に向けるのがよいと述べた通りに、[37] 星形の砦を築いたのである。こうし

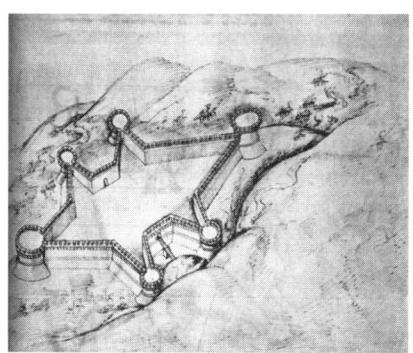

[fig.2-25] サンテルモ城　　[fig.2-26]『建築論Ⅱ』の星形城砦のデッサン

92

第2章　フランチェスコ・ディ・ジョルジョの城砦設計と「戦術」

た理由で星形の平面を採用したサンテルモ城は、それまでイタリアで建設されていなかった種類の城砦であり、それをみたアルフォンソ2世やサヌードがこれを全く新しく、しかも美しい城とみなしたのは当然のことであったろう。サンテルモ城のような城砦は、ウルビーノに滞在していたころの『建築論I』にはみられないが、晩年にまとめられた『建築論II』には、サンテルモ城そっくりな挿絵が掲載されている［fig.2-26］。フランチェスコ・ディ・ジョルジョの着想は、サンテルモ城でそのまま現実のものとなっていた。

　城砦としてはサンテルモ城が目立つものの、フランチェスコ・ディ・ジョルジョのカンパニア地方における城砦建設は、彼1人の活動が突出しているとは言い難い。たとえばカステル・ヌオーヴォの外城壁を、火器の攻撃に備えた稜堡式のものへと作りかえる工事（1499-1537年）は、フランチェスコ・ディ・ジョルジョの関与が推測されるものの、おそらくその多くは彼の弟子であったアントニオ・マルケージ・ダ・セッティニャーノによってなされたものと思われる。[38] また、ナポリ市の北にあるガエタ Gaeta 城やナポリ沖に点在するカプリ島やイスキア島といった島々に所在する砦についても、1480年代半ばから90年代にかけて改築されたものについて、フランチェスコ・ディ・ジョルジョがなんらかの影響を与えたと考える研究者もいるが、はっきりとしたことは断言できない。

　しかし、カンパニアでの活動は、フランチェスコ・ディ・ジョルジョの影響力の拡大を感じさせるものが多い。たとえばガエタやナポリ沖の島々の城砦に対して、研究者たちがフランチェスコ・ディ・ジョルジョの影響を認めるのは、ナポリ市の城壁の強化工事で、彼が増設した塔の設計と、他の城砦の設計に類似点が多くみられるからである。その塔の特徴とは、まず兵器の攻撃にたいして堅固な円筒形を採っていたこと、さらに塔の基部が外側にむかって広がった「スカルパ scarpa」とよばれる形をしていること（これは攻撃に対する耐久性を向上させるとともに、分厚い上部壁体を支えるための工夫である）、スカルパの上端は「コルニーチェ（軒蛇腹、コーニス）cornice」と呼ばれる装飾で縁どられていたこと、塔の頂部は少し半径が大きく、

穹窿状の「持ち送り」によって支えられた「矢狭間胸壁 piombatoio（鋸歯状の、城壁や塔の頂部を縁取る壁で、凸部に兵士が身を隠し、凹部からは敵を監視したり射撃を加えたりできる）」を持っていたこと、などである。

とくに「スカルパ」は、当時カンパニアで建設・改修されたどの城砦でも、おおむね塔全体の高さの三分の一を占めていたが、これはフランチェスコ・ディ・ジョルジョが『建築論』の中で「スカルパは壁の高さの１／３以下であってはならない」と指示した通りである[39]。フランチェスコ・ディ・ジョルジョが『建築論』の挿絵で[fig.2-27]、理想的な塔の姿として示したものが、ナポリ王国に滞在した20年に満たない期間に次々と建設されていったところに、築城術の分野で彼が当時もっていた影響力の大きさを感じることができる[40]。

さらにカステル・ヌオーヴォの外城壁のように、堅固な稜堡式の防御建築物が「マルティーニ派」の手で建設されていたことは、彼らの考案した軍事技術（築城術）がしっかりと根づいていたことの証しである。この城壁再建はアントニオ・マルケージの指導で1499年に始まり、途中フランス占領下でも継続され、最終的にはスペイン人の支配下に完成する。異なる建築家や支配者の下で建設が続いたにもかかわらず、その設計は基本的に一貫して建設

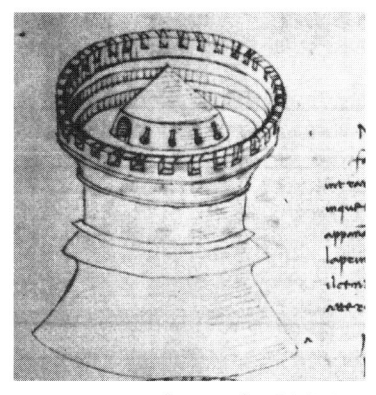

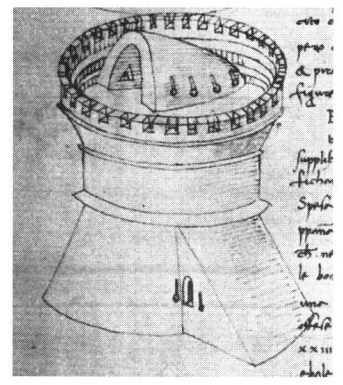

[fig.2-27] 『建築論』の塔のデッサン2例

第2章　フランチェスコ・ディ・ジョルジョの城砦設計と「戦術」

が始まった当初の思想を踏襲しており、アントニオ・マルケージと「マルティーニ派」が、16世紀の築城術の基礎となったことを示している。

カステル・ヌオーヴォの外城壁については現在遺構が残っておらず、またその形態を明らかにしてくれるような文献史料も存在しないが、地図や風景画などからその概要をつかむことができる。ひとつは1539年ごろに描かれたフランチェスコ・デ・ホランダ Francesco de Holanda の風景画（Veduta di castel Nuovo, in Desenhos das Antigualhas que vio Francisco D'Ollanda, Biblioteca dell'Escorial, 1539-1540）で[fig.2-28]、これをみると、今もナポリの観光名所として名高いマスキオ・アンジョイーノを囲むように、低く厚みのある城壁が築かれ、その四方に城壁と等しい高さを持った円筒形と角形の稜堡が配置されていたことが分かる。

もう1つの資料はアントニオ・ラフレリー Antonio Lafréry とエティエンヌ・ドゥ・ペラク Etienne du Pérac によって1566年に作成された地図（Quale e di quanta Importanza e Bellezza sia la nobile Cita di Napole in Italia, Museo di San Martino, 1566）である[fig.2-29]。この地図では北側の円筒形稜堡がなくなり跳ね橋が架けられている。また、南西の角の円筒形稜堡は矢印形の稜堡に代わっているものの、残りの2つ（北東の角形稜堡と、南

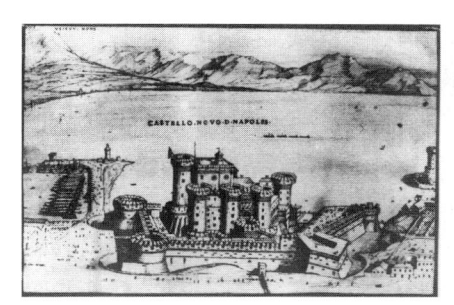

[fig.2-28] フランチェスコ・ホランダ描カステル・ヌォーヴォ（1539-1540）

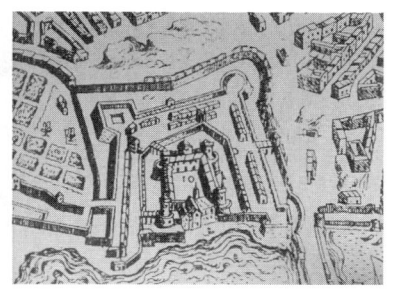

[fig.2-29] カステル・ヌォーヴォ、アントニオ・ラフレリー、エティエンヌ・デゥ・ペラク作成の地図（1556年：部分）より

東の円筒形稜堡）はフランチェスコ・デ・ホランダの絵と一致しており、こうした円筒形と角形の入り混じった稜堡式城壁が建設されたことが分かる。円筒形稜堡も、ナポリ市壁やガエタ城の円筒形の塔と同様、「スカルパ」「コルニーチェ」そして「持ち送り」に支えられた「矢狭間胸壁」など、フランチェスコ・ディ・ジョルジョの設計の特徴が色濃くみられる。それぞれの稜堡は約40年間にわたって、異なる時期にイタリア人、フランス人、スペイン人の手によって建設されたにもかかわらず、こうした特徴が一貫している。「マルティーニ派」の後世におよぼした影響はとりわけこうした設計面に強かった。

　また、フランチェスコ・ディ・ジョルジョが、同時期にナポリに滞在した建築家に強く影響を与えていたとされるもうひとつの事例は、ヴェローナ出身の建築家フラ・ジョコンド Fra Giocondo が『建築論』の写しを購入していたことである。1492年6月の終わりにフラ・ジョコンドは「シエナ出身の親方フランチェスコの手による、1冊は建築について、もう1冊は大砲とその他戦争用器具について書かれた紙の2冊本の挿絵126葉にたいする代価」[41]として画家アントネッロ・ダ・カプアに4ドゥカート3ターリ11グラーナを支払った。のちにフラ・ジョコンドはトレヴィーゾ Treviso において、稜堡で守られた市壁を築くことになる。

　こうしたナポリ市を中心とする活動によって、フランチェスコ・ディ・ジョルジョの築城術や軍事技術はのちの世代へと引き継がれていったのである。

(3) カラブリア地方の城砦

　カラブリア Calabria 地方もまた、「カラブリア公 duca di Calabria」の肩書を持つアルフォンソ・ダラゴーナのお膝元であったためか、1480年代に入って城砦建設が盛んになる。他にそうした建設工事が盛んになる要因としては、第1章第3節でも述べた通り（41頁）、1482年から84年まで続いた対ヴェネツィア戦争で、カラブリア地方の沿岸がヴェネツィア海軍の略奪攻撃にさら

第2章 フランチェスコ・ディ・ジョルジョの城砦設計と「戦術」

されたことが考えられる。この地域の城砦もカンパニアのそれと同じく、マルケやプーリアのようにはっきりとしたフランチェスコ・ディ・ジョルジョの関与が確認されているわけではない。だが、この地域で1480年代後半から90年代にかけて建設された城砦群に、「マルティーニ派」的な設計上の特徴がみられることは確かである。

カラブリアの城砦群の大半は沿岸部に集中しており、プーリアのブリンディシやターラント、ガリーポリなどの城砦と街道や沿岸航路で結ばれることで、ナポリ王国の沿岸防衛網を構成するとともに、内陸に向けては地方領主といった政治的不安定要因に対する保険の役割をもっていたと考えられる[42]。

その中心はカラブリア半島の付け根に位置するカストロヴィッラーニ Castrovillani およびコリリアーノ Corigliano であった。これら2つの城砦が陸路と海路の両方に対して結節点となり、他のカラブリアの城砦およびプーリア、カンパニア両地方の都市・城砦を結びつけていた。この2つの城砦に加えて、カラブリア北部のピッツォ Pizzo 砦は、設計上においても「マルティーニ派」の関与がうかがえる城砦である。「マルティーニ派」の関与がうかがえる第1点は城砦の配置、第2点は塔の形状、そして第3点としては「マスキオ」があげられる。

ピッツォ砦は、港町ピッツォの市城壁の一角を防衛したチッタデッラであり、現在では城砦の半分しか遺構として残っていないが、本来は四方の角に円筒形の塔を備えた、四角形の砦であったと推定されている。町は小さな台地の上に位置しており、ピッツォ砦は町へと通じる街道を制圧するとともに、港を見下ろすこともできる位置に建設されている。さらに砦の四方を守る塔は、円筒形、「スカルパ」による基部の強化、「持ち送り」に支えられた「矢狭間胸壁」といった、フランチェスコ・ディ・ジョルジョや「マルティーニ派」が建設した他の塔と共通の特徴を備えている[43]。また、4つの塔のうち1つは他の3つよりも高く大きいもので、「マスキオ」としての役割を果たしたと考えられる。

同様の構造はカストロヴィッラーニの砦も備えている。カストロヴィッラ

ーニの場合、カラブリア半島の内陸に位置する陸路の要衝といえる。この町は狭い谷間にあり、砦は谷の北側をふさぐように建てられている。同様にコリリアーノはカラブリア半島の東岸から少し内陸に入った位置にあって、沿岸地域と街道をともに見渡せるような高い「マスキオ」を備えた城砦である。

　これらの砦は、ともに四角形で、四隅に円筒形の塔を備え、さらに4つの塔のうち1つが「マスキオ」として建設されているという特徴をもつ。ピッツォ、カストロヴィッラーニ、コリリアーノは、マルケやプーリアでみられたような人体を模した形の城砦ではないが、「マスキオ」をもった非対称性という点で、フランチェスコ・ディ・ジョルジョか、彼の影響を受けた建築家の特徴を備えた城砦といえよう。

　ピッツォよりもはっきりとフランチェスコ・ディ・ジョルジョの影響や関与が考えられるのはベルヴェデーレ Belvedere の砦である。この城砦も他のカラブリアに建設された城砦同様、四角形を基本としているが、正方形ではなくむしろ菱形に近く、円筒形の塔が4隅のうち、二つの角にのみ備わっている。この砦は1489年、アルフォンソ・ダラゴーナがカラブリア半島を巡回する旅にでた時期に、建設が始まったと考えられる[44]。この旅にはフランチェスコ・ディ・ジョルジョの弟子であったアントニオ・マルケージが同行していた[45]。そのアントニオは1490年に亡くなっているため、ベルヴェデーレ砦の完成時（1490年あるいは96年と推定されている[46]）には異なる建築家の監督下にあったとみるべきだろう。

　塔の構造に「マルティーニ派」のはっきりとした特徴がみられる上に、ベルヴェデーレ砦には先端に円筒形（あるいは多角形）の「マスキオ」を備えた、三角形の稜堡があった[fig.2-30]。この形態はターラントやガリーポリ、ブリンディシのロッソ城、あるいはマルケ地方のフォッソンブローネ砦と同じく、フランチェスコ・ディ・ジョルジョが好んだ典型的な「擬人論的城砦」である。ベルヴェデーレの稜堡も、他の擬人論的城砦がそうであったように、稜堡を防衛上の重点にむけている。ベルヴェデーレの場合は、町へと通じる道を防衛するように稜堡とその先端の「マスキオ」が建設されていた。

第2章 フランチェスコ・ディ・ジョルジョの城砦設計と「戦術」

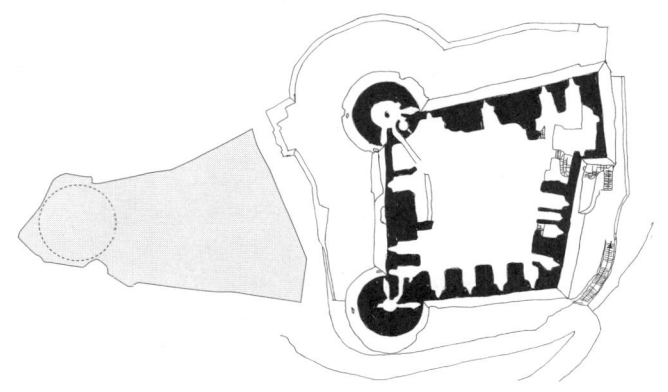

[fig.2-30] ベルヴェデーレ砦の平面図(推定)

　また、砦に出入りするための跳ね橋は、この稜堡に隠された場所に設けられており、さらに両側から跳ね橋を挟むように、砦の塔が建っている。つまり稜堡はベルヴェデーレの町に対する敵の攻撃を防ぐとともに、砦自体の弱点となる砦の出入り口を守るように設計されていた。

　ベルヴェデーレ砦の建設者がフランチェスコ・ディ・ジョルジョであるとする、文献上の資料は存在しない。しかし、四角形の砦に「頭」となる巨大な稜堡を付け加えた設計は、同時代の他の建築家にはみられないものである。この点からいって、ベルヴェデーレ砦はフランチェスコ・ディ・ジョルジョの関与の可能性が高く、そうでなくとも彼の設計に強い影響を受けた人物の手によるものであることは間違いない。

　さらにカラブリア地方にはロッカ・インペリアーレ Rocca Imperiale、パリッツィ Palizzi、カリアーティ Cariati、レッジョ・ディ・カラブリア（レッジョ）Reggio di Calabria の城といった、1480年から90年代にかけて建設された城砦が多数存在する。これらの城砦も、他の城砦と同じく「マルティーニ派」の特徴をもった円筒形の塔があり、さらに丘の上に建つロッカ・インペリアーレ、パリッツィ、カリアーティには、城砦への接近を阻むように、「アーモンド形」の稜堡が登攀路(とはん)にむけて建設されている。レッ

ジョ・ディ・カラブリアの城の場合は、小さな塔を四隅に備えた四角形の城から二重になった「アーモンド形」稜堡が突き出した形をしており、マルケのフォッソンブローネによく似た形をしている［fig.2-31］。これはもともと四角形の城であったものに、1490年ごろ二重稜堡が付け加えられて現在の形になったもので、バッチョ・ポンテッリが主に担当した城砦である。[47]

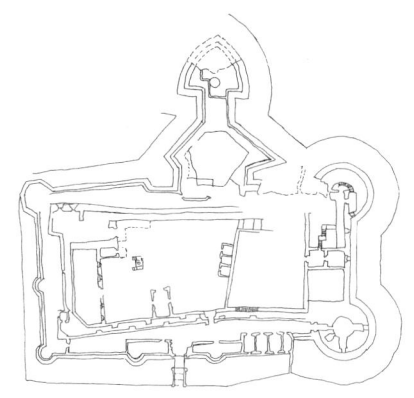

［fig.2-31］レッジョ・ディ・カラブリア城の平面図

　これらの城砦が建設された時期は、1489年のアルフォンソの視察旅行以降であり、建築家としてはフランチェスコ・ディ・ジョルジョと、その弟子バッチョ・ポンテッリがアルフォンソの招聘を受けてナポリ王国に滞在した時期と重なる。バッチョ・ポンテッリが建設したレッジョの城同様、他の城砦群もこの２人が建設に携わったものとみるのが自然であろう。こうしてみていくと、1480年から90年代におこなわれたカラブリア地方の防衛体制強化にともなう城砦建設は、フランチェスコ・ディ・ジョルジョと「マルティーニ派」によって一手に担われたといってよいだろう。

　ナポリ王国における一連の城砦建設工事は、ターラントやガリーポリなどプーリア地方のものと、ナポリ市のサンテルモ城などを除くと、フランチェスコ・ディ・ジョルジョが関与したと断言できないものも多い。だが、「スカルパ」や「持ち送り」の構造など、細部の設計からフランチェスコ・ディ・ジョルジョの影響が感じられる城砦が多いことは確かである。プーリアの城砦と、カラブリアのベルヴェデーレ砦をのぞけば、マルケで特徴的だった人体を模した城砦もあまりみられず、重点防御の設計についても、四角形のある一角のみが「マスキオ」として他の塔より拡張されてはいるもの

の、基本設計は他の小さな塔と変わらず、まして「頭」を模したものとは到底いえない。しかし、ウルビーノのフェデリーコ・ダ・モンテフェルトロの城砦建設事業にくらべて、ナポリのそれは、はるかに明快な戦略的目標と戦術的（あるいは技術的）な課題があり、アルフォンソ・ダラゴーナとその父である国王フェッランテ（フェルディナンド）はその解決をフランチェスコ・ディ・ジョルジョと「マルティーニ派」に託したのである。

戦略的目標とはいうまでもなく、内外の敵に対して強固な防衛線を形成することであり、トルコやヴェネツィアといった外敵に対しては王国の沿岸を強固な城砦で結ぶことによって、そして地方領主という内なる敵に対しては交通の要衝となる都市と、前述の沿岸城砦によって構成された防衛線を結びつけることで、防衛の備えとしていた。

もう1つの戦術的、あるいは技術的な問題とは、フランチェスコ・ディ・ジョルジョが城砦設計を行う上で最も重視した「火器・大砲への備え」という問題である。イタリアの君主・傭兵隊長たちが火器の発達といった軍事技術の変化に、一定の関心と反応を示していたことは第1章で述べた通りである。しかし1490年代にいたって、もはやこうした軍事技術の変化・改良は一国の君主の大きな関心事となり、膨大な城砦建設事業をおこなう要因ともなっていた。そうした意識の芽生えを、ベルヴェデーレ砦の城壁にはめ込まれた石の碑文にみることができる。そこには以下のように記されていた。

> 故アルフォンソ王（アルフォンソ5世）の息子にして、故フェルディナンド王（フェルディナンド1世）の孫であるフェルディナンド（フェッランテ）王、新しい包囲戦術と強力な新型攻撃兵器である「火器」に備えるため、より大規模に、主の年1490年この崩れかけた要塞（ベルヴェデーレ砦）を修復。[48]

ここからうかがえるのは、新しい包囲戦術と新兵器の出現が、廃墟であった城砦を一挙に改築するだけの理由になりえたという当時の事情である。当時の城砦には、建設をうながした領主や、監督した建築家、完成年などを刻んだ碑文が城門などにはめ込まれるのが一般的であるが、こうした「軍事技

術の進歩」を理由としてあげているものは、管見ではほとんど存在しない。この一文は、「新しい包囲戦術」と「火器」が君主に、そして築城家に、いかに多大な影響を与えていたのかを、改めて教えてくれる。

　こうしてみると、すでにマルケ滞在のころから火器や大砲が城砦にとって最大の脅威であり、その対抗策こそ築城術の最大の要点であると訴えてきたフランチェスコ・ディ・ジョルジョは、まさにナポリでその持論を思う存分発揮できる環境が与えられたといえよう。「城砦と都市は人体の比例に倣わなくてはならない」というフランチェスコ・ディ・ジョルジョ独特の築城理論をそのまま現実化した城砦の例は少ないことから、彼のこうした主張はナポリでは若干後退したか、あるいは他の「マルティーニ派」の建築家にはさほど浸透しなかったのかもしれない。だが、その技術的な着眼点は、すでに庇護者兼雇用主たる国王君主にも受け入れられ、火器・大砲を重視した彼の築城術が、事実上の主流となることは、16世紀以前に、この南イタリアの地で決定づけられていたのだった。

（4）マルケ・ナポリ以外の地域の城砦

　最後にマルケおよびナポリ以外の地域における、フランチェスコ・ディ・ジョルジョの城砦について整理しておく。フランチェスコ・ディ・ジョルジョはシエナ出身であったにもかかわらず、シエナの領内には、彼の関与がはっきり確認された城砦は残っていない。しかし軍事建築史の研究者ニコラス・アダムス Adams の指摘をまつまでもなく、傭兵隊長フェデリーコ・ダ・モンテフェルトロの下で軍事建築にたずさわった経験のある、しかも自国出身の人間を、当時のシエナ政府が全く登用しなかったということは考えにくい[49]。

　同時期のシエナでは、フランチェスコ・ディ・ジョルジョが絵画や木彫を学んだ工房のマエストロ、ロレンツォ・ディ・ピエトロ Lorenzo di Pietro（通称ヴェッキエッタ Vecchietta）など、多くの建築家が城砦建設に関係した工事をおこなっていた。ヴェッキエッタは1468年から69年にかけてサルテ

第2章　フランチェスコ・ディ・ジョルジョの城砦設計と「戦術」

ーノ Sarteano、モンテアクート Monte Acuto、オルベテッロ Orbetello、タラモーネ Talamone などの城砦に関与し、ルカ・ディ・バルトロ・ダ・バーニョカヴァッロ Luca di Bartolo da Bagnocavallo がサトゥルニア Saturnia で活動していた。また、軍事建築ではないが、グイドッチョ・ダンドレア Guidoccio d'Andrea がシエナのスカーラ病院 Ospedale della Scala の建設に、またアントニオ・フェデリギ Antonio Federighi が（フランチェスコ・ディ・ジョルジョも建設に関与した）シエナの地下水道建設に携わっていた。

　こうした活発な建設事業の中で、フランチェスコ・ディ・ジョルジョがまったく埒外に置かれていたということは考えにくいだろう。前述のアダムスは、フェデリーコ・ダ・モンテフェルトロが内憂に心を煩わせることなく、単純に外敵に備えて城砦建設を推し進められたのにたいし、当時のシエナは、とりわけ1487年の夏以降、パンドルフォ・ペトルッチ Pandolfo Petrucci のシニョーリア政権下かろうじて内紛を封じ込めていた状況であったため、内乱の拠点ともなりうる城砦建設を推し進めにくい状況だったのではないかと推測している。

　それでも1487年以降、フランチェスコ・ディ・ジョルジョに対して、シエナ政府から城砦建設にむけての下準備ともいえる依頼が次々と発注されている。まず彼は、1487年5月にポルト・エルコレ Port'Ercole のポデスタ Podestà に選出される。その後、同年7月にカゾーレ・デルサ Casole d'Elsa の城砦の検視、ついで10月にはキアーナ渓谷 Chiana の視察、そして11月にはマレンマ Maremma の城砦の検視に赴いている。1490年3月にはルチニャーノ Lucignano の城砦の検視、91年7月にはセスタ Sesta の、10月にはチェッラート Cerrato の城砦を新しく改築するための検視に赴いた。そして1497年の2月にはモンテプルチャーノ Montepulciano の城砦検視に赴き、99年4月にも同地への旅行にかんして、フランチェスコ・ディ・ジョルジョは支払いを受けている。そして彼が没する1501年の12月に、彼は「フォッロニカ Follonica の技師 ingegnere」の肩書を得ている。

　こうした事例をみると、フランチェスコ・ディ・ジョルジョが、軍事建

築・城砦の専門家としての地位と識見を、シエナ政府からも認められていたことは間違いないだろう。だが、これらシエナ領内の城砦や防衛体制に対する調査・視察が実際、彼に対する建設依頼につながったかどうかは判然としない。唯一、カゾーレ・デルサの城砦は、その特徴的な円筒形の塔（ナポリでもみられたような、上端を「コルニーチェ」で縁どった「スカルパ」をもち、「側面射撃」用の銃眼がある）などから、その建設はフランチェスコ・ディ・ジョルジョに帰されている[53]。

この砦については、確かにフランチェスコ・ディ・ジョルジョが建設をうけおったと確定できる城砦との類似、および『建築論』で示された築城術との比較によって、彼の影響が強いとみなすことはできるだろう。

むしろこの時期のフランチェスコ・ディ・ジョルジョは、次章で詳細に検討する『建築論Ⅱ』の執筆に当たっていた。フェデリーコへの賛辞と、その下で実際に建設した城砦の解説が記されたこの書物によって、彼が晩年になってもマルケで建設したような築城術を最後まで理想の城砦設計として確信していたことを、我々は知ることができるのである。

小結　「重点防御」：フランチェスコ・ディ・ジョルジョの特徴

ここで、あらためて「フランチェスコ・ディ・ジョルジョの築城術」とはどのようなものか、その特徴と歴史的な意義は何かを確認しておかなくてはならない。いうまでもなく、その最大の特徴は、火器や大砲といった新しく登場した武器の威力が、城砦の防衛にとって今後脅威になるものと判断して、その対応策を設計に盛り込んだ点にある。そのさまざまな対応策の中には、角型稜堡や側面射撃、屈曲した城壁、そして擬人論で表現された、重点防御があったことはすでに触れた通りである。

フランチェスコ・ディ・ジョルジョは、人体の形であったり、不定形であったり、四角形でも（カラブリアの例のように）、１つの塔が他より巨大なものであったりと、いずれも「非対称」な平面形を用いて城砦設計をおこなっている。つまり彼の築城術の基本は、「非対称性」から生じる「重点防

第2章　フランチェスコ・ディ・ジョルジョの城砦設計と「戦術」

御」であったといえよう。この「非対称性」が、単なる観念論や審美的な理由によるものではないということはすでに述べた。マルケの例やプーリアの例に顕著であるように、フランチェスコ・ディ・ジョルジョの設計は、全方向に均等な防御ではなく、特定の方向に強固な城壁や塔、銃眼を配置する重点防御をもくろんだ、実戦的なものである。

　この「非対称性」は、同時代の建築家が建てたイタリアの城砦と比較した場合、フランチェスコ・ディ・ジョルジョとマルティーニ派の顕著な特徴である。詳細は第4章に譲るが、同時代の城砦の平面形は、正方形や長方形で、それぞれの角に同じ大きさの塔を備えた、図形的に対称なものが大半を占めていたのである。

　非対称性への傾倒は、フランチェスコ・ディ・ジョルジョを築城史、そして軍事技術史の中で位置づけるさい、1つの大きな問題を引き起こすと筆者は考える。それは、後世の軍事技術への影響という観点で考えると、フランチェスコ・ディ・ジョルジョは、16世紀以降イタリアで発達し、その後全ヨーロッパへと普及した「稜堡式築城（イタリア式築城）」とは異なる基本理念に基づいて城砦を設計していたことになるからである。

　稜堡式築城は、多角形（星形）の平面形を基本として、その各頂点に角型稜堡を設け、各々の稜堡が相互に側面射撃によって「死角なく」援護射撃をしあうことによって、難攻不落の築城術となった。この中で、角型稜堡にしろ側面射撃にしろ、あるいはその他の細かな設計にしろ、そのほとんどはフランチェスコ・ディ・ジョルジョによって実践されるか、『建築論』で提示されている。たとえば、水平方向から命中する砲弾の衝撃を防ぐための、背が低く分厚い城壁や、城壁の低さを補うために掘り下げた外堀、その外堀のさらに外側に、敵砲兵の射線を遮るように設けられた斜堤などである。

　だが、稜堡式築城に必要なありとあらゆる要素を考案したといえるフランチェスコ・ディ・ジョルジョでありながら、「各々の稜堡から放たれる側面射撃の射線の死角をなくす」ことについては考慮されていない。稜堡式築城では、「側面射撃」の射線と稜堡の外壁の角度が平行になるよう設計するこ

とで、城砦の周囲に敵を攻撃できなくなるような死角を無くすことが最大の特徴であった。稜堡式築城がどの方向からみても対称な、多角形（星形）を構成したのは、そうした設計の結果であった。

　フランチェスコ・ディ・ジョルジョの非対称的な城砦から、「稜堡式築城」の多角形城砦へと、直線的に発展したとは考えにくい。そうすると、フランチェスコ・ディ・ジョルジョを「稜堡式築城」の創始者とする位置づけに疑問符をつけざるをえなくなる。

　しかしただ１例、フランチェスコ・ディ・ジョルジョも「側面射撃の死角をなくす」という点を考慮した城砦がある。マルケ地方の城砦を考察する中でふれたサンレオ砦である。この砦は、２つの塔に挟まれた城壁を中央で屈曲させることで、側面射撃の死角をなくすよう設計されていた。

　しかし、これはあくまで城砦の一部を守るための工夫であって、これを城砦の全方向に適用しようという考えはフランチェスコ・ディ・ジョルジョにはなかった。むしろ、彼は常に城砦の全方向を均等に、隙なく守るという発想に懐疑的であった。では、実戦的な城砦を作り続けた彼が、なぜそのような稜堡式築城の対称性を否定したのであろうか。また、稜堡式築城の誕生に対するフランチェスコ・ディ・ジョルジョの貢献を、どのようにとらえればいいのであろうか。これらの点については、次章以降で述べる。

1）　ウィトルーウィウス（森田慶一訳）『ウィトルーウィウス建築書』、東海大学出版会、1979年、355頁。
2）　Weller, 1943, pp. 3–4 ; Adams, N., *L'architettura militare di Francesco di Giorgio*, in. *Francesco di Giorgio architetto* (a cura di Fiore, F. P. & Tafuri, A.), Milano, Electa, 1993, p. 127.
3）　Scaglia, G., *Francesco di Giorgio's Drawings of Fort Plans in Opusculum de Architectura and Sketches of Them in His Codicetto*, in. 《Palladio》, n. 27, 2001, p. 7.
4）　Fiore, F. P., *Francesco di Giorgio e il rivellino "acuto" di Costacciaro*, in. 《Quaderni dell'istituto di storia dell'architettura》, N. S. I, 1987 ; Torriti, P., *Francesco di Giorgio Martini*, Milano, Giunti, 1993, p. 49 ; Adams, 1993 a, p. 128.
5）　Volpe, G., *Francesco di Giorgio architetture nel ducato di Urbino*, Milano, Clup

第2章 フランチェスコ・ディ・ジョルジョの城砦設計と「戦術」

Cittàstudi, 1991.
6) Martini, 1967, pp. 459-465.
7) フランチェスコ・ディ・ジョルジョの『建築論』には2つの版が存在し、初期に書かれたとされるサルツィアーノ Saluzziano 148写本（トリノ王立図書館所蔵）とアシュバーナム Ashburnham 361写本（フィレンツェ、メディチェア・ラウレンツィアーナ図書館所蔵）がある。そして前者の内容を整理して書きなおされたとみられるマリアベッキアーノ Magliabechiano 141写本（フィレンツェ国立図書館所蔵）とシエナ Siena Ⅳ 4写本（シエナ市立図書館所蔵）が現存している。それぞれの成立年代については決定的な証拠がなく、研究者によって推測が異なるが、初期の『建築論Ⅰ』は1480年代後半、後期の『建築論Ⅱ』は1490年代から晩年とされる。詳細についてはマルティーニ、フランチェスコ・ディ・ジョルジョ（日高健一郎訳）『建築論』、中央公論美術出版、1991年; Scaglia, G., *Francesco di Giorgio: Checklist and History of Manuscripts and Drawings in Autographs and Copies from ca.1470 to 1687 and Renewed Copies (1764-1839)*, Bethlehem, Lehigh University Press, 1992; および松本静夫「フランチェスコ・ディ・ジョルジョ研究（1）――手稿序文について――」、『日本建築学会論文報告集』第317号、1982年、125-132頁を参照。
8) フランチェスコ・ディ・ジョルジョの関与した城砦の詳細については Dechert, M., *City and Fortress in the Works of Francesco di Giorgio : the Theory and Practice of Difensive Architecture and Town Planning*, Ph.D diss., The Catholic University of America, 1984 および Adams, 1993 a. Volpe, 1991を参照。
9) Fiore, 1987.
10) Martini, 1967, p. 3.
11) Martini, 1967, p. 461-462.
12) Martini, 1967, p. 3.
13) Martini, 1967, pp. 461-462.
14) 《In prima la torre principale è fatta in guisa di triangulo, del quale uno angulo è volto verso quella parte dove viene l'offesa accioché el muro non riceva la percossa delle bombarde.》Martini, 1967, p. 460.
15) Martini, 1967, p. 461.
16) Savelli, R., *Il maschio della rocca di Fossombrone : una rilettura dell'intervento martiniano alla luce degli ultimi scavi*, in. *Contributi e ricerche su Francesco di Giorgio nell' Italia centrale* (a cura di Colocci, F.), Urbania, Comune di Urbino, 2006, p. 196.
17) Volpe, G & Savelli, R, *La rocca di Fossombrone : una applicazione della teoria delle fortificazioni di Francesco di Giorgio Martini*, Fossombrone, Banca popolare del Montefeltro e del Metauro, 1978, p.48.
18) Mariano, F., *La cittadella antropomorfa. Francesco di Giorgio a San Costanzo*, in. *Francesco di Giorgio Martini rocche, città, paesaggi* (a cura di Nazzaro, B. & Villa,

G.), Roma, Kappa, 2004, pp. 97-98.
19) Mariano, 2004, p. 102.
20) Mariano, 2004, p. 102 ; Mariano, F., *Francesco di Giorgio : La pratica militare*, Urbino, Quattroventi, 1989, p. 28.
21) Adams, N. & Krasinski, J., *La rocca Roveresca di Mondolfo. 1483-1490 circa, distrutta.*, in. *Francesco di Giorgio architetto* (a cura di Fiore, F. P. & Tafuri, A.), Milano, Electa, 1993, p. 281.
22) こうした状況はリエーティ Rieti、ミニャーノ Mignano、モントリオ・ロマーノ Montorio Romano、アッカディア Accadia の包囲戦でみられた (Cfr. PioII, 1997, p. 269, 300, 308, 553)。
23) Fiore, F. P., *L'architettura come baluardo*, in. *Guerra e Pace* 〈*Storia d'Italia* 18〉, Torino, Einaudi, 2002 ; Dechert, M., *Il sistema difensivo di San Leo : Studio della sua architettura*, in. *Federico di Montefeltro lo stato le arti la cultura* (a cura di Baiardi, G. C., Chiottolini, G., Floriani, P.), Roma, Bulzoni, 1986, p. 139, 200.
24) Martini, 1967, p. 428.
25) Martini, 1967, p. 7.
26) バーク、2000年、176頁。
27) Rusciano, C., *Presenza e interventi di Francesco di Giorgio in Campania*, in. *Francesco di Giorgio Martini rocche, città, paesaggi* (a cura di Nazzaro, B. & Villa, G.), Roma, Kappa, 2004, p. 151 ; Rusciano, C., *Napoli 1484-1501 La città e le mura aragonesi*, Roma, Bonsignori, 2002, p. 38.
28) Rusciano, 2004, p. 151 ; Weller, 1943, p. 10.
29) Rusciano, 2004, p. 151, 162 ; Scaglia, 2001, p. 7.
30) Dechert, M., *The Military Architecture of Francesco di Giorgio in Southern Italy*, in. 《The Journal of the Society of Architecutural Historians》, Vol. XLIX : 2, 1990, p. 180. なお、バッチョおよびアントニオはフィレンツェ出身であり、ナポリでの活動以前はむしろロレンツォ・ディ・メディチの建築家の1人とみなされていた。彼らはこの時点では、次章でとりあげる「フィレンツェ派」の築城家であったもみなせる。彼らを「マルティーニ派」とするのはあくまで1490年以降の築城術の特徴をとらえたものであることを断わっておく (Cfr. Armati, C., *Influenze martiniane nell'architettura militare di età laurenziana*, in. *Francesco di Giorgio Martini rocche, città, paesaggi* (a cura di Nazzaro, B. & Villa, G.), Roma, Kappa, 2004, p. 127)。
31) De Pascalis, G., *Francesco di Giorgio e l'architettura militare in area pugliese*, in. *Francesco di Giorgio Martini rocche, città, paesaggi* (a cura di Nazzaro, B. & Villa, G.), Roma, Kappa, 2004, p. 163.
32) Pio II, 1997, p. 323.
33) Adams, 1993 a, p. 147 ; Dechert, 1990, p. 165 ; De Pascalis, 2004, pp. 164-165.

第 2 章　フランチェスコ・ディ・ジョルジョの城砦設計と「戦術」

34) Ferraiolo, 1956, p. 112 ; Rusciano, 2004, pp. 154 – 156.
35) Ferraiolo, 1956, p. 112.
36) Sanudo, M., *La spedizione di Carlo VIII in Italia*（a cura di Fulin, R.）, Venezia, Commercio di Marco Visentini, 1873, p. 238.
37) Martini, 1967, p. 7.
38) Adams, N., *Castel Nuovo a Napoli. anni novanta del XV secolo*, in. *Francesco di Giorgio architetto*（a cura di Fiore, F. P. & Tafuri, A.）, Milano, Electa, 1993, pp. 292 – 293 ; Rusciano, 2004, pp. 159 – 160.
39) Rusciano, 2004, p. 153.
40) Martini, 1967, p. 8.
41) 《Per esso a Fra Giocondo prezzo di 126 disegni, che ha fatto in due libri di Maestro Francesco de Siena in carta di papiro ; uno di architettura, e l'altro d'artiglieria e di cose appartenenti alla guerra.》Cedole Tesoreria, Reg. 145, fol. 161. 30 giugno 1492.（Cfr. Barone, N., *Notizie storiche raccolte dai registri curiae della cancelleria aragonese*, in. 《Archivio Storico per le Province Napoletane》, vol. XIV, 1889, p. 16）.
42) Canali, F. & Leporini, D., *L'aggiornamento del castello di Belvedere Marittimo (Cosenza), tra Giuliano da Maiano, Francesco di Giorgio Martini e Antonio Marchesi da Settignano (1487 – 1494)*, in. *Studi per il V centenario della morte di Francesco di Giorgio Martini (1501 – 2001)*（a cura di Canali, F.）, Firenze, Alinea, 2005, p. 95, 99.
43) Martorano, F., *In Calabria sulle tracce di Francesco di Giorgio*, in. *Francesco di Giorgio Martini rocche, città, paesaggi*（a cura di Nazzaro, B. & Villa, G.）, Roma, Kappa, 2004, p.174 – 175.
44) Canali & Leporini, 2005, p. 101.
45) Leostello, 1883, p. 195.
46) Canali & Leporini, 2005, p. 93.
47) Dechert, 1990, p. 173 ; Martorano, F., *Francesco di Giorgio Martini e il revellino di Reggio Calabria*, in. 《Quaderni del Dipartimento Patrimonio Architettonico e Urbanistico》, vol. V, 1995, p. 36.
48) 《FERDINAND[U]S REX DIVI ALPHONSI FILIUS DIVI/ FERD[INANDI] NEP[OS]ARAGONIUS ARCEM HANC IN/FIRMAM CONTRA NOVA OPPUGNATION[UM]/ GENERA ET TORMENTA IGNEO SPIRITU AUC[TA]（ERASUM）IN FIDE CIVES/ EXPE（ERASUM）IN AMPLIOREM/[FIR]MIOREMQUE FORMAM RESTITUIT/ A [NNO] D [OMINI] MCCCCLXXXX.》(cfr. Canali & Leporini, 2005, p. 95).
49) Adams, 1993 a, p. 150.
50) Adams, 1993 a, p. 151 ; Weller, 1943, p.2 およびジル、ベルトラン（山田慶兒訳）『ルネサンスの工学者たち』、以文社、2005年、136 – 137頁を参照。

51) Adams, 1993 a, p. 152.
52) Adams, 1993 a, p. 152.
53) Adams, 1993 a, p. 153 ; Dechert, 1984, pp. 187 – 189 ; Angeloni, A., *Francesco di Giorgio a Casole d'Elsa : la torre di porta ai Frati. Resoconto su un contesto edilizio pluristratificato*, in. *Francesco di Giorgio Martini rocche, città, paesaggi* (a cura di Nazzaro, B. & Villa, G.), Roma, Kappa, 2004, pp. 144 – 150.

第3章
ルネサンスの築城術における合理性追求と古典再解釈

はじめに

　フランチェスコ・ディ・ジョルジョの城砦設計の特徴は、人為の技術と地形など自然的要素を巧みに利用した「重点防御」にあった。そうした設計思想を古代の建築論から引用した「人体の模倣」という概念で説明したのは、人文学的教養を好んだフェデリーコやアルフォンソといった君主たちに対して、自分の築城術を受容させ、権威づける目的もあっただろう。

　だがもちろん、フランチェスコ・ディ・ジョルジョはそうした表面的な理由だけで、古典を読解し、引用したわけではない。彼は重点防御、非対称形の根拠を、古代ローマの建築書、ウィトルーウィウスの『建築十書』に求めた。ところが、同じ『建築十書』に書かれている内容であるにもかかわらず、全方向を等しく防御し、対称形な平面を持つ城砦は否定したのである。つまりフランチェスコ・ディ・ジョルジョの築城術は、古代ローマの建築論の単純な受け売りではなかったし、かといってそうした古代の思想を単なる権威づけとして使ったわけでもない。一見矛盾した彼のウィトルーウィウスに対する態度は、実は軍事的合理性の追求と古典再解釈という作業の中で合理化されていった。彼の築城術は、ウィトルーウィウスの建築論の再解釈によって作りあげられたのである。

　そこで本節では、著書『建築論』の分析を通じて、フランチェスコ・ディ・ジョルジョの考える軍事的合理性と、古典の再解釈とはどのようなものだったのかを示すことにする。

第1節　フランチェスコ・ディ・ジョルジョの都市計画：
　　　　　ウィトルーウィウスとの比較

　フランチェスコ・ディ・ジョルジョの少年期・青年期の詳しい活動については、あまり明らかになっていない。その原因の1つは彼が鶏肉屋出身で、1439年9月23日に記された洗礼記録以外の記録が残されていないためである。そのため、彼がいつごろ、城砦や軍事技術を学び始めたかは明らかではない。青年期のフランチェスコ・ディ・ジョルジョは、当時シエナで活動していた画家であり建築家でもあったロレンツォ・ディ・ピエトロ（ヴェッキエッタ）の工房で木彫および絵画などの技術を学んだと考えられている。フランチェスコ・ディ・ジョルジョが建築について初めて知識を得たのは、この時点までさかのぼることができよう。第2章第3節で指摘したように、ヴェッキエッタ自身もいくつかの城砦建設に携わっており、フランチェスコ・ディ・ジョルジョがそうした仕事の内容に触れる機会も当然あったはずだ。また、『建築論』以前に書かれた2つの手稿（*Opusculum de Architectura* と *Codicetto*）には、同じシエナの機械発明家であるマリアーノ・ディ・ヤーコポ（通称タッコーラ）の影響がみられる[1]。

　しかし、現存するヴェッキエッタが築いた城砦は、ほとんどが火器の普及・発達以前に用いられた、中世的な背の高い方形の塔を備えたものである。また、ヴェッキエッタの工房にいた時代のフランチェスコ・ディ・ジョルジョはもっぱら絵画や木彫に関心を抱いていたらしいこと[2]、フランチェスコ・ディ・ジョルジョの軍事技師としての経歴はシエナを離れてウルビーノを活動の中心にしてから始まっていることなどを考えると、ヴェッキエッタの影響は限定的といえるだろう。

　では、タッコーラについてはどうだろうか。フランチェスコ・ディ・ジョルジョの著作に関する研究の多いグスティナ・スカーリア Gusitna Scaglia によると、*Opsculum* と *Codicetto* にみられるタッコーラからの影響は、もっぱら武器や機械装置に限られており、これらの手稿に描かれた城砦プランの

第3章　ルネサンスの築城術における合理性追求と古典再解釈

着想をどこから得たのかは不明のままである[3]。その2つに描かれた城砦からして、その平面形は円形のものばかりで、のちに築城家として有名になった時期のフランチェスコ・ディ・ジョルジョの設計思想とは相いれないものである。後述するが、彼はのちに『建築論』で円形の城砦を防衛にそぐわないものとして厳しく批判している。ゆえにフランチェスコ・ディ・ジョルジョの築城術に対する、青年期の学習、とくにヴェッキエッタとタッコーラの影響はそれほど大きいとはいえない。やはり、フランチェスコ・ディ・ジョルジョの築城術の基本は、『建築論』冒頭で彼自身がその名をあげた、ウィトルーウィウスによって形成されたとみるべきであろう。

フランチェスコ・ディ・ジョルジョは、シエナを離れてウルビーノで仕事を始めた時期に、初めてウィトルーウィウスの『建築十書』を読み始めたと考えられている[4]。同時に彼はラテン語の『建築十書』のイタリア語への翻訳を試みており、そのさいに用いたとみられる『建築十書』のテクストも判明している。翻訳をおこなったということは、原テクストの該当部分を確実に読んだということであり、原文の内容と訳文の内容に差異があれば、そこからフランチェスコ・ディ・ジョルジョによる『建築十書』理解がどの程度のものであったか分かる。つまり、このフランチェスコ・ディ・ジョルジョの翻訳（以下、『私訳』とする）と原テクスト、そして『建築論』にみられる『建築十書』からの引用を比較すれば、フランチェスコ・ディ・ジョルジョがどの程度ウィトルーウィウスの建築論を理解し、受容したかを知ることができる。

ウィトルーウィウスが築城について論じた節は、『建築十書』の第五書にあらわれる。ウィトルーウィウスはここで、都市を防衛するための城壁や塔について解説しているが、フランチェスコ・ディ・ジョルジョはこの部分を逐語的に訳出してはいない。『私訳』の手稿は *Codici Zichy*（ブダペスト市立図書館 Ms.09.2690）と *Magliabechiano* II.I.141（フィレンツェ公文書館）の2つが知られているが、どちらも抄訳であり、原テクストから訳出されていない部分も多い。幸い『建築十書』第五書に関する限り、全てのト

ピックが2つの『私訳』のどちらかで触れられており、第五書についてはフランチェスコ・ディ・ジョルジョが全て目を通し、訳出を試みたことが分かる[5]。

ここで問題となる城砦と都市の形態について、ウィトルーウィウスが説いた要点を整理すると次の3点になる[6]。

（1）城壁全体は凹凸のない円を理想とする。（2）城壁を守る塔は、防衛に役立つよう、壁体から突出させる。（3）塔は敵の攻撃用機械の打撃を逸らすべく、平面形は方形ではなく円形あるいは多角形とする。

だが、フランチェスコ・ディ・ジョルジョは『建築論』の中でウィトルーウィウスの意見に異を唱えている。古代人たちは円を城壁のもっとも理想的な形としたが、（とりわけそれが大きなものである場合）円は適切ではないと彼は述べている[7]。にも関わらず、同じウィトルーウィウスを根拠としながら、城砦および（城郭）都市の形状は人体に倣うのがよいと主張しているのである。第2章でも明らかにしたように、フランチェスコ・ディ・ジョルジョの城砦で円形のものはひとつもない。彼は自分の言葉に忠実に、円形のもつ完全な対称形や、全方位を等しく防御する考え方とは相反する、非対称形な城砦を建設していた。すなわち、

・ウィトルーウィウスの城砦・都市＝円形・対称形・全方位を防御
・フランチェスコ・ディ・ジョルジョの城砦・都市＝人体形・非対称形・重点を防御

という対比が成り立っている。フランチェスコ・ディ・ジョルジョがウィトルーウィウスの城砦に関する設計思想をそのまま受け入れなかったという事実のもつ意味は重大である。なぜなら、一般に後世の稜堡式築城は全方位を等しく防御するよう対称に設計され、その平面形は円に限りなく近い多角形を指向していたからである。稜堡式築城は、ウィトルーウィウスの述べた円形の都市城壁、あるいは多角形の都市により類似性をもっており、全方位防御という点でも一致している[8]。フランチェスコ・ディ・ジョルジョが城砦のあるべき姿と説いた、擬人論的な要素を稜堡式築城から見出すことはできな

い。つまり、フランチェスコ・ディ・ジョルジョの理想とした人体型の城砦と、後世の稜堡式築城は、その基本的な理念において相いれない存在といえる。

『建築論』では、城砦や都市について人体から導き出される比例に従うべきと主張がなされている。当時のイタリアでは、都市の多くは城壁を備えており、一種の城砦だった。都市の外形は、当然都市城壁の外形となり、築城術の考察の範疇に含まれてなにもおかしくはない。だが『建築論』が都市の外形において、擬人論で一貫していたかというとそうではない。

都市や城砦は人体の形に倣うべきであると『建築論』冒頭では主張され、実際にフランチェスコ・ディ・ジョルジョはそうした城砦を数多く建設しているのに対し、『建築論』の別の個所では城砦や都市は四角形・六角形・八角形などの幾何学的な形をとるべきだと主張している。そもそも築城術の分野でも、城砦の平面形について矛盾する記述があり、城砦の防備に関する説明と都市城壁についての説明が合致しない例も見受けられるのである。このような点をとりあげて、フランチェスコ・ディ・ジョルジョの『建築論』は雑多な知識の集合体であり、彼以前の建築家レオン・バッティスタ・アルベルティや、アントニオ・フィラレーテが著わした建築書に比べて、一貫性を欠いたものであると評価されることが多いのも、仕方のないところだろう。

だがここで、フランチェスコ・ディ・ジョルジョの都市の外形についての一貫しない態度が問題となるのは、『建築論』に一貫性があるか否かといった些末な点ではない。理想的な都市の外形についての考えは、そのままフランチェスコ・ディ・ジョルジョの稜堡式築城へといたる理想的な軍事要塞への見通しを示しているのだ。なぜならば、稜堡式築城（イタリア式築城）は単なる軍事要塞ではなく、アルベルティ以来イタリアの建築家がたびたび論じた「理想都市 città ideale」の実現形といわれているからである[9]。稜堡式築城が幾何学的に整然とした平面形をとったのは、戦術上の要請とともに、それまでのイタリア人建築家たちが考察してきた理想都市論における、都市の外形が反映したためだとみなされている。

しかし、フランチェスコ・ディ・ジョルジョの場合、その理想形についてすら一貫性がないため、しばしば彼は都市論の分野では持論のある人物ではなかったかのようにいわれる[10]。こうした意見を許容するならば、稜堡式築城に対する彼の影響は、あくまで城壁や稜堡や銃眼といった、城砦を構成する部分に限られることになってしまう。

　確かに、フランチェスコ・ディ・ジョルジョは擬人論を城砦の理想形と明示した。だがこうした擬人論の扱いは、城郭史等では余りに軽視されてきた。これまで、彼が人体を模した城砦を理想形とした点については、ルネサンス期特有の古典からの模倣にすぎず、軍事的な実用性の面からは論じられてこなかった。同様に、古典に基づく理論と、建築・技術の実践における錯綜も、当時の人文主義者にはよくあることとして片づけられてきた[11]。

　しかし、前章で述べたように、実用性の観点からでも擬人論は評価できるのであり、古典からの引用と技術の実践について決して錯綜していたわけでもなかった。実際、都市設計についても、フランチェスコ・ディ・ジョルジョは理想や理念よりむしろ実用的観点から考察していた。『建築論』には、人体の頭や四肢から一定の比例が導き出されるように、城砦同様、都市もそうした比例を備えなければならないと述べられている[12]。つまり基本的には都市城壁も城砦と同じ、人体の比例に従うという原則によって築かれねばならない。

　だが彼は、都市は人体を模倣し、人体の各部位から導き出された比例を適用するだけでなく、それが建設される地形を考慮しなくてはならず、「それぞれ異なった計画を必要とする[13]」点を強調している。たとえば、平野に築かれる都市の形については五角形・六角形・正方形などに分類でき、各頂点に防御のための塔を配置するとしている[14]。その記述に添えられた都市のデッサンは、八角形や六角形・十字形などで[fig.3-1]、これといった定まった型は見受けられない。ただし、ウィトルーウィウスが防衛に適した形と考えた円形の都市はひとつも描かれていない。一方、山頂に築かれる都市の場合、防衛と監視の便を考えてジグザグな城壁を作るか、その地形に合わせた城壁

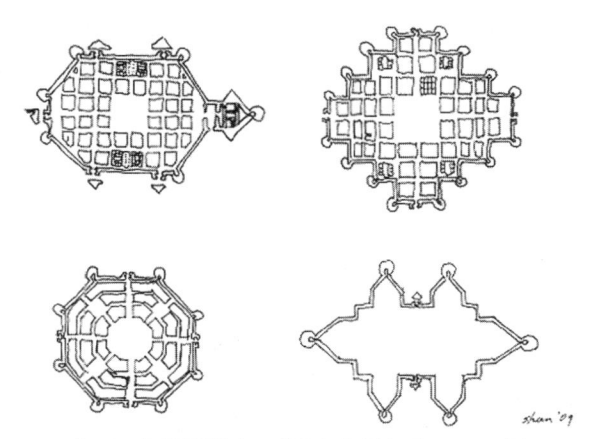

第 3 章　ルネサンスの築城術における合理性追求と古典再解釈

[fig.3-1]『建築論』に描かれた都市プランの一例

で囲んでいる[15]。そして、川沿いや海沿いに都市を築く場合については、完全にその川の流れや海岸の地形に従って設計すべきだとしている[16]。つまりフランチェスコ・ディ・ジョルジョの都市計画にも、ウィトルーウィウスが唱えた円形城壁は採用されていない[17]。

　以上のように、フランチェスコ・ディ・ジョルジョは、ウィトルーウィウスの理想都市計画について学び、そうした理想都市について自分なりの考えもある程度持ってはいた。だが、そうしたウィトルーウィウス的理想都市については、防御の観点から問題点を指摘している。そして、都市については単なる擬人論のみではなく、地形や環境に応じて異なった計画を用いるという柔軟性を示していた。つまり、彼の中では理想都市と城砦は異なり、より柔軟な原理によって設計されていたといえよう。

　ならば、後世の稜堡式築城が理想都市のような幾何学平面をとった理由は、築城術と理想都市論が結びついたからだといえるだろうか。少なくとも『建築論』ではそのような融合は果たしていない。『建築論』には、城砦に関しても、都市に関しても、さまざまなデッサンが描かれている。しかし、著書の中で多様なアイデアを披露してみせたフランチェスコ・ディ・ジョルジョ

も、現実の建設の場では、一貫して擬人論的な形態にこだわり、ウィトルーウィウスが防衛に最適な形とした円形は決して採用しなかった。ゆえに、フランチェスコ・ディ・ジョルジョの城砦と都市に関する主張は、『建築論』の中では、擬人論的設計と幾何学的設計の間で揺れ動いているものの、実際には幾何学的都市・城砦を建設する意図はなく、また両者を融合・統一する意図もなかったとみなさざるを得ない。

　もちろん可能性の問題として、雇用主であったウルビーノ公やカラブリア公の嗜好や政治力・経済力などに制約されて、フランチェスコ・ディ・ジョルジョには幾何学的都市・城砦を建設する意思があったのに、それを実践する機会が与えられなかったということも考えられる。だが都市城壁を建設した唯一の例であるサンコスタンツォの城壁をみるかぎり、幾何学的な都市よりも、『建築論』のデッサンに描かれた擬人論的都市の方が、彼にとってより防衛上実戦に即した都市の形態だったと思われる。そして、擬人論的都市を採用した場合、その防衛戦術は第1章で述べた城砦と同じく、一方向への「重点防御」を採用したと考えなくてはならない。

　つまりフランチェスコ・ディ・ジョルジョは城砦であれ、あるいは都市であれ、全方位防御をよしとせず、重点防御を重視したことになる。そこには、理想都市の観点からも、あるいは軍事上の観点からも、幾何学平面が稜堡式築城として採用される契機を見出すことはできない。すなわちフランチェスコ・ディ・ジョルジョの築城術の防御思想は、全方向を等しく防御しようとするウィトルーウィウスと、対立する思想だったのである。

第2節　軍事的合理性：火器に対する防御と「側面射撃」

　前節で示した通り、フランチェスコ・ディ・ジョルジョが城砦および都市について、人体を模倣すべきと考えた結果、彼の考えた城砦設計は、多角形を基本とする稜堡式築城とは相いれない形態をとることとなった。その理由のひとつとして「重点防御」を指摘することができよう。これは、火器を城砦防御システムに組み込むために、ウィトルーウィウスの建築論を再構成す

第3章　ルネサンスの築城術における合理性追求と古典再解釈

る中で考案されたものであった。

　火器の普及や発達による築城術の変化は、イタリアではすでに15世紀前半から始まっていた。そこでは、応急的な処置として、城壁や塔の基礎部分に土を盛りあげたり、あるいは下に向かって広がるように傾斜をつけたりすることで壁体を強化するか、城壁の手前に堤防を設けるといった手段で、敵からの砲撃を防ごうとしたのである。こうした漸進的な変化は起こっていたにもかかわらず、フランチェスコ・ディ・ジョルジョの築城術が軍事技術史で注目されるべき理由は、彼が火器の攻撃に対処することこそ築城術における最大の課題と考え、そのための稜堡や円塔といった実戦的な設計を取り入れたことと、自分の著作『建築論』の中で、火器・大砲への防御こそ、将来にわたって築城術における最大の目的となると初めて明記したからである。いわば、フランチェスコ・ディ・ジョルジョは将来を見越したうえで、大砲による攻撃を考慮した築城術を初めて理論化し、実践した人物といえる。

　この敵の火器や大砲に対する防御策とは、単に砲撃で破壊されにくい壁体を建造することのみでなく、城砦側に設置された火器で反撃し、城砦をより能動的に守ろうという考えも含まれており、受動的に砲撃を防ぐだけでなく、火器・大砲を城砦の防御手段として積極的に用いた点も、彼の築城術の「先進性」と考えられている[18]。本節では、ウィトルーウィウスとの比較から、こうした火器に対する防御と火器を用いた反撃、という2つの要素がいかにして発想されたのかを考察する。さらにこの2つを重視したことによって、フランチェスコ・ディ・ジョルジョが、擬人論に基づく城砦や都市をもっとも防衛に適した形態と考えるにいたった点を指摘したい。

（1）城壁と稜堡の形態：火器に対する防御プランと円形否定

　著書『建築論』の中でフランチェスコ・ディ・ジョルジョは、火器 bombarda は悪魔の知恵であり[19]、これを防御する知恵は神の知恵であると述べている[20]。さらに、火器（および火薬）は古代に存在しなかった全く新しい軍事技術で、その他の（古代からある）兵器より脅威であるという評価を下して

いた[21]。この新しい武器に対処するため、彼は砲撃で破壊されない城壁、塔、稜堡、城門など設計し、『建築論』の中でその必要性を説いたわけだ。

だが、すでに火器がイタリアの戦場で広く用いられ、砲撃から城砦を守る建築物が築かれていたにもかかわらず、この武器がこれまでの戦場の常識を変えてしまうほどの潜在的な能力を持っているとは考えなかった人物もまた多かったのである。こうした考えの代表例として、第1章でふれた教皇ピウス2世（在位：1458－64年）が傭兵隊長のアレッサンドロ・スフォルツァとフェデリーコ・ダ・モンテフェルトロと交わした議論をあげることができる。「当代使われている武器はすべてホメロスとヴェルギリウスの作品に登場するものばかりで、むしろそれらには記されているのに現在では失われた武器もある」というピウス2世の発言には古代の人びとへの圧倒的な尊敬、あるいは、自分たちの時代と文明が後退・劣化しつつあるものであるという意識が感じられる。

フランチェスコ・ディ・ジョルジョはこのような考え方を、はっきりと誤りだと指摘した上で、火器や火薬の製造は自分たち現代人の方が考え出した、古代の技術より優れている分野であり、今後さらに威力を増すであろうと予言した[22]。そして、そうでないと主張するのは「昔の時代にも大砲はあった、などと自慢げに訳のわからぬことを口走るもの」なのだと切り捨てている[23]。火器の絶大な破壊力を認めた上で、それに対する防御を主張する建築家にとって、軍事技術の過小評価はないがしろにはできない問題だったのだろう。このように、フランチェスコ・ディ・ジョルジョの『建築論』は、一種の進歩史観に基づいて組み立てられており、他のどのような武器よりも強力な火器というものが、今後も戦場の主役となり、さらに強化されていくのであるから、それに対抗できる城砦の建設を行わなければならないという目的意識に貫かれているのである。

『建築論』では、こうした火器の普及と改良への懸念と、築城術が今後とるべき方向性（対火器防御）が表明されたあと、続けて火器の威力を防ぐような城砦を築く具体的な方策が述べられていく構成になっている。その内容

第3章　ルネサンスの築城術における合理性追求と古典再解釈

は『建築論』のさまざまな箇所に多岐にわたって記されているが、次の3点が要点となる。第1に壁体の厚みを増すこと、第2に砲弾を避けるため壁自体の高さを低くすること、第3に壁体に傾斜をつけて砲撃を逸らすこと、以上の3点である。この3つが強調されるのは、サルツィアーノ148写本とアシュバーナム361写本のいわゆる『建築論Ⅰ』であり、後期に属するマリアベッキアーノ141写本とシエナⅣ4写本では、これ以外にも20の築城の原則が列挙されている。だが20の原則は「城砦には井戸を設けよ」「火薬を製造する水車を設けよ」といった城砦の形態とは関係ないものがほとんどなので、ここでは省略する[24]。

　前述の3点が、受動的に城砦を防衛する手段であったのに対し、フランチェスコ・ディ・ジョルジョはさらに「能動的」な防衛手段について解説している。それが offesa (difesa) del fianco（側面攻撃／防御）と彼が呼ぶ手段であり、現在の研究者が fiancheggiamento（側防／側面射撃）と呼ぶものである。これについては第2章で、マルケ地方やナポリの城砦群に典型的にみられる防御手段として解説したが、ここで改めて述べておく。

　「側面射撃」とは厳密には火器や大砲を用いて行われる防御手段であり、弓や投石機といった飛び道具が使われるものではない。これは、城壁の壁体から塔や稜堡を外側に突出させ、そうした塔や稜堡の側面に設けられた銃眼や砲郭から、城壁に平行にそった射線上を射撃することで、城壁を攻撃する敵兵の「側面」を「射撃」することを意味する。さらに「側面射撃」は、単に敵の側面を射撃するのみならず、隣接する塔や稜堡が相互に射撃で援護しあうことで、敵が城砦から銃砲撃をうけずに接近できるような死角を無くすという目的も持っている。こうした敵の側面を射撃し、さらに死角を無くすことを徹底させた設計が、のちに幾何学的な形態をもつ稜堡式築城を生み出したのである。[fig.3-2]にみられるように、星型の形態をもつ稜堡式築城は、稜堡から放たれた砲撃の射線が、隣接する稜堡の壁面に寄りそっているため、城壁のあらゆる地点で、死角なく敵の側面を射撃できるようになっている。

121

この「側面射撃」は『建築論』の中で、フランチェスコ・ディ・ジョルジョによって城砦防衛の重要な手段と位置づけられた。すなわち主な城壁は外に向かって「全ての部分で側面射撃ができねばなら」ない[25]、あるいは敵砲兵の攻撃から城壁を守るために「厚い城壁に側面攻撃あるいは側面防御を備えた無数の塔[26]」が築かれねばならない、そして城砦の中核をなすtorrione（城砦の中核となる大きな塔、「大塔」）は、

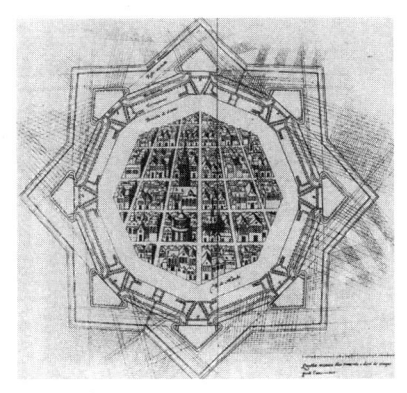

[fig.3-2] 建築家フランチェスコ・ディ・マルキが描いた典型的な稜堡式築城

その両脇の壁体によって隠された位置に銃眼を備え、これによって「攻撃を行うことはできるが、（敵から）攻撃はうけない[27]」ようにしなくてはならない、などの解説が『建築論』で語られている。

　とりわけ「大塔」の設計について述べた、「両脇の隠された位置に備えた銃眼によって、敵を攻撃することは出来るが、敵から攻撃はされない」という設計は、稜堡式築城で防衛の要となった稜堡の設計に類似する。一般的な稜堡は矢じり型をしており、その付け根のくびれの部分に銃眼や砲台を配置することで、敵の攻撃をうけることなく、敵の側面を撃てるよう設計されていたからである。その類似性を示すため、フランチェスコ・ディ・ジョルジョが『建築論』に描いた大塔の設計と、一般的な稜堡式築城の稜堡（ヴェローナVeronaのデッラ・マッダレーナDella Maddalena稜堡）を比較しておく[fig.3-3]。つまり彼は、敵から攻撃をうけずに側面射撃を行うにはどうすればよいのか、という観点から、後世の稜堡設計をすでに完成させていたといえる。

　フランチェスコ・ディ・ジョルジョはさらに、側面射撃による防衛の観点からウィトルーウィウスの設計思想に反対している。自ら著書の冒頭でウィトルーウィウスの名をあげ、その思想を築城術の基本に掲げながら、「側面

第 3 章　ルネサンスの築城術における合理性追求と古典再解釈

射撃」という技術的な観点からこれに反する意見を表明する。こうした態度から、フランチェスコ・ディ・ジョルジョが側面射撃による効果的な防衛をいかに重視していたかがうかがえよう。

　敵砲兵の砲撃から守られるような新しい城砦は、古代人の推奨した円形の城壁を備えてはならないとフランチェスコ・ディ・ジョルジョは反論した。明言はしていないが、ここでいう「古代人」とはウィトルーウィウスを指していることは明らかである。『建築論』では、円形を退けた理由を、具体的に次のように述べている。

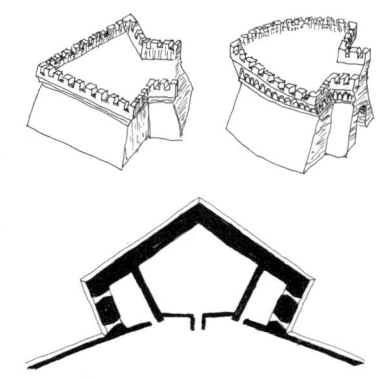

[fig.3-3]『建築論』に描かれた大塔のデッサン(上)とヴェローナの「デッラ・マッダレーナ」稜堡(下)

『建築論Ⅰ』7

　古代の建築家たちは、それ自身が完全な形であることから、円形を幾度となく賞賛した。しかし、それにもかかわらず大きな径となる場合に円を用いることは適切ではない。というのも、もしもそのようにするならば、城塞の防御力を考慮して、必然的にきわめて多くの塔を作り、一つが他の一つを助けるようにしなければならないからである。しかし、それら相互の距離は短すぎるので、二つの塔は互いに助け合うのではなく、むしろ防御のための側面攻撃により互いに被害を及ぼしあうことになるからである。[28]

『建築論Ⅱ』第 5 書

　古代人たちによって、塔や、城壁は円形であると認められていた。塔の円形については、私は便利で必要なことと同意する。なぜなら円形によってより頑強になるからだ。そして火砲の被害をより受けなくなる。しかし、城壁の円形については、私は大いにそれを非難する。なぜなら塔によって城壁を要塞化する必要があるとき、1 つの塔が別の塔を守る

ことができるようにするためには、それらはお互いに大変接近して建設され、そうするとその出費は莫大となってしまうからだ。(拙訳)[29]

こうした記述から判断すると、フランチェスコ・ディ・ジョルジョは、城壁の外形はウィトルーウィウスの記述や「それが完全な形であるから」といった理由より、「側面射撃」の効果という観点から決定されるべきであると考えていた。また後段の『建築論Ⅱ』では塔については円形でもよいと認めているが、それも塔は「円形によってより頑強になるから」であり、そこには技術的な理由以外の、他のいかなる根拠もない。言い換えると、フランチェスコ・ディ・ジョルジョの築城術は徹頭徹尾、実用的な視点から構築されている。

だがこうした城砦の実際的な考察さえもフランチェスコ・ディ・ジョルジョの独創というわけではない。砲撃を防御するための「稜堡」や、火器によって城砦を防衛する「側面射撃」にも、ウィトルーウィウス『建築十書』からの影響をみてとることができる。フランチェスコ・ディ・ジョルジョ自身も具体的な築城術の設計法についてたびたび古典の記述を根拠としてあげているように、技術上の問題の解決策をギリシャやローマの古典に学ぶことは決して奇異なことではなかった[30]。では、フランチェスコ・ディ・ジョルジョは具体的には古典に記された築城術をどのように理解し、受容したのだろうか。それを解明する手がかりは『私訳』の記述から得ることができる。

たとえば、フランチェスコ・ディ・ジョルジョの「稜堡」における防御の要は、壁体の形状による防御、つまり火器の衝撃を壁体の傾斜や丸みによって逸らすことにあった。それについて『建築十書』と『私訳』には、次のような記述がある。

『建築十書』第一書第五章5
　　そこで塔は円形あるいは多角形に造られるべきである。なぜなら（攻城）器械は方形のものをより早く破壊する[31]。

『私訳』第一書第五章5
　　塔は丸くするか、多角形にすべきである。なぜなら攻撃を損なうから[32]。

第3章　ルネサンスの築城術における合理性追求と古典再解釈

こうした塔の設計法に関して、すでに上で示したようにフランチェスコ・ディ・ジョルジョは、塔は円形にするのが堅固になるので都合がいいと記す他に、次のようにも書いている。

『建築論Ⅰ』18

> 考えつくなかで最も安全な方法は、（中略）丸くあるいは角度を付けた壁面をもつ、並外れて大きな塔を設けることである。特に城塞前面と隅部の先端にはそれを設けるべきであり、それらの塔によってそれに面する壁面が防御され、囲まれるようにする。[33]

「壁体の傾斜による防御」というアイデアは、古代ローマの兵法家であるウェゲティウス Vegetius の『軍事について *De re militari*』にもみられるとフランチェスコ・ディ・ジョルジョは『建築論』で言及している[34]。こうした言及や、上記の『建築十書』『私訳』『建築論』の比較からは、壁体の傾斜で兵器の打撃を逸らせるという考え方を、フランチェスコ・ディ・ジョルジョが古典の読解から学び、自分の著書に取り込んでいった経過がうかがえる。

（2）「側面射撃」：火器を用いた城砦防御

フランチェスコ・ディ・ジョルジョの築城術の中でもう1つの重要な防御手段である「側面射撃」についても、ウィトルーウィウスからの影響をうかがわせる記述が存在する。『建築十書』では、城壁にそって設けられた塔の防衛について次のように述べている。

『建築十書』第一書第五章2

> また、塔が外側に張り出されるべきである。そうすれば、敵が城壁に対して襲撃してくる時、敵は左右の塔から無防備な側面を傷つけられる。[35]

『建築十書』第一書第五章4

> 塔と塔の間隔は、矢が放たれるとき、一方の塔が他の塔からはなれすぎていることのないように、またもしどこかから攻撃されるなら、その時は左右の塔からサソリ砲（投石機）やその他の武器から弾丸を発射することで敵が撃退されるようにするべきである。[36]

塔を突出させ、その側面に設けた銃眼から敵の「側面」を攻撃するのは、まさに「側面射撃」の発想そのものであり、左右の塔から効果的に敵を射撃できるよう、塔同士の間隔を考慮する点は、フランチェスコ・ディ・ジョルジョが円形の城壁が防衛に適さない理由として指摘した要素である。この『建築十書』の記述は、『私訳』では以下のように訳されている。

『私訳』第一書第五章2
塔もまた外側へ十分張り出して造られる、そうすれば要塞の防衛に都合が良い。[37]

『私訳』第一書第五章4
そして城壁に付随する塔はその守るべき地点において、弩（いしゆみ）で互いに守れるよう、最大限近づけられるべきである。[38]

この「城壁からの塔の突出」と、「塔側面に配された武器の射撃による相互防衛」、そして「隣り合う塔相互の距離」について解説した部分は、ウィトルーウィウスの詳細な記述に対して、フランチェスコ・ディ・ジョルジョの翻訳は簡潔である。第一書第五章4に記された「塔相互の防衛」「塔同士の間隔を狭くする」という重要な2つの点については、一応訳出されているといえる。しかし、前者第一書第五章2の翻訳では、「塔は外側に張り出されるべきである」の部分はほぼ正確であるものの、節の後半にあたる「そうすれば～敵は左右の塔から無防備な側面を傷つけられる」の部分は、その大意すら訳出されていない。フランチェスコ・ディ・ジョルジョが『建築十書』を「側面射撃」を考案するヒントとしたのならば、大変重要となるであろう、「無防備な敵側面への射撃」という部分の欠落は、「側面射撃」というアイデアのすべてがウィトルーウィウスの記述を基にしているわけではないことを示している。

そもそも、「塔同士の間隔を近づけ、相互に援護しあう」という『建築十書』第一書第五章4の部分は、フランチェスコ・ディ・ジョルジョが翻訳に用いたとされる写本 Codice Urb. Lat. 293 では欠落している一文なのである。現在知られている『建築十書』の写本のうち、15世紀はじめまでにイタリア

第3章　ルネサンスの築城術における合理性追求と古典再解釈

で手に入ったものは8部あり、フランチェスコ・ディ・ジョルジョが参考にしたのは Guidianus 69（ヴォルフェンビュッテル、ヘルツォーグ・アウグスト図書館所蔵）と呼ばれる11世紀の手稿を底本にした写本と考えられ、こうした条件を満たす写本はこの Codice Urb. Lat. 293以外ありえない[39]。また、この写本がまさに15世紀にウルビーノの宮廷で所有されていたものという点も、フランチェスコ・ディ・ジョルジョがこの写本を参照したと考える補強材料となる。

　しかしながら、この写本には記されていない、「側面射撃」に関する重要な一節が『私訳』では翻訳されているという事実は、フランチェスコ・ディ・ジョルジョがどのように「側面射撃」を着想したのかという過程を解明するうえで、ひとつの謎である。どのようにしてフランチェスコ・ディ・ジョルジョが『建築十書』第一書第五書4の内容を知ったのか、現段階では解明されていないが、ウルビーノの宮廷に滞在する間に、別の『建築十書』写本をみる機会に恵まれたと考えるのが自然であろう。ただし、たとえ別の写本をみたのだとしても、『私訳』の翻訳の簡潔さやあいまいさから考えると、別の『建築十書』写本は「側面射撃」を着想するにはそれほど参考にならなかったのではないかと思われる。

　フランチェスコ・ディ・ジョルジョは、その著作『建築論』の中で、「側面射撃」について厳密に一文で定義しているわけではない。「側面からの攻撃／側面防御 offesa/difesa del fianco」という単語そのものは頻出するうえに、それが自分の築城術にとって重要であることは何度もほのめかしているのに、その具体的な設計については明確に示していないのは、いかなる理由によるのか不明である。唯一、具体的な「側面射撃」の説明といえるものは、前述の大塔に関する記述にみられる。『建築論Ⅰ』のみにみられるその解説は次のようなものである。

『建築論Ⅰ』18
　　大塔もまた、正面に二つの面を見せる菱形に作るのがよく、その対角線の半分が城壁の位置から外へ突出するようにする。またそこでは、菱形

の壁が内側に折れ曲がり、その結果作られた隅部の突出部が両脇の砲眼を隠し、覆うようにする。これによって、攻撃を行うことはできるが、攻撃は受けないのである。[40]

　これはつまり、火器が発射される銃眼が、塔の側面の奥まった部分に隠されているため、敵が城壁に接近し、その無防備な脇を銃眼の前にさらすまで、銃眼が敵にみつかり、その攻撃にさらされることはないという意味である。『建築十書』には、塔の銃眼を敵の攻撃から隠し、覆われるようにするという記述はなく、両者の注目点（ウィトルーウィウスは敵側面への攻撃、フランチェスコ・ディ・ジョルジョは敵の攻撃からの銃眼の防御）に食い違いが生じている。

　以上、色々な角度からフランチェスコ・ディ・ジョルジョとウィトルーウィウスの記述を比較してきたが、「側面射撃」については、かなりの食い違いがあることが分かる。とりわけ、フランチェスコ・ディ・ジョルジョが読んだ『建築十書』の写本では、「側面射撃」を着想するうえで重要な1節が欠落していたということ、その前後の翻訳もあいまいであるという点から推測すると、彼は、「側面射撃」というアイデアについては、ウィトルーウィウスに学んだという意識が薄かったのではないだろうか。

　当然のことながら、フランチェスコ・ディ・ジョルジョは書物から得た知識のみで自身の築城術や『建築論』を練りあげていったわけではなかった。たとえば現在でもローマ市街を取り囲んでいるアウレリウスの城壁には、塔ごとに側面に設けられた矢狭間があり、隣り合う塔同士が援護しあえるようになった設計を実際にみることができる。フランチェスコ・ディ・ジョルジョがローマに滞在したかは明らかではないが、ローマ貴族であるオルシーニ Orsini 家の領地アヴェッツァーノ Avezzano やタリアコッツォ Tagliacozzo、スクルコラ・マルシカーナ Scurcola Marsicana といったローマ近郊の都市に滞在したとされており、これらの都市の砦にも関与したと考える研究者もいる。[41]

　そうすると、フランチェスコ・ディ・ジョルジョがローマに滞在した可能

性も高く、ならば彼がアウレリアヌスの城壁を観察したと考えても不思議ではない。アウレリアヌスの城壁と塔はどの門からローマに入っても目にすることができ、軍事建築に関心のあったフランチェスコ・ディ・ジョルジョがこれを見逃すわけがないからである。そう考えると、「側面射撃」をフランチェスコ・ディ・ジョルジョが『建築十書』を唯一の情報源として思いついたとはますます考えにくくなる。

しかし、その着想源がどこであるにせよ、フランチェスコ・ディ・ジョルジョにとって「側面射撃」は、「稜堡」など他の築城術のアイデアにくらべてウィトルーウィウスとの関連性が薄い技術であった。彼がそれを自分の独創と考えていたかは分からないが、ウィトルーウィウスとは関連性が薄く、古代にはなかった大砲などの火器を用いることを前提とする「側面射撃」が、ウィトルーウィウスに由来する円形城壁を否定する強い根拠足りえたのは、以上のような理由であったと考えられる。

第3節　古典再解釈による築城術の変化

ギリシャ・ローマの文献は、フランチェスコ・ディ・ジョルジョの築城術、とくに「側面射撃」と「稜堡」の誕生に一定の役割を果たしていた。フランチェスコ・ディ・ジョルジョが新しい技術を採用し、その優秀性を主張するうえで、古典に根拠と権威を求めていたのも確かである。

だが、「稜堡」にしろ「側面射撃」にしろ、15世紀当時、フランチェスコ・ディ・ジョルジョが唯一の考案者・実行者というわけではなく、彼の関与しない城砦にも同様のものを見出すことができる。トスカーナやエミリア・ロマーニャ地方に多くみられる、対砲兵防御を考慮したとみられる新式の城砦は、1480年代から90年代にかけて活躍したフィレンツェの建築家フランチェスコ・ディ・ジョヴァンニ Francesco di Giovanni（通称フランチョーネ Francione）や、前章で紹介した、ナポリ王国でのフランチェスコ・ディ・ジョルジョの前任者ジュリアーノ・ダ・マイアーノといったフィレンツェ人建築家によって建てられた。その多くがフランチェスコ・ディ・ジョ

ヴァンニ（フランチョーネ）と師弟関係であったため、彼らは「フランチョーネ派」ともいわれる。高名な軍事技術・築城家の一族で、16世紀になって多数の城砦を建設したジュリアーノ・ダ・サンガッロ Giuliano da Sangallo と弟アントニオ Antonio もフランチョーネの弟子であり、この一派とされている。[42]

つまり、15世紀後期の火器・大砲に対抗するための新しい築城術は、「マルティーニ派」と「フィレンツェ派（フランチョーネ派）」の2つがあった。だが、この2派の設計・思想上の違いについて比較していくと、そこには大きな違いがあり、フランチェスコ・ディ・ジョルジョの築城術の特徴が浮かびあがるとともに、後世の稜堡式築城にむかって大きな影響を与えたのは、やはりフランチェスコ・ディ・ジョルジョと「マルティーニ派」であったことが明らかになる。

フランチェスコ・ディ・ジョルジョが他の建築家と違う点こそ、本章でとりあげてきた、「古典の再解釈」とその「実践への適合」だった。火器を重視するという点では、他の建築家と彼の考えに大きな違いはない。だが、古典の内容を火器という新しい技術に適合するように解釈し直し、新たな築城術の論理として組み立てたことがフランチェスコ・ディ・ジョルジョの特徴であり、それが次の時代の軍事技術へと引き継がれていくのである。

（1）「マルティーニ派」と「フィレンツェ派」：類似と相違

近年、いわゆる「フィレンツェ派」の城砦に、フランチェスコ・ディ・ジョルジョの影響を認めることに肯定的な研究がみられる。たとえばカルロ・アルマーティ Carlo Armati が指摘したように、火器への防御を施した城砦設計の細部や、城砦平面形の類似から、フランチェスコ・ディ・ジョルジョの築城術はすでに「フィレンツェ派」の建築家にも受け入れられるような、同時代の標準的な考え方になっていたという見方である。[43]

確かに、両者の間に設計上の類似を認めることは容易であり、フランチェスコ・ディ・ジョルジョも、フィレンツェの建築家たちも同じような軍事技

第 3 章　ルネサンスの築城術における合理性追求と古典再解釈

術（火器）の発達を次代の趨勢として捉えており、それに対応した城砦設計をおこなった結果、似たような城砦が15世紀中ごろから末にかけて次々と建設されたというのは、非常にシンプルで理解しやすい。両者の間に交流がなかったとしても（フィレンツェとシエナは領土も近く、軍事・経済の面において積年のライバルである）、当時の築城術の変化を、いわば生物学でいう「平行進化」のようなものと考え、同じ軍事環境で生まれた城砦が同じような設計になったのは当然だという捉え方である。

　とりわけ、城砦の周りを囲む塔ならびに稜堡の設計、および「側面射撃」のような火器を利用した防御法を用いる点で、両者は大変似かよっている。たとえば、フランチェスコ・ディ・ジョルジョの城砦を同定する手掛かりとされる円筒形の塔の形状は、彼が築城家としてマルケで活躍し始める時期の前後に建てられた城砦、たとえばモンテポッジョーロ Montepoggiolo（1471年：ジュリアーノ・ダ・マイアーノ設計）、フォルリ Forlì（1471-80年：ジョルジョ・マルケージ・ダ・セッティニャーノ設計）、イーモラ Imola（1472-74年：ジョルジョ・マルケージ・ダ・セッティニャーノ設計）、ペーザロ Pesaro（1474-83年：アントニオ・マルケージ・ダ・セッティニャーノ設計）、ヴォルテッラ Volterra（1472-74年：フランチョーネ設計）、セニガッリア Senigallia（1480年ごろ：バッチョ・ポンテッリ設計）といった城砦などでも用いられている。彼らは皆、ロレンツォ・ディ・メディチの庇護の下に建築家として活躍した、フィレンツェ出身者である。

　ここで用いられた円筒形の塔は、背が低く、壁は厚く、砲撃を受けても破壊されにくくなっている。これらの塔の、末広がりの「スカルパ」状の基部に、比較的背が低く幅の広い壁体が乗り、最上部を「持ち送り」に支えられた矢狭間胸壁が縁取るという構成は、15世紀中期以降に建設された「フィレンツェ派」の城砦に広くみられるものである。また、こうした塔にはフランチェスコ・ディ・ジョルジョの設計した塔と同じように、内部に火器用の砲郭が設けられ、塔の側面に銃眼が開いている。分厚い壁体や「スカルパ」は、明らかに砲撃の威力を減殺するための工夫であり、側面の銃眼は城壁にとり

ついた敵兵を射撃するためのものである。

　さらに、フランチェスコ・ディ・ジョルジョとフィレンツェの建築家の類似性を強く感じさせる城砦は、フランチェスコ・ディ・ジョルジョの建設したカーリ砦と、フランチョーネおよびフランチェスコ・ダンジェロ Francesco d'Angelo 通称ラ・チェッカ La Cecca が建設したサルザネッロ Sarzanello 砦である。マルケ地方に建設されたカーリ砦については、すでに第2章第1節(3)で分析したが（72頁）、敵の砲撃に備えて建設された「大塔」と、菱形の城壁、円筒形の小さな塔で城壁の各頂点を守るよう設計されている。

　同じように、リグーリア Liguria 地方沿岸の町（サルザーナ Sarzana）を見下ろす丘に建設されたサルザネッロ砦も、菱形の平面形を持ち、巨大な三角の稜堡を備えている（カーリとサルザネッロの平面形および城砦の構成の類似を[fig.3-4]に示す）。2つの砦は平面形の類似のみならず、カーリの敵の砲撃に備えた大塔が、サルザネッロの巨大な三角の稜堡に対応し、また短い方の対角線上に2つの円筒形の塔が配置されている点も同様である。サルザネッロの三角形の稜堡は、カーリの大塔同様、敵の砲撃に耐えられるよう重厚な構造をもっており、さらに両脇に位置する塔の「側面射撃」によって守られるなど、フランチェスコ・ディ・ジョルジョの設計思想に近い[fig.3-5]。また、敵に対して鋭角を向けた城壁を、両側に配置された塔からの「側面射撃」で守るという設計は、フランチェスコ・ディ・ジョルジョが改造を担当したサンレオ砦にもみられる[fig.3-6]。

　このように、フランチェスコ・ディ・ジョルジョとフランチョーネなどの建築家の城砦設計で数々の類似点を持っていたという事実は、研究者にとって当時のイタリアの建築家たちが同じ設計思想や軍事技術観を共有していたとみなすような誘惑をかきたてるものだろう。また、設計者が文献などの史料に基づいて解明できていない城砦の設計者を同定する上で、間接的な証拠として採用することもできよう。たとえば、前節の最後で触れたアヴェッツァーノ、タリアコッツォ、スクルコラ・マルシカーナといったオルシーニ

第3章　ルネサンスの築城術における合理性追求と古典再解釈

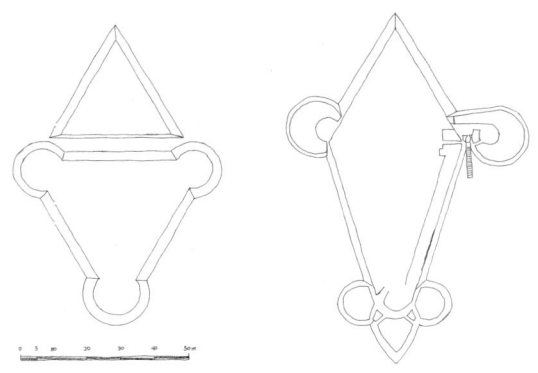

[fig.3-4]　サルザネッロ砦(左)とカーリ砦(右)の平面図比較

[fig.3-5]　サルザネッロ砦(2006年筆者撮影)

[fig.3-6]　サンレオ砦(2005年筆者撮影)

[fig.3-7] 左：正方形プランをもつアヴェッツァーノの砦　右：三角形プランのスクルコラ・マルシカーナの砦(ともに2006年筆者撮影)

家の城砦は、三角形や正方形の平面形を持ち、各隅に円筒形の塔を備えている。そして塔には「側面射撃」用の銃眼が設けられているのである[fig.3-7]。こうした幾何学形プランはフォルリやイーモラなどの「フィレンツェ派」の城砦に多くみられるが、フランチェスコ・ディ・ジョルジョの城砦ではあまり用いられていない。だが、アヴェッツァーノなどオルシーニ家の領地に1490年代フランチェスコ・ディ・ジョルジョが立ち寄ったという事実、およびそこに建設された砦の設計上の特徴によって、これらをフランチェスコ・ディ・ジョルジョの監督によって建てられた城砦とみなす説には一定の説得力を持ちうる[44]。

だが、果たしてフランチョーネやラ・チェッカの設計は、フランチェスコ・ディ・ジョルジョと同じ目的にそって設計されたといえるのだろうか。確かに砲撃に対する防御力を高めた塔や稜堡の設計や、「側面射撃」のための銃眼配置などは同じものである。カーリとサルザネッロのように、敵の攻撃に対して鋭角をむけた大塔や稜堡によって、攻城兵器の威力をそらすという思想も同じといえる。

しかし、フィレンツェの建築家たち「フィレンツェ派（フランチョーネ派）」の設計思想は、フランチェスコ・ディ・ジョルジョのそれとは異なり、城砦設計で目指した方向性はより「伝統的」と評される[45]。フィレンツェの建

134

第3章　ルネサンスの築城術における合理性追求と古典再解釈

築家が手掛けた城砦の多くは、正方形か長方形の城壁に囲まれ、四隅に「スカルパ」を備えた円筒形の塔を持っている。塔の側面には火縄銃など小火器用の銃眼［fig.3-8］があり、両側からの「側面射撃」で城壁に蝟集する敵兵の側脇を射撃することができる。確かにサルザネッロや、ジュリアーノ・ダ・マイアーノが建設したモンテポッジョーロ砦のように菱形を基本とした砦もあるが、大半が広い意味での四角形である。

［fig.3-8］フォルリの砦の塔側面に設けられた銃眼（中央下の丸い部分／2006年筆者撮影）

　注目すべきは、正方形の砦も菱形の砦も、各辺にあたる城壁の長さが等しく、各頂点には等しい大きさの塔が設けられており、図形的に対称な形を持っていることである。また、マスキオと呼ばれる城砦の中枢となる塔が設けられている点はフランチェスコ・ディ・ジョルジョと同様だが、「フィレンツェ派」の城砦は、マスキオが城砦の中央（正方形や菱形の対角線が交わるあたり）に建っているか、あるいはマスキオと城門と一体化したいわゆる「キープ・ゲートハウス Keep-Gatehouse 様式（本丸 Keep が城砦の外郭を防衛するために城門 Gate と一体化した城砦建築様式で、13世紀以降イングランドおよびフランスで流行した）」[46]になっている。マスキオが城砦の中央にそびえるのはイーモラ［fig.3-9］やヴォルテッラの新砦 Rocca Nuova［fig.3-10］、サルザネッロ［fig.3-11］などがあり、「キープ・ゲートハウス様式」をとるのはフォルリ［fig.3-12］やペーザロ［fig.3-13］などがあげられる。こうした城砦設計は、マスキオを城砦の外周に配置し、敵の攻撃が予想される方向や城砦の最も重要地点に防御を集中させた、フランチェスコ・ディ・ジョルジョの設計とは大きく異なる。

　またフランチェスコ・ディ・ジョルジョの設計した城砦では、城門とマスキオは防御上密接に関連づけられているが、あくまで区別されており、城門

[fig.3-9] イーモラの砦(中央の四角い塔がマスキオ／2006年筆者撮影)

[fig.3-10] ヴォルテッラの Rocca Nuova
(新砦／中央にみえるのがマスキオ)

[fig.3-11] サルザネッロ砦(中央の四角い塔がマスキオ)

第3章　ルネサンスの築城術における合理性追求と古典再解釈

[fig.3-12] フォルリの砦のマスキオと城門（2006年筆者撮影）

[fig.3-13] ペーザロの砦の城門部分
（城門後方がゲートハウス／2006年筆者撮影）

とマスキオが一体化した設計は存在しない。フランチェスコ・ディ・ジョルジョと「マルティーニ派」の城砦に定まった様式といえる形がないのにたいして、「フィレンツェ派」はかなり確立した様式が存在する。しかもその単純な四角形という様式は、中世のイングランドおよびフランスで広く用いられた城砦形式であると同時に、古代ローマ人がよく建設した形でもあり、ルネサンスのイタリア人にも堅固な形と認められていた（たとえば、マキァヴェッリは『戦争の技術』の中で古代ローマに倣った単純な四角形が最も堅固であると述べている[47]）。

「フィレンツェ派」の城砦には、すでに建設されていた中世以来の城の改築によって現在の姿になったイーモラやフォルリのように、もとから四角形の城壁を備えていた城砦も存在する[48]。だが多くの場合、こうした形状は建築家によって意図的に選択されたとしか考えられない。たとえばヴォルテッラの場合、全く新規に建設された新砦 Rocca Nuova が正方形をしており、それに対して、旧砦 Rocca Vecchia は15世紀から16世紀の改修を経て、三角形の稜堡と円筒形のマスキオを組み合わせた不規則な形状となっている（この

旧砦はフランチョーネによって改築されたものではない)[49]。つまり少なくともフランチョーネにとっては、こうした四角形の城砦設計は意図的であった。その他にもサルザーナ、セニガッリアなど、15世紀末になっても意図的に四角形の砦が新たに建設され続けた。

「フィレンツェ派」の好んだ対称形の四角形プランでは、四隅の塔に設けられた銃眼からの「側面射撃」が、全方向に敵を射撃することができるかわりに、塔の丸みがさまたげとなるために、全方向に等しく死角が生じる。また、城壁に平行に射撃すれば、隣り合う塔を砲弾で誤射してしまう可能性は非常に高い設計となっている。こうした誤射こそ、フランチェスコ・ディ・ジョルジョが『建築論』で最も戒めた点であった。

フランチェスコ・ディ・ジョルジョの城砦での銃眼の配置は、(サンレオ砦の正面城壁のような例外をのぞいて)決して城砦のあらゆる場所で死角がなくなるよう念入りに考慮されたとは言いがたいが、城砦に配備された火器・大砲の火力が防御上必要な方向に集中できるようにはなっていた。フランチェスコ・ディ・ジョルジョの銃眼配置が各々の城砦の状況に合わせて意図的に決められていたのにたいし、フィレンツェ派の四角形、とりわけ正方形の城砦は画一的で教条的な銃眼配置しかみられない。いわば、フィレンツェの建築家たちは、旧来の四角形の城砦に銃眼を設けただけで、そこに「火器」という新兵器を採用するうえでの特別な配慮や城砦の設計変更をしていない。古代のアウレリアヌス城壁の塔側面に設けられた矢狭間同様、単に「塔の側面に銃眼を配してみた」以上の工夫がなく、武器が弓矢や弩から火器に変わっただけのようにみえる。その意味で「伝統的」という評価は正当なものといえよう。

フランチョーネなど「フィレンツェ派」の設計は、細部においてはフランチェスコ・ディ・ジョルジョと一致していたが、全体としてはあくまで旧来の城砦設計の延長線上にあった。また、建設される城砦の個々の状況を考慮することなく、かなり画一的な設計を繰り返していた。逆に、フランチェスコ・ディ・ジョルジョは、こうした「伝統的」な城砦設計と異なり、個々の

第3章　ルネサンスの築城術における合理性追求と古典再解釈

城砦を建てるうえでの諸条件を念頭に置いて設計された。

（2）フランチェスコ・ディ・ジョルジョの独自性：古典再解釈

　これまで、フランチェスコ・ディ・ジョルジョが提示した、「稜堡」や「側面射撃」といった築城術のアイデアの独創性について強調してきた。だが、こうしたアイデアは、ウィトルーウィウスの『建築十書』にもその萌芽をみることができるし、あるいはアウレリアヌス城壁のような古代ローマの城壁遺構や、フランチョーネやジュリアーノ・ダ・マイアーノなど同時代の建築家が設計した城砦にもみられる。たとえば四角い塔を円筒形や多角形に変えて堅固さを増すという設計は、イタリア以外の地域でもみられたものであるし、塔の側面に矢狭間を設けてあったものが、火器用の銃眼になったところで、その本質的な設計思想は変わっていないのではないか、という意見は当然あるだろう。

　しかしここで、とくにフランチェスコ・ディ・ジョルジョをとりあげるのは、彼にとって四角形の塔から円筒形の塔へ、弓矢の利用から火器の利用へという変化は、単に武器がより強力になったというだけではない、築城思想の「質的変化」であり、技術の置き換えによってそれを設計・使用する人びとの思考まで変えるという現象が起こっていたと考えるからである。

　単に塔の側面から射撃武器で敵兵の脇を撃つというだけならば、フランチェスコ・ディ・ジョルジョの設計思想はウィトルーウィウスの『建築十書』、あるいはローマ遺跡のそれと変わるところはない。だが彼は、こうした古典古代の設計をヒントに、それを再構成し、独自の設計へと発展させた。フランチェスコ・ディ・ジョルジョが『建築十書』の記述からさらに独自の築城術へとすすんだことは、彼が『建築論』の中で城壁を防衛するための塔の間隔について、「それら相互の距離は短すぎるので、2つの塔は互いに助け合うのではなく、むしろ防御のための側面攻撃により互いに被害を及ぼしあうことになる」と記した一文からうかがうことができる。もし『建築十書』のいうように、側面射撃のために用いられる武器が「矢 sagittae」であ

れば、石や煉瓦の構造物である城壁や塔に被害を与えることはありえない。

　だが、火器や大砲なら、誤って隣接する味方の塔に砲弾が命中した場合、被害をもたらしてしまうであろう。フランチェスコ・ディ・ジョルジョの頭の中では、すでに側面射撃で用いられる武器は弓矢や古代の投石機などではなく、もっとも強力で、「悪魔の知恵」というべき火器・大砲しかありえなかった。これらの強力な兵器を、側面射撃による防衛で用いるには、必然的に塔や稜堡同士の間隔を適切に保たねばならない。あまりに塔の間隔が短すぎれば、誤射したときの被害が大きくなってしまうからだ。ゆえに火器を用いた「側面射撃」で城砦を防衛しようと思えば、ウィトルーウィウスのいうように「塔が他の塔からはなれすぎていることのないように」するのではなく、「相互の距離は短すぎる」ことのないようにしなければならなかった。

　フランチェスコ・ディ・ジョルジョはさまざまな築城に関するアイデアを『建築十書』から吸収している。だが彼はウィトルーウィウスから借用したアイデアに、火器という最新兵器の論理を持ち込み、それに基づいて『建築十書』に記された古代ローマの築城術を再検討し、組み立てなおしたのである。

　弓矢から火器へと、城砦防衛に用いる技術が置き換わった結果、単に城砦に建設される塔の間隔が変更されるだけではなかった。むしろフランチェスコ・ディ・ジョルジョに、ウィトルーウィウスの築城思想全体の再検討を促したのである。こうした「技術の置き換え」に基づく再検討の結果たどりついたのが、「円形城壁の否定」という結論であった。

　円形の城壁に塔を築き、そこから城壁にそって「側面射撃」をおこなえば、城壁そのものが妨げとなって、敵を射撃できない死角が発生する。「側面射撃」によって塔の側面から発射された砲弾が描く弾道は、幾何学的にいえばある一点で円に接する接線に等しく、ある円周上に引きうる接線は全部で何本かといえば、（比喩ではなく）文字通り「無限」である。それゆえフランチェスコ・ディ・ジョルジョは「必然的にきわめて多くの塔を作り、一つが他の一つを助けるようにしなければならないからである。しかし、それら相

第3章　ルネサンスの築城術における合理性追求と古典再解釈

互の距離は短すぎるので、二つの塔は互いに助け合うのではなく、むしろ防御のための側面攻撃により互いに被害を及ぼしあうことになるからである」「一つの塔が別の塔を守ることが出来るようにするためには、それらはお互いに大変接近して建設され、そうするとその出費は莫大となってしまうからだ」と説いた。

　フランチェスコ・ディ・ジョルジョが厳密な幾何学的考察に基づいて、こうした一文を書いたとは考えにくい。だが、実際に作図してみれば、円形城壁を守るにはきわめて多数の塔を建設しなければならないことは一目瞭然である。ところが、実際に多数の塔が城壁にそって築かれれば、その距離は極めて接近し、味方の砲撃で城壁や塔が損傷する可能性は大きくなり、しかも建設費用は高騰する。すべては単純だが明白な論理から導き出される結論である。

　こうして、円形城壁というウィトルーウィウスの掲げた理想の城壁形態は、フランチェスコ・ディ・ジョルジョの築城術からは排除された。それは以下の3つの根拠に基づく。

① 擬人論を重視し、全方向を均等に防御するのではなく、重点防御を採用したこと（第3章第1節）
② 円形城壁を守るためには無数の塔が必要となり、経済的に非効率だということ（第3章第2節1）
③ 経済的非効率に加え、「側面射撃」を用いて防衛するのに不適切であること（第3章第3節2）

　第2章でとりあげた擬人論的（重点防御志向の）城砦と、円形の城壁を否定するという設計思想は、考察の方向性が正反対で、互いの関係性が薄いようにみえるかもしれない。フランチェスコ・ディ・ジョルジョが設計・建設した擬人論的城砦は、ウィトルーウィウスに基づく概念的な要素によって、重点防御という実践的な設計を定義づけようとしていたのにたいし、円形城壁の否定はむしろ「側面射撃」という実践的な要素から、ウィトルーウィウスらによって提唱された概念を再検討している。なぜこのような一見正反対

な思考が1人の建築家の中で共存できたのだろうか。

　一般的にいって、フランチェスコ・ディ・ジョルジョは包括的な設計思想より、個々の具体的な設計に重きを置く建築家であった[50]。そのため、彼の築城術全体に通底する設計思想は明示されておらず、個々の設計でいえば前節で比較したようにフィレンツェ派のもろもろの城砦と明確な違いが理解しづらい。火器に対する防御重視や塔の設計は両者とも共通しているうえに、そうした細部へのこだわりと先見性こそ、フランチェスコ・ディ・ジョルジョの特徴だからである。

　だが、実際は擬人論と円形城壁の否定は、密接に関連している。これまで城砦の設計と都市城壁の設計について、本章ではあえて厳密に区別せず論じてきた。フランチェスコ・ディ・ジョルジョ自身が『建築論』の中でそれらをあまり厳密に分けて考えていないからだ。しかし、マルケあるいはナポリで建設されたフランチェスコ・ディ・ジョルジョの城砦は、前章で述べたように多くがチッタデッラ、つまり都市を防衛するため、城壁に隣接するように建設されたものだったことをもう一度確認しておこう。

　ここで、「とりわけ城壁が巨大である場合、円形城壁では効果的に防衛できない」という『建築論』上の彼の主張を文字通り受けとると、必然的に、城砦より面積や規模が大きい都市の防衛にとって、円形は好ましくないことになる。つまり円形城壁の否定は、結果として「ウィトルーウィウスが説いたような円形の都市を防衛する手段はない」という結論を導き出す。

　こうした擬人論や円形城壁の否定に加えて、フランチェスコ・ディ・ジョルジョにはさらにもう1つの城砦設計における重要な要素がある。それは、「城砦は可能な限り小さいものほど、より防衛と監視が容易になる」という思想である。フランチェスコ・ディ・ジョルジョの考えでは火器を防御できる城砦は、「より強く、かつ少人数で防御できるように、短い周壁に囲まれねばならない」[51]、そして「城砦は妥当な規模と適切な比例を欠かすことなく、最低限の円周でなくてはならない」[52]。城砦は小規模にすべしという原則は、『建築論Ⅰ』では城砦の形態について述べた部分の冒頭で、『建築論Ⅱ』では、

142

第3章　ルネサンスの築城術における合理性追求と古典再解釈

城砦設計における20の原則の中であげられている[53]。

　では果たしてフランチェスコ・ディ・ジョルジョはどのような築城術で都市を防衛すればいいと考えたのか。すでにウィトルーウィウス的な円形の城壁は否定してしまっている。そして、たとえ小さな城砦ほど堅固であろうと、都市を守ろうとすれば必然的に、単なる城や砦にくらべてはるかに広い範囲を城壁で囲わなくてはならない。しかし、そうした都市はフランチェスコ・ディ・ジョルジョにとっては、より守りにくいものである。すなわち彼がもし自らの築城理論に忠実であれば、都市を守るには、全体を城壁で囲って結果として守りにくい城郭都市にするか、都市の一部だけを小さな城壁で囲って、その他の部分の防衛をあきらめるか、どちらかを選択することになってしまう。

　だが、長い城壁で囲われた都市＝巨大な城砦を、より小さく堅固なものにするという、一見相矛盾する条件を、フランチェスコ・ディ・ジョルジョは見事に解決していた。それこそが、「擬人論的な都市・城砦」である。

　『建築論』によれば、人体にとってもっとも重要な部分が頭であるように、都市にとってもっとも重要な部分は城砦である。第2章で述べたように、擬人論的築城術の本質は、重点防御にある。もし都市のもっとも重要な部分を、砦によって重点的に守ることで、都市全体をも防衛することができるなら、「巨大な都市を小さな城砦で守る」という矛盾した設計も可能になるだろう。まず都市について擬人論の原則をあてはめ、都市を監視・防衛する要点（＝頭）の位置に城砦を設定する。そして城砦自体も擬人論に基づき、防衛上の要点を重点的に防御する。こうすれば、都市全体からすればほんの一部を防御するだけでよい。

　このように考えてくると、ウィトルーウィウスの『建築十書』からさまざまなアイデアを得たフランチェスコ・ディ・ジョルジョが、擬人論や側面射撃といった要素を重視したのに対し、円形の城壁や都市の設計を軽視ないし切り捨てた理由が、一貫した論理として浮かびあがってくる。すなわち、城砦防衛における火器の活用や、より小さな城砦でより大きな都市を守るとい

う矛盾した条件をクリアするために、フランチェスコ・ディ・ジョルジョは意図的にウィトルーウィウスのアイデアの一部のみを利用し、それ以外は完全に捨て去るという選択をしたのである。

小結　「築城術」に秘められた論理

　こうして、円形の城壁は「側面射撃」による防衛に適合しないがゆえにフランチェスコ・ディ・ジョルジョの築城術からは排除された。「側面射撃」こそ、フランチェスコ・ディ・ジョルジョの築城術全体を貫く論理であった。

　しかし改めて確認すると、彼は円形のすべてを否定しているわけではない。むしろ塔についてはそれを肯定しているのは前述の通りである（第3章第2節（1）参照）。城壁にそって建てられる塔は、大砲の攻撃に対抗するため強化・改良され、稜堡へと置き換わったものだ。ところが城壁防御用の塔について、フランチェスコ・ディ・ジョルジョは円形のみを念頭に置いており、角形の塔は考慮されていない。つまり彼に城壁の外周に、塔にかわって角型稜堡を設置するという思想はなかった。後世の角型稜堡に近いアイデアはフランチェスコ・ディ・ジョルジョの『建築論』のそこかしこにみられるにもかかわらず、それは城砦の中心となる「大塔」の設計として、あるいは「カパンナート capannato」[54][55]としてのみあらわれる。カパンナートとは小屋状のものという意味だが、フランチェスコ・ディ・ジョルジョ独自の用語であり、石あるいは煉瓦で作られた天蓋をもった「砲郭」を意味する。これは城砦を取り巻く濠や堀の底部や城壁に築かれ、内部に備えた火器によって敵を迎撃する。だがこれは防御用の塔に置き換わるものではないことに注意しなくてはならない。

　フランチェスコ・ディ・ジョルジョは『建築論』の中で、古代ローマの造兵家であるウェゲティウスの『軍事について』によれば、破城槌 ariete（振り子の原理で丸太を叩きつけ城壁などを破壊する兵器[fig.3-14]）の攻撃を逸らすのには城壁を傾斜させるのがよいといわれている、と述べている。これが城砦を囲む城壁は、その角の部分を敵に向けて突出するようにすべきで

第 3 章　ルネサンスの築城術における合理性追求と古典再解釈

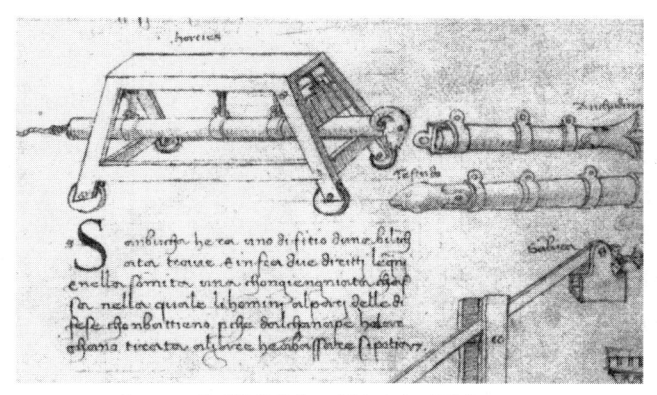

[fig.3-14]『建築論』に描かれた破城槌 ariete

ある、と彼が考えた最大の根拠となっている[56]。前述の「大塔」における、敵の砲撃を逸らすための角張った外壁や、コスタッチャーロなどにみられる角型稜堡の発想もこれに基づくものだと想像できる。

　しかし、『建築論』では、塔（稜堡）は角形であるべきとは明言されず、むしろ円形を称賛している。これもまた、都市の外形同様、フランチェスコ・ディ・ジョルジョの一貫性のなさといわれてしまう部分だろう。『建築論』の記述通りに理解するなら、あくまで城壁は角形で、突出部を敵の攻撃が予想される方向へむけ、塔は円筒形にするというのが、フランチェスコ・ディ・ジョルジョの考えであった。それを裏づけるような城砦のデザインは、『建築論』のあちこちに素描されている。

　ここで基本となるのは、城壁は凹凸のある多角形もしくは星形で、その各頂点に円筒形の塔が配置されるという設計である［fig.3－15］。ここでは、角度のついた城壁はあくまで敵の砲撃などをそらすためのものであって、城壁や塔の外壁の形状が、強度の向上と同時に「側面射撃」の邪魔にならないように考慮されているわけではない。

　確かにフランチェスコ・ディ・ジョルジョは「側面射撃」を重視して城砦の各塔から射撃をおこなえるようにしたし、砲撃に対する防護として塔を堅

固にすることも、城壁を突出させ、その鋭角（傾斜した壁体の組み合わせ）で攻撃を逸らす設計も考案した。だが、こうした複数の要素は、後世の稜堡式築城では、角型稜堡の外壁と、各稜堡からの側面射撃の射線が平行になるよう設計することで、すべてが一体となった防御システムとして完成していた。

フランチェスコ・ディ・ジョルジョの場合はそれぞれの要素が一体化されず、「側面射撃」、強度を増すための円筒形、城壁の「傾斜」と「鋭角」は城砦のそれぞれ異なる部分にほどこされていた。言い換えるとフランチェスコ・ディ・ジョルジョの城砦は、「側面射撃」「壁体の強化」「傾斜」をそれぞれ分担する、単機能の防御施設が組み合わさってできあがっていた。フランチェスコ・ディ・ジョルジョの城砦設計では３つの防御施設（銃眼・塔・城壁）が担っていた機能が、稜堡式築城では１つに集約されていたのである。

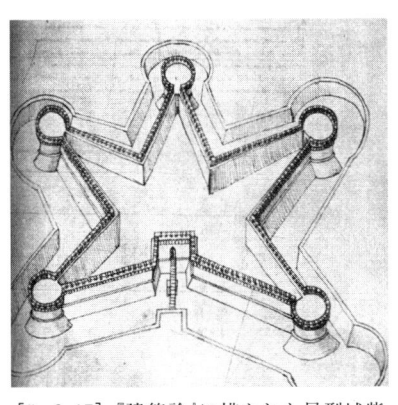

[fig.3-15] 『建築論』に描かれた星型城砦

フランチェスコ・ディ・ジョルジョの城砦設計では、多くの部分がローマ時代の古典からのインスピレーションによっていたことは明らかである。「側面射撃」や円筒形の塔はウィトルーウィウスから、攻撃を逸らすための「傾斜」と「突出」はウェゲティウスから。彼がこうした古くから存在した設計を、火器が戦場で広く用いられるようになった時代に適合するように再構成し、そこから火器の時代にふさわしい、後世の築城術に引き継がれるようなアイデアへと転換したことは間違いない。だが、それらの要素はあくまで古典期の著作者たちが用いた方法以上には発展しなかったことも確かである。たとえばウィトルーウィウスが述べた塔の設計や「側面射撃」のアイデアは、あくまで彼が『建築十書』で述べたのと同じ利用法で用いられた。それゆえに、円筒形の塔と「側面射撃」が組み合わされたことによって生じる

第3章　ルネサンスの築城術における合理性追求と古典再解釈

銃眼の「死角」の問題にまでフランチェスコ・ディ・ジョルジョは想像がおよばなかったし、ウェゲティウスが述べた「傾斜」の問題はあくまで城壁を防衛するためのアイデアであり、「死角」をなくすための壁体設計として応用されることはなかった。

　多角形の平面の周囲に均等に割り振られた塔をもつフランチェスコ・ディ・ジョルジョの城砦の素描と、多角形平面の各頂点に角型稜堡を備えた稜堡式築城は一見大変似ている。だがそこで用いられている防衛のための原則、および設計思想は食い違っている。何度も述べたように稜堡式築城の形状は、側面射撃によって全方位が均等に、しかも死角なく防衛できるように考慮された結果である。だが、フランチェスコ・ディ・ジョルジョの場合、各塔が側面射撃を用いて防衛する点は同じだが、側面射撃で防衛できない死角が生まれることに対しては無頓着である。

　フランチェスコ・ディ・ジョルジョは「側面射撃」による防衛を重視し、味方の塔や城壁が射撃によって損傷しないようにするためには円形の城壁を採用してはならないと主張し、円形城壁の全周囲を守るには多数の塔が必要となって不経済であると考えていた。しかしその結果として、側面射撃の死角が生まれることに配慮した形跡はない。いくつかの点で彼は稜堡式築城と同じような城砦の防衛術を採用したが、それが稜堡や側面射撃といったばらばらの要素として採用された点で、稜堡式築城とは大きく異なるし、側面射撃を重視したにもかかわらず、その防御上の死角にほとんど無頓着であった点で、彼の設計思想と稜堡式築城の設計思想とは異なっている。

　つまり、フランチェスコ・ディ・ジョルジョは、城砦の攻防に使われる武器が、弓や弩、投石機から火器に変わったことによって、古典から学んだ城砦設計を見直すだけの柔軟性は持っていた。だが、新しく見直した各要素を統合することには、失敗している。そのために「側面射撃の死角」の問題が見過ごされ、結果として形は似ているが、稜堡式築城そのものを生み出すことはなかった。

　火器による砲撃を防御しうる壁体の強化、敵の攻撃を逸らす傾斜のついた

城壁、攻撃側の脇面を撃つ側面射撃、城砦全体の形状と適切な大きさ等々、当時の戦場において問題となり、建築家が解決策を提示した防御手段は無数にある。だが、最終的には、16世紀以降の稜堡式築城の基本的な設計を規定したのは、実はフランチェスコ・ディ・ジョルジョがほとんど無視した「側面射撃の死角」の問題なのである。彼は、稜堡式築城が備えるべきほぼすべての要素を考案し、実践し、『建築論』の中に書き記したにもかかわらず、「側面射撃の死角」問題を見過ごしたがゆえに、稜堡式築城の誕生には、次の時代の新たな建築家の関与が必要であった。

1) Scaglia, 2001, pp. 8–10.
2) マルティーニ、1991年、XXXII頁(マラーニ、ピエトロ・Cによる「解説」)。
3) Scaglia, 2001, p. 14.
4) Mussini, M., *Francesco di Giorgio e Vitruvio*, Firenze, Olschki, 2003, p. 97.
5) Mussini, 2003, pp. 243–244, 488–489 ; Biffi, M., *La traduzione del De Architectura di Vitruvio*, Pisa, Scuola Normale Superiore, 2003, pp. 5–6.
6) ウィトルーウィウス(森田慶一訳)『ウィトルーウィウス建築書』東海大学出版会、1979年、20–23頁。Vitruvio, *De Architectura Libri X* (a cura di salino, F.), Roma, Kappa, 2002, pp. 54–56.
7) Martini, 1967, p. 7.
8) たとえば、稜堡式築城の一典型とされるパルマノーヴァは、当初計画では十二角形になる予定であったが、予算の制限で九角形の城壁が建設されたといわれている。パーカー、1995年、20頁および中嶋和郎『ルネサンス理想都市』(講談社、1996年)68頁を参照。つまり可能な限り角の多い形状、言い換えれば円に近い形状が好ましいと考えられていたのである。
9) 中嶋、1996年、165–177頁およびアルガン、ジュウリオ・C(堀池秀人・中村研一訳)『ルネサンス都市』、井上書院、1983年、13–15頁。
10) 中嶋、1996年、48頁。
11) マルティーニ、1991年、XXVI頁(マラーニ、ピエトロ・Cによる「解説」)。
12) Martini, 1967, p. 20, 362.
13) 《ciascuna di queste vuole deferente composizione.》Martini, 1967, p. 20(訳文はマルティーニ、1991年、10頁による).
14) Martini, 1967, p. 21.
15) Martini, 1967, p. 24.
16) 川沿いの都市については Martini, 1967, p. 22を、沿岸都市については Martini, 1967,

第3章 ルネサンスの築城術における合理性追求と古典再解釈

p. 24を参照。
17) ウィトルーウィウスは「稜角は市民よりも敵の方を余計に援護するから」（ウィトルーウィウス、1979年、21頁）として、「ジグザグの城壁」を否定したが、フランチェスコ・ディ・ジョルジョはむしろ防御と監視に有利であるとさえ述べている。このように両者の都市城壁についての考えは対立点が多い。
18) 軍事史家 J. R. Hale はフランチェスコ・ディ・ジョルジョが火器による反撃を城砦防衛の手段として用いた点をより評価している (Cfr. Hale, 1983 a, p. 19)。
19) Martini, 1967, p. 418.
20) Martini, 1967, p. 424.
21) Martini, 1967, p. 6.
22) Martini, 1967, p. 424.
23) 《alcuni vanamente vagillando dichi le bombarde altre volte essare state.》Martini, 1967, p.6 (訳文はマルティーニ、1991年、4頁による)．
24) 前期写本の要点については Martini, 1967, pp. 4－5 および Martini, 1967, p. 7 を、後期写本については Martini, 1967, pp. 429－431を参照。
25) 《tutte per fianco essare fatte dieno.》Martini, 1967, p. 9.
26) 《hanno fatte le mura grosse e con più torroni con difese et offese per fianco.》Martini, 1967, p. 428.
27) 《E così porranno offendare e non essare offesi.》Martini, 1967, p. 14.
28) 《E perbenché gli antichi architetti lodassero molto la forma circulare perché in sé perfetta è, nientedimeno non pare in un gran diamitro da essere esercitata perché, necessitato dalla forza della defensione d'essa, bisognarebbe fare spessissime torri a volere che l'una all'altra aiuto desse, e perché essendo tanto propinque più per nuociare che per giovare stariano, ché le difese che ne' fianchi si fanno, per la poca distanzia l'una all'altra si percotaria.》Martini, 1967, p.7 (訳文はマルティーニ、1991年、4頁による)．
29) 《È stata aprovata dalli antiqui la rotundità delle torri e circuiti di mura. La quale alle torri io confirmo essere utile e necessaria, perché più resiste per la rotundità, e meno riceve le percosse della bombarda. Ma la figura rotonda delle mura io biasimo grandemente, perché volendole fortificare di torri saria di bisogno, acciò che l'una potesse guardare l'altra, farle propinquissime l'una all'altra: donde ne segue spesa grandissima.》Martini, 1967, pp. 430－431.
30) 『建築論I』（サルッツィアーノ写本）にはマルクス・グラエクス（伊：マルコ・グレコ Marco Grerco）の『火の書 Liber ignium』の抜粋翻訳が付属している。これは15世紀当時は古代ギリシャから伝わる書物と信じられていた、火薬・可燃物製造に関する本である (Cfr. Martini, 1967, pp. 247－250)。
31) 《Turres itaque rotundae aut polygonea sunt faciendae, quadratas enim machinae

celerius dissipant.》Mussini, 2003, p. 488（以下、フランチェスコ・ディ・ジョルジョが用いた『建築十書』の写本 Codice Urb. Lat. 293については Mussini, 2003から引用する）.

32) 《Debansi fare tori tonnde, hovero di molti angoli, perch e' mancho hofesi sono.》Biffi, 2002, p. 5.

33) 《Ma de' più salutiferi modi che veder ci possa, sie da fare grosse ed amprie mura con alte e dependenti scarpe, tonde, acute, facciate, e smisurati torroni. E massime in sulle fronti e stremità degli angoli, acciò che le opposte mura da esi difese e cuperte sieno.》Martini, 1967, p. 13（訳文はマルティーニ、1991年、7頁による）.

34) Martini, 1967, p. 6.

35) 《Item turres sunt proiciendae in exteriorem partem, uti cum ad murum hostis impetu uelit appropinquare, a turribus dextra ac sinistra lateribus apertis telis uulnerentur.》Mussini, 2003, p. 488.

36) 《Intervalla autem turrium ita sunt facienda, ut ne longius sit alia ab alia sagittae missionis, uti, si qua oppugnetur, tuma turribus quae erunt dextra sinistra, scorpionibus reliquisque telorum missionibus, hostes reiciantur.》Vitruvio, 2002, p. 56（本文でも触れた通り、この部分は Codice. Urb. Lat. 293には存在しない一節である）.

37) 《e ancora fare le tori sportare tannto in fuore, che abino comode difese alle fortezze.》Mussini, 2003, p. 371.

38) 《e le tore apresso dele mura, e masime in nei luoghi da difender siano apresso l'una e l'altra tanto quanto e balestri possino difender》Mussini, 2003, p. 244.

39) Scaglia, G., *Il Vitruvio magliabechiano/di Francesco di Giorgio Martini*, Firenze, Gonnelli, 1985, p. 31, pp. 56-57.

40) 《Anco pare di fare torroni a guisa di rombo, in nella sua fronte di più facce, e partisi dal muro el mezzo della sua linia, e lì el muro venga a risegare acciò che lo sporgiare degli angoli le bombardiere ne' fianchi d' essi coverte e occulte per lo sporto d' essi sieno. E così porranno offendare e non essare offesi.》Martini, 1967, p. 14（訳文はマルティーニ、1991年、8頁による）.

41) Adams, 1993 a, p. 144; Dechert, 1984, pp. 204-210.

42) Cfr. Mancini, F., *Urbanistica rinascimentale a Imola da Girolamo Riario a Leonardo da Vinci (1474-1502)*, voll.2, Imola, Grafiche Galeati, 1979, p. 26; Benelli, F., *Baccio Pontelli e Francesco di Giorgio. Alcuni confronti fra rocche, chiese, cappelle e palazzi*, in. *Francesco di Giorgio alla corte di Federico da Montefeltro*, Firenze, Olschki, 2004. Armati, 2004, p. 127; Lamberini, D., *Alla bottega del Francione: l'architettura militare dei maestri fiorentini*, in. *Francesco di Giorgio alla corte di Federico da Montefeltro* (a cura di Fiore, F. P.), Firenze, Olschki, 2004, p. 507.

43) Armati, 2004, pp. 127-143.

第 3 章　ルネサンスの築城術における合理性追求と古典再解釈

44)　註41参照。
45)　Lamberini, D., *Tradizionalismo dell'architettura militare fiorentina di fine quattrocento nell'operato del Francione e di 《suoi》*, in. *L'architettura militare nell'età di Leonardo*（a cura di Viganò, M.）, Bellinzona, Casagrande, 2008, p. 217.
46)　『戦略・戦術・兵器辞典 5　ヨーロッパ城郭編』、学習研究社、1997年、78頁。
47)　マキァヴェッリ（服部文彦・澤井繁男訳）『戦争の技術』、『マキァヴェッリ全集』I、筑摩書房、1998年、219頁。
48)　Mancini, 1979, p. 26.
49)　Lamberini, 2004, pp. 501–506.
50)　Martini, 1967, pp. 429–431.
51)　《in piccol fascio accolte acciò che molto più forti e di manco guardia sieno.》Martini, 1967, p 5（訳文はマルティーニ、1991年、4頁による）。
52)　《la fortezza sia di minore circunferenzia che possibile e non pretermittendo la ragionevole quantità e debita proporzione.》Martini, 1967, pp. 429–430.
53)　この種の議論および「城砦は小さいほど堅固である」という主張自体は、当時としては珍しいものではなかった。たとえばマキァヴェッリは『戦争の技術』の中で、これを当時の一般的な築城思想として扱っている（マキァヴェッリ、1998年 b、245頁を参照）。
54)　Martini, 1967, p. 14.
55)　Martini, 1967, p. 13, 434.
56)　Martini, 1967, p. 7.

第4章
都市防衛を超えて：16世紀の築城術

はじめに

　火器・大砲の発達と普及がみられた15世紀後半のイタリアでは、これと深く関連した現象として、建築家は火器の攻撃を防ぐための城砦設計を考案しつつあった。そうした新しい城砦を考案した建築家には、大きく分けて、伝統的と評される「フィレンツェ派」と、古典の再解釈に基づく「マルティーニ派」の２つの流派がみられた。「マルティーニ派」はどちらかというとマルケ州・ラツィオ州から、カンパニアやプーリア州などの中〜南部イタリアで城砦を設計し、「フィレンツェ派」がルネサンスの中心地たるトスカーナやエミリア・ロマーニャなど北部イタリアで採用されていた。後者は既存の四角形（正方形や菱形）の城砦に、塔や城壁を強化し、側面射撃用の銃眼を追加したものであったのに対し、前者の「マルティーニ派」は側面射撃による防御システムをより重視し、環境に合わせた重点防御を採用した点で、より火器・大砲の時代に適応しようとしていた、といえよう。

　だが、第３章で指摘した通り、フランチェスコ・ディ・ジョルジョの城砦設計も、個々の要素としては後世の稜堡築城を先取りしたような設計を採用したにもかかわらず、それを統合し、稜堡式築城を完成させうるような論理を内包していなかった。少なくともフランチェスコ・ディ・ジョルジョの『建築論』に記された城砦および彼が実際に建設した城砦は、壁体の強化、砲弾を逸らす、塔（稜堡）から敵の脇面を射撃する、といったそれぞれの目的に特化しており、これら全体を統合するような設計はみられなかった。その理由は色々と考えられるが、その１つの理由は、彼が築城術を考察するうえでおおいに参考としたウィトルーウィウス『建築十書』で、こうした要素

第4章　都市防衛を超えて：16世紀の築城術

（城壁の強化、塔の強化、側面射撃）が有機的に統合されることなく、個別的に論じられていたからであろう。

　もう1つの理由として考えられるのは、フランチェスコ・ディ・ジョルジョの関心が当時最先端の軍事技術にのみ集中してしまった点にある。「側面射撃」によって城壁を防衛する方法について考察を深め、ウィトルーウィウスの基本的な思想である「円形」の非合理性を批判し、それを排除したが故に、彼の都市論および城砦設計は、大局的な視座も失ってしまったように思える。この「円形」の否定と大局的視座の欠落により、円形の城壁が全方位を等しく防御できるのと同様、城砦の全方位を等しく防御することを設計の根底におく稜堡式築城が、「マルティーニ派」の設計思想から生まれる可能性は大きく後退してしまった。

　しかし16世紀に入り、稜堡式築城は急速にイタリア半島中に広まるとともに、建築家の試行錯誤によって設計上の理論も確立されていく。本章では、「フィレンツェ派」と「マルティーニ派」に続く16世紀の建築家たちが、15世紀の前任者の設計と思想を受け継ぎ、どのように築城術を変化させていったのかをたどることにする。

第1節　バルダッサーレ・ペルッツィ：16世紀の「マルティーニ派」

（1）ペルッツィの『軍事建築論』：新たな視座

　フランチェスコ・ディ・ジョルジョの考えた稜堡や側面射撃、あるいは城壁の強化といった要素は、16世紀に入ると広くイタリア各地の城砦でみられるようになる。ではそうした城砦を築いた建築家を、すべて「マルティーニ派」と呼べるかと考えれば、もちろんそうではない。たとえば、有名なレオナルド・ダ・ヴィンチはフランチェスコ・ディ・ジョルジョの『建築論』を所有し、読んだことが確認されている建築家の1人であるが、それだけでレオナルドを「マルティーニ派」の築城術を受容した人物とはみなせないだろう。

　レオナルドは『建築論』を通じてフランチェスコ・ディ・ジョルジョの建

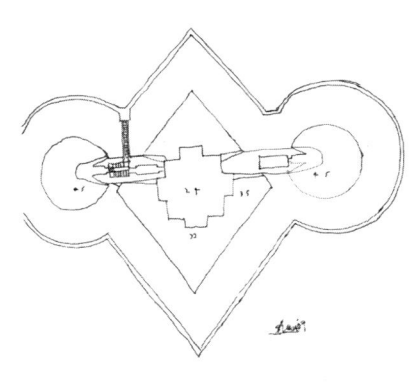

[fig.4-1] フランチェスコ・ディ・ジョルジョの設計したセッラ砦（左）とレオナルド・ダ・ヴィンチの習作、菱形砦のデッサン（右）

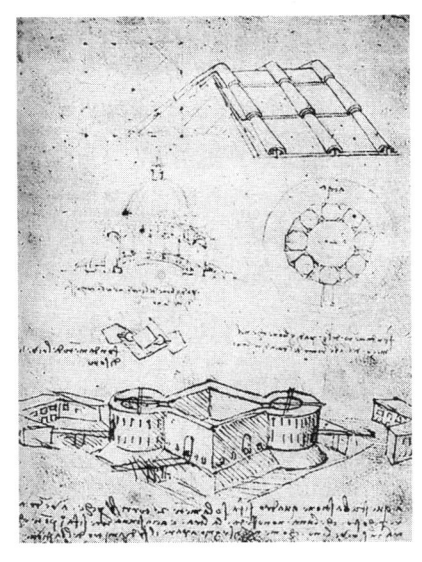

築論を受容したのみでなく、おそらく1490年にミラノにおいてフランチェスコ・ディ・ジョルジョと交流を持ち、大聖堂建設に関して意見を交換したと考えられている[1]。残されたレオナルドの城砦設計プランをみると、確かに城砦の形状や、塔・稜堡などの設計においてフランチェスコ・ディ・ジョルジョとの類似性を見出すことも可能である[2]。『建築論』に残るセッラサンタボンディオの菱形城砦の平面図と、レオナルドの描いた菱形城砦のデッサンは偶然とは思えないほど似通っている[fig.4-1]。さらに『建築論』のアシュバーナム写本の欄外には、レオナルドによる書き込みが残されており、彼がフランチェスコ・ディ・ジョルジョの建築論をどのように理解したか、その経過をたどる手助けとなっている。しかし、レオナルドの書き込みは『建築論』冒頭の城砦設計に関する部分、および末尾の兵器と戦術に関する部分には全くみられない。

　それだけを証拠としてレオナルドがフランチェスコ・ディ・ジョルジョの築城術や造兵術に関心を持たなかったとはいえないが、レオナルドの残した

第4章　都市防衛を超えて：16世紀の築城術

　築城術や兵器のデッサンは、15世紀末から16世紀初頭では一般的な築城術や兵器に対する関心をあらわしており、そこからフランチェスコ・ディ・ジョルジョからの明確な影響を読みとることは困難である。第3章でも述べた通り、「敵の大砲に対抗するための城砦設計」や「火器の利用」に対して関心を示したのはフランチェスコ・ディ・ジョルジョと「マルティーニ派」の専売特許ではなく、「フィレンツェ派」にもみられた傾向であり、レオナルドの城砦・武器のデッサンからは、彼もまた例外なく、そうした時代の風潮に従った軍事技術への関心を持っていたことが理解できるのみである。

　16世紀における「マルティーニ派」の築城術への影響を考えるならば、もっとはっきりとフランチェスコ・ディ・ジョルジョと「マルティーニ派」の流れをくむと考えられる建築家・築城家についてとりあげるべきだろう。しかしフランチェスコ・ディ・ジョルジョとともに城砦建設をおこなったチーロ・チーリ、アントニオ・マルケージ、バッチョ・ポンテッリといった建築家はさておき、著書『建築論』を通して間接的に彼の築城術に接した人物を、「マルティーニ派」の流れを組む人物とみなすかどうかは、いうまでもなく困難な問題である。

　ここでは、筆者が「マルティーニ派」の流れを受け継いだと考える建築家を重点的にとりあげ、16世紀の「マルティーニ派」について考察したいと思う。それは、16世紀を代表する建築家の1人であり、フランチェスコ・ディ・ジョルジョと同じシエナ出身のバルダッサーレ・ペルッツィ Baldassare Peruzzi（1481-1537）である。彼はバチカンの大聖堂設計に一時期携わるなど、当時イタリアで名の知れた建築家であると同時に、シエナの都市城壁と稜堡を建設した築城家であり、さらにフランチェスコ・ディ・ジョルジョの『建築論』に影響をうけた『軍事建築論 Trattati di Architettura Militare』の著者と考えられている。こうした点から、彼こそ16世紀の「マルティーニ派」の代表例とみなしてよいだろう。本節では彼の軍事技術に対する思想と活動を解明するため、シエナの稜堡建設と『軍事建築論』の内容を主に考察していくことにする。

ペルッツィは1481年にシエナに生まれた。彼は故郷の町で絵画・彫刻そして建築の教育・訓練を受け、1501年から02年にかけては、シエナのサン・ジョヴァンニ大聖堂のフレスコ画を手掛けている。1520年からはローマにおける新しいサン・ピエトロ大聖堂の建設に関与した。おそらくこれがペルッツィのもっともよく知られた業績であろう。しかし1527年の「ローマ劫略 Sacco di Roma」の災禍を逃れて、彼は故郷へと戻り、シエナ政府のために働くことになる。その後、シエナの城壁改修（後述）などを手がけたのち、1535年頃ローマにもどったと考えられている。そして1537年に同地で没した。[3]

　このペルッツィの築城術を知る手掛かりが『軍事建築論』だが、これがペルッツィの書物であると確実に同定できる史料が残されているわけではない。だが、詳細は『軍事建築論』の校訂者A・パッロンキ Parronchi の解説に譲るが[4]、これをペルッツィが書いたとみなす傍証は多数みつかる。まず、この書物が取り扱っている「軍事建築」という内容そのもの。同じく詳細に論じられている都市ローマについての記述（1527年までペルッツィはローマで仕事を続けていた）。執筆されたとみられる時期（1530年のフィレンツェ包囲戦に言及しているため、それ以降に書かれたと考えられる）[5]。そしてとりわけ「わが町シエナ Siena mia città」という文言。以上の傍証は、『軍事建築論』がペルッツィの手によるものであることを強く示唆している。

　この書物は内容によっておおむね5つの章に区別できる。まず第1章で建築の歴史および概論について触れたのち、第2章では建築の諸部分と幾何学などの関連諸学についてペルッツィの考えが示され、その後、都市設計の一般概念（第3章）、ローマ市についての解説（第4章）、そして火器と築城術など軍事技術について論じた第5章に最も多くのページが費やされている。

　そのうち、とりわけ最後の火器および築城術に関する記述は、フランチェスコ・ディ・ジョルジョ『建築論』からのはっきりとした影響をみてとることができる。まず『軍事建築論』では、火器についての記述から筆を起こしていくが、とりわけ火器の決定的な威力を重視し、これを防ぐ城壁などの技術を「神の知恵 divino ingiegnio（sic）」と表現している点は、ペルッツィが

156

第4章　都市防衛を超えて：16世紀の築城術

火器に対する考えにおいてフランチェスコ・ディ・ジョルジョと非常に似通った思想を持っていたことを示している[6]。

こうした記述に続いて、ペルッツィは主要な火器について解説していくが、ここでとりあげられるのはボンバルダ bombarda、コルターネ cortane、メザネッレ mezanelle、パッサヴォランティ passavolanti、チェルボターネ cierbotane、スピンガルダ spingarde、アルキブージ archibusi、そしてモルターロ mortari である。この8種の火器については若干綴りの違いがあるものの、フランチェスコ・ディ・ジョルジョが『建築論Ⅱ』で一覧にして解説したものと完全に同じである。さらに、各火器の寸法、使用する砲弾の重さ、および装塡すべき火薬の量も、『建築論』と同じ数値である[7]。改めていうまでもないが、15-16世紀の兵器製造は機械化・規格化されているわけではなく、同じ名称の武器（たとえば bombarda）であっても、大きさなどが異なることはむしろ当然であった。しかし、『建築論』と『軍事建築論』で示された火器の種類・名称・寸法などが完全に一致しているということは、『軍事建築論』がはっきりと『建築論』の記述を参考に（おそらく『建築論』の写本を所有する人物によって）書かれたことを意味する。

さらにこうした『建築論』との一致は、『軍事建築論』の著者をペルッツィと同定する傍証ともなっている。16世紀前半に活躍したシエナの建築家で、シエナ市に保管されていたフランチェスコ・ディ・ジョルジョの『建築論Ⅱ』写本を参照できる環境にあり、軍事建築に関心があった人物となると、バルダッサーレ・ペルッツィ以外の人物を想定することは困難だからである。

それ以外にも『軍事建築論』には『建築論』と全く同じ主張や記述が頻出する。たとえば、破城槌や投石機などの敵の攻撃を逸らすための城壁の形状については、ウェゲティウスの『軍事について』の記述をもとに尖った角形がよいとしているが、これも『建築論』と同じ個所を根拠に同じ主張をしている[8]。また、「ボンバルダ」などの火器は古代からあったものか、現代に発明されたものかを論じるうえで、「古代の城壁の遺跡には火器を用いた痕跡がないこと」「破城槌や投石機より強力な火器について古代の書物に記載が

ないこと」という理由をあげて、これらは現代に発明されたものと結論づけているが、これもまたフランチェスコ・ディ・ジョルジョと同じ理由と結論である。さらに、古代にあった火薬に類似した物質についてもプリニウスの『博物誌』第31書10章およびマルクス・グラエクスの記述を引いている点が同じである。このように、ペルッツィは新しい城砦設計を規定する軍事技術である火器と火薬に関して、フランチェスコ・ディ・ジョルジョの『建築論』に全面的に依拠しているのである。

　それゆえ、当然のことながら『軍事建築論』における築城術は、『建築論』に示されたものとほとんど同じである。すなわち、人体と城砦は類似しているべきであるという擬人論的主張を基本とし、火器の攻撃に対抗するための塔は円筒形を、城壁は敵に向かって角をむけるように設計するべきだと唱えている。さらにペルッツィはフランチェスコ・ディ・ジョルジョ同様 difese per fiancho (sic)「側面からの防御」という言葉を用いて「側面射撃」による防衛を説き、こうした防衛に不適であるがゆえに、古代人の尊重した円形の城壁は、とりわけ大きな城砦には採用してはいけないとしたうえで、城砦は小規模であればあるほど、難攻不落になるとも主張している。

　また、火器から城砦を防衛するために、城壁は砲弾が命中しにくくなるよう「低くあるべきである」という主張も、フランチェスコ・ディ・ジョルジョとペルッツィの両者にみられる。フランチェスコ・ディ・ジョルジョは城壁の高さについておおよそ45ピエディ（約15メートル）程度、「スカルパ」を全体の3分の2（つまり30ピエディ）とする設計を推奨していた。これはペルッツィの主張する壁の高さ、すなわち基部の「スカルパ」が30ピエディ、上部の「持ち送り」と「矢狭間胸壁」が15ピエディの合計45ピエディと同じ値であり、築城術におけるもっとも基本的な部分である城壁について、両者は完全に一致していた。以上のように、『軍事建築論』に著わされたペルッツィの主張は、『建築論』から引き写した部分が多く、フランチェスコ・ディ・ジョルジョの主張と比べて変化に乏しいようにみえる。

　だが、いくつかの点で『軍事建築論』には、『建築論』ではみられなかっ

第4章　都市防衛を超えて：16世紀の築城術

た主張が盛り込まれている。たとえば、『建築論』にくらべて、『軍事建築論』は、ある技術や設計を採用すべき理由について、よりはっきりと実戦的な根拠をあげている。たとえば城壁の高さについても、既存の高く築かれた城壁の理由と欠点について、フランチェスコ・ディ・ジョルジョは語っていないのに対し、ペルッツィは、古代の城壁は敵のかける梯子に対抗するため背が高くそれゆえ脆弱である、とはっきりと問題点を指摘している[14]。

　だが、とくに異なるのは大規模な城砦の形状についての議論である。フランチェスコ・ディ・ジョルジョは円形の城壁はとりわけ大きな城砦について適切でないと主張し、小規模な城砦ほど堅固であると唱えたが、では大規模な城砦についてはどのような形状や設計を採用するのがよいのか、という点については何も説明していなかった。第3章で述べた通り、大規模な城砦（および城郭都市）をどのように防衛するべきかという問題について、フランチェスコ・ディ・ジョルジョの回答は、重点防御を念頭に置いた擬人論的形状をもった城砦であった。都市にとって戦術的に最も重要な一点を城砦で防衛し、城砦の防御施設も重点に集中配備することで防衛すれば、小規模な城砦で広大な都市を守ることができるというのが、彼が自分の築城理論を矛盾なく積み重ねていった末の結論だった。

　しかし、ペルッツィは明快に、大規模な城砦についてとるべき平面形について論じている。その形態とは、フランチェスコ・ディ・ジョルジョ『建築論』ではほとんどみられない、「直角四辺形・五角形・六角形 quadrilatero ortogonio, pentagoni, exagoni（sic）」であった。さらに、各頂点はその角を敵へとむけ、敵の攻撃をさまたげるようにすべきだと説いている[15]。ペルッツィは、一般的には四角形・平行四辺形・菱形といった各辺の長さの等しい平面形が最も簡単で最も堅固な城砦であるとしており、その部分は『建築論』に則った主張なのだが[16]、広い範囲を防衛するには城砦をより頂点の多い多角形にすべきだという主張は、『軍事建築論』に独自のものである。

　ペルッツィが五角形や六角形の城壁が大規模な城砦にむいていると考える根拠は『軍事建築論』中に示されていない。そもそも、小規模な城砦につい

ても、『建築論』およびそれを引用した『軍事建築論』には五〜八角形の
デッサンが描かれているので、文面上で「小規模な城砦は四角形、大規模な
城砦は直角四辺形、五角形、六角形」という原則が、どこまで具体的な設計
を規定していたかは断言できない。このあたりは『建築論』の一貫性のなさ
や、地形などの環境に合わせて城砦を設計する「マルティーニ派」の特徴で
あり、欠点なのだろう。『軍事建築論』も、『建築論Ⅱ』がそうであったよう
に、一般的な設計思想を掲げた後に、城砦の設計案を数多く例示していくと
いう構成をとっており、実際の建設においては柔軟な発想をよしとしたこと
がうかがわれる。だがここで重要なのは、原則として小規模な城砦と大規模
な城砦では設計を変えるという思想が打ち出されたこと、そして大規模な城
砦では多角形プランが採用されたことである。

　だが、ペルッツィの『軍事建築論』でもなお、「側面射撃」の射線と稜堡
の壁面の線を一致させることで、城砦からの攻撃の死角をなくすという発想
はみられない。それは「側面射撃」と敵の攻撃を逸らすための「壁体の屈
曲」を関連づけることなく、個別のものとして考察したフランチェスコ・
ディ・ジョルジョの先入観にいまだ囚われていたことを示している。ペルッ
ツィもあくまで都市計画は人体の比例に従うべきだと述べている。だが一方
で、城砦とりわけ大規模なものや都市城壁、そして都市に付属した城砦
（チッタデッラ）の平面形として、幾何学形を採用するとはっきりと述べた
のは『軍事建築論』の特徴であった[17]。全体として、『軍事建築論』はフラン
チェスコ・ディ・ジョルジョの『建築論』が示した建築論および築城理論を
受け継いだものだが、そこにより実践的な根拠を加え、一貫性のない議論を
整理するなど、『建築論』では欠落していた部分を埋めた書物といえるだろ
う。

　こうした擬人論的都市計画の後退と、大規模城砦における幾何学平面プラ
ンの採用は、稜堡式築城の多角形プランへと繋がる重大な一歩であった。だ
がペルッツィと『軍事建築論』でも、「理想都市論と築城術の融合」といっ
た現象はみられない。それどころか彼は『建築論』同様、側面射撃を根拠に、

第 4 章　都市防衛を超えて：16世紀の築城術

円形城壁とそれに伴う全周囲防御を否定していた。16世紀の『軍事建築論』でもいまだ理想都市の外形に関する考察は、築城術に影響を与えていない。少なくとも、言論のうえで融合を果たしていないのである。この２つの議論がまだ分離状態だったという事実は、ペルッツィが建設した城砦や城壁からもみてとれる。

(２)ペルッツィによる16世紀シエナの要塞化計画

　バルダッサーレ・ペルッツィは『軍事建築論』を執筆したと思われる同じ時期（1527-32年）に、シエナの都市城壁改修計画をシエナ政府から依頼された。1527年は皇帝軍による「ローマ劫略」によって、バチカン大聖堂の建設が中断した年であり、戦火を逃れたペルッツィはその年の６月シエナに到着し、その後1532年まで年６スクードの支払いを受けつつ、シエナ共和国から水利技術者や冶金学の専門家、建築家としてのさまざまな仕事を引き受けることになる[18]。そして1527年10月24日、彼は都市防衛と城壁を監督する委員会の一員に選出され、シエナのために新しい防御建築物を建設する責任者となるのである。そこで彼は稜堡など必要なものを建設することに責任をもち、具体的にはサン・ヴィエーネ San viene 門、ラテリーナ Laterina 門、サン・マルコ San Marco 門、カモッリーア Camollia 門、そしてサン・プロスペロ San Prospero 小門（sportello）に稜堡を建設した。このうち現存するのはサン・ヴィエーネ、ラテリーナ、カモッリーアの各稜堡である。これらの工事は1526年にフィレンツェと教皇クレメンス７世の連合軍による包囲戦、通称「カモッリーア門の戦い」で明らかになったシエナ市城壁の脆弱性を補うためのものであった。

　とくによく知られているのがサン・ヴィエーネの稜堡であろう。シエナ市の南東側城壁に建設されたこの稜堡は、角形の平面形をもち、上部にヴォールトで覆われた砲郭 casamatta、中層階は「側面射撃」用の砲郭、そして下層階は弾薬などの貯蔵庫を備えている［fig.4-2］。また細部の設計では、二面の壁体を正面（城壁外側）にむけて敵の攻撃に対抗し、稜堡の両端に突き

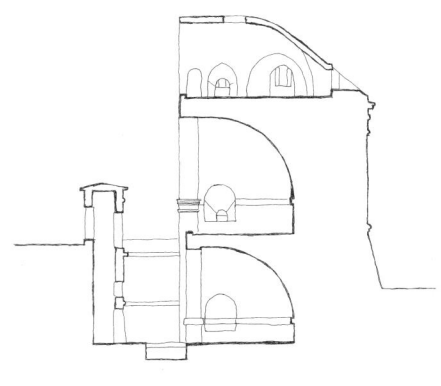

[fig.4-2] サン・ヴィエーネ稜堡(左／2006年筆者撮影)と断面図(右)

出した「耳 orecchione」によって側面射撃用の銃眼を敵の攻撃から隠すといった稜堡の特徴を備える一方、背後(城壁の内側)に向けては開放されており、稜堡が敵に奪取された場合は城壁の内側から容易に反撃できるようになっている。稜堡の特徴に加え、「背面の開放」といった中世の塔の名残りを残しているところが、サン・ヴィエーネ稜堡の特徴である[19]。

　サン・ヴィエーネ稜堡は、形としては典型的な角形であるが、いまだに背が高く、全体の厚みは薄い。また、外側に向けて「屈曲」した壁体は、敵の砲撃をそらすための設計ではあるが、サン・ヴィエーネ稜堡を援護するために「側面射撃」をおこなえる稜堡や塔が周囲に存在するわけではない。つまり「屈曲」は「側面射撃」の死角をなくすための設計ではないのである。「死角」をなくすためではなく、砲撃を逸らすためだけの壁体の「屈曲」はフランチェスコ・ディ・ジョルジョの稜堡設計の特徴(言い換えると欠点)である。また、サン・ヴィエーネ稜堡の最上階は、7つの銃眼が開いたヴォールトに覆われており、こうしたヴォールト付き砲郭は、フランチェスコ・ディ・ジョルジョの『建築論Ⅱ』では「カパンナート」と呼ばれた防御建築物と同じものである。こうした類似は、サン・ヴィエーネ稜堡の設計にあたり、ペルッツィがフランチェスコ・ディ・ジョルジョの影響を強く受けてい

第 4 章　都市防衛を超えて：16世紀の築城術

たことをうかがわせる。

　上部のヴォールト付き砲郭は、稜堡の南側にあるサン・ヴィエーネ門を援護し、さらに稜堡の外側に広がる丘陵地帯に敵が布陣した場合、これを攻撃するためのものであると考えられる[20]。そのさい敵が布陣することが予想されていたヴィヴァルディ＝コッツァレッリ Vivaldi-Cozzarelli 丘陵は、稜堡より高い位置にあるため、敵砲兵は稜堡の上面を撃ち下ろすことができる。サン・ヴィエーネ稜堡の上部がヴォールトで覆われているのは、こうした砲撃に対抗するためだった。

　こうして検討してくると、サン・ヴィエーネ稜堡は隣接する稜堡同士が、死角のないよう「側面射撃」で援護しあうという設計思想ではなく、火器や大砲のプラットフォーム（砲台）としての機能をもった独立した「砦」の機能を持つよう設計されていることがわかる。つまり、敵砲兵への防御と反撃、および稜堡の相互援護という、いくつかの要素を有機的に結びつけた稜堡式築城の設計思想ではなく、そうした防衛のための要素が分断されたまま機能するような設計思想に基づいているのである。その点ではまだ15世紀のフランチェスコ・ディ・ジョルジョ『建築論』の築城術と同じ地平に立っていたといえよう。

　同様の設計はラテリーナ稜堡[fig.4-3]にもみられる。この稜堡もまた角形の平面形をもち、その角を敵の攻撃の方にむけているが、あくまで敵の攻撃を逸らすための設計である。また「側面射撃」用の銃眼は、稜堡近くに存在するラテリーナ門を援護し、さらに周囲の丘陵や街道を制圧する方向に設けられていた。この稜堡は後世に破壊されてしまったため、当時のままの姿を残しているわけではないが、遺構からは頂上に砲台があったと推測される[21]。ただし、周囲の丘陵は稜堡を見下ろすほど高くないので、ヴォールトによって防護

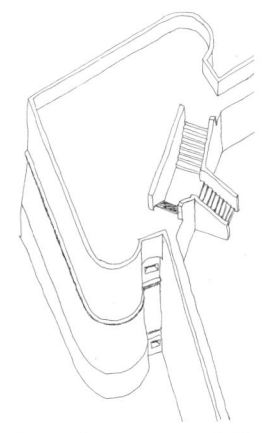

[fig.4-3] ラテリーナ稜堡

されていたかは不明である。総合的にみてラテリーナ稜堡も、「敵の攻撃に対してその角をむける」という要素と、火器のプラットフォームとして用いるという要素が有機的に結びついていない。

　側面射撃に基づく援護より、砲台あるいは「カパンナート」としての役割を重視した設計は、カモッリーア門の近くに建設された「孤塁 fortino」（本陣から離れた小さな砦）に強く打ち出されている。現在では孤塁の基部しか残っていないが、それによると五角形の平面をもつ２層構造の建築物であったと想像され、下層には小火器用の銃眼が一列に並び、上層（あるいは屋上）には重砲の砲台があったと考えられる。[22] 上層の重砲は、かつての「カモッリーア門の戦い」のように遠方から砲撃してくる敵砲兵に対して、その長射程を活かして反撃し、下層に配置された小火器は、その短い発射サイクルを活かして接近する敵兵を撃退するために配置されていたとみられる。

　このような、砲台としての機能を重視した「カパンナート」は、15世紀後半には多くみられたものである。一例としてはバッチョ・ポンテッリによって建設されたオスティア Ostia 砦の堡塁［fig.4-4］や、ジュリアーノ・ダ・サンガッロの建設したコッレ・ヴァル・デルサ市（トスカーナ州）の城壁の円形堡塁［fig.4-5］などがある。これらも、基部には小火器、上部に重火器が配備され、防御以上に砲台として攻撃する機能が重視されていた。カモッ

［fig.4-4］オスティア砦の城門前の堡塁（中央／2005年筆者撮影）　　［fig.4-5］コッレ・ヴァル・デルサ市の堡塁。のちに車道が建設されたさい、周囲の市壁は取り壊された（2006年筆者撮影）

第4章　都市防衛を超えて：16世紀の築城術

リーア門の孤塁も、こうした15世紀後半によく用いられた建築物の末裔とみられる。とりわけそれが、直近の戦いで焦点となったカモッリーア門のすぐ近くに建設されたということは、ペルッツィにとって、あるいはシエナ政府にとって、敵砲兵の砲撃を防ぐには、砲弾に耐えうる壁体ではなく、むしろ積極的に反撃する砲台が必要と考えられていたことを示唆している。

このように、すでに大砲が都市の攻防にとって重大な脅威となり、都市城壁の防備にもそれが考慮されるのが普通になった1527年になっても、都市の防衛には全周囲防御どころか、「側面射撃によって隣接する稜堡や塔が相互に援護し合う」という発想がみられない。それでは、こうした発想はどこから生まれたのか。それについては、都市全体の防衛という巨視的観点からではなく、城砦細部の設計に起源を見出すべきである。

第2節　「稜堡式築城」の成立

（1）「死角」なき城砦の考察：「側面射撃」と防御の融合

15世紀の城砦平面プランは、「フィレンツェ派」の単純な正方形プランか、「マルティーニ派」にみられる人体形（非対称形）であったが、16世紀の『軍事建築論』では、多角形プランが登場した。だが、いまだにペルッツィの中では、稜堡の機能は防御と攻撃が分断されており、サン・ヴィエーネ稜堡に典型的にみられるように、どちらかといえば攻撃（敵砲兵への積極的な反撃）を重視していた。つまり、シエナの城壁に建設した稜堡の設計をみる限りでは、フランチェスコ・ディ・ジョルジョが提示した「カパンナート」の設計思想の中に収まっていたといえよう。

では、砲台や「カパンナート」のような、敵砲兵への反撃（対砲兵射撃 counter battery という）を主任務とした防御建築物ではなく、防御と攻撃を融合した、より「近代的」な稜堡を16世紀の建築家はまだ思いついていなかったのだろうか。これまでの軍事技術史の研究においては、稜堡や側面射撃が発明された15世紀から、（理想都市論の介在を示唆しつつ）、一足飛びに死角のない全周囲防御を達成した稜堡式築城が誕生したと説明してきた。し

かし、そのような漠然とした理解ではなく、さまざまな城砦設計の細部に注目し、その相互の関係を検討していくと、16世紀に入って多くのイタリア人建築家が、稜堡の形状と、「側面射撃」の銃眼の配置を工夫すれば、城砦の周囲に死角がなくなるようになることに気づき、そうした城砦を設計・建設し始めていく経緯を再現できる。ここに「稜堡式築城（イタリア式築城）」が誕生する基盤は整った

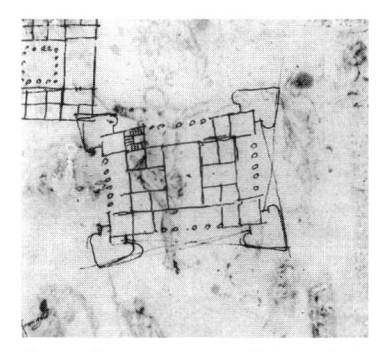

[fig.4-6] ペルッツィ画「稜堡を備えた邸宅」

のである。各々の建築家の脳裏にそうした発想がどうして芽生えたのか、その契機や原因を断定することは現時点では困難だが、本節では可能な限りこうした設計の変遷と、建築家間の影響関係をたどることで、稜堡式築城の最終的な誕生の経緯を考察したい。

　「側面射撃」の死角をなくすことを含めて考慮した、角型稜堡が図面として描かれたもっとも初期の例の1つとして、ペルッツィの手稿とされるウフィツィ美術館所蔵のフォリオ U 336 A の「稜堡を備えた邸宅 Villa」がある[fig.4-6]。これは四角形の邸宅の四隅に、角形の稜堡が描かれ、さらに、その付け根から「側面射撃」の射線がひかれている。そして、この射線が隣接する他の稜堡の壁体にそうように設計されており、この城砦＝邸宅の周囲は、4つの稜堡から放たれた「側面射撃」によって死角なく守られていることになる。この手稿は、ペルッツィの最初のローマ滞在の時期に描かれたと考えられており[23]、そうすると少なくとも1506年以降、ペルッツィの脳裏には、死角をなくすために稜堡の外形と「側面射撃」の射線を一致させる、というアイデアがあったことは明らかである。

　だが、この素描以降の活動である『軍事建築論』にも、シエナの城壁にもこうした設計がみられないことは、前節でもすでに確認した。また、ペルッツィがこの素描のアイデアをフランチェスコ・ディ・ジョルジョの『建築

第4章 都市防衛を超えて：16世紀の築城術

論』から学んだとも考えにくい。この素描については、建築書や理論から生まれたというより、実際の建築例から着想されたとみる方が自然である。なぜなら、1506年以前に、この素描とそっくりな城砦が建設されていたからである。以下では、側面射撃の死角を無くすためのアイデアが、建築家同士の直接の接触か、実際に建設された城砦によって伝播したと考えて、その影響関係を再構築してみる。

　最も古い、側面射撃と稜堡の外形を一致させた城砦を建てたのは、フィレンツェの建築家で名高い軍事技師の一族である、ジュリアーノ・ダ・サンガッロ（1445 - 1516）とその弟アントニオ・ダ・サンガッロ（1453？- 1534。以下、彼の甥で同じく建築家のアントニオと区別するため、「大アントニオ」とする）である。彼らの建設した主な城砦として、ジュリアーノはグロッタフェラータ Grottaferrata（ラツィオ州）の聖ニーロ修道院 Abazzia di San Nilo の城壁、コッレ・ヴァル・デルサ市の城壁・堡塁の建設、サルザネッロ砦の改築をおこない、大アントニオはチヴィタ・カステッラーナ Civita Castellana（ラツィオ州）の砦やローマのサンタンジェロ城 Castel Sant'angelo の建設に関与した。また兄弟2人の共通の仕事として、ポッジョ・インペリアーレ Poggio Imperiale 砦およびネットゥーノ Nettuno 砦があげられる。

　これらの城砦の多くは、フランチェスコ・ディ・ジョルジョの稜堡とは異なり、角型の稜堡が備わり、「側面射撃」の銃眼が、隣接する稜堡の外壁にそって射撃できるように設計されていた。サンガッロ兄弟は前章で述べた「フィレンツェ派」の代表的人物フランチョーネの弟子であり、2人の携わった城砦のいくつかは、明らかに前世代の「フィレンツェ派」の影響を受けていたにもかかわらず、「伝統的」な設計ではなく、むしろ防御と攻撃が融合した稜堡式の城砦として設計されていたのである。[24]

　とりわけ1501年から02年にかけて建設されたネットゥーノの砦（ローマの南、現在のラツィオ州にある）は、「フィレンツェ派」の伝統を引き継ぎながら、その一方で「側面射撃」を重視し、稜堡の形状が画期的に改められた

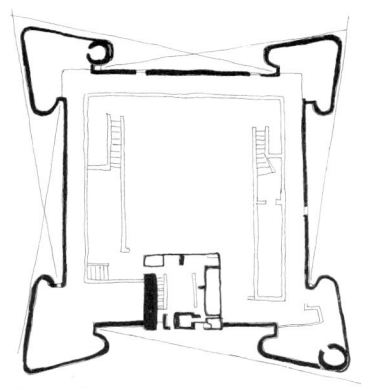

[fig.4-7] ネットゥーノ砦（2005年筆者撮影）　　[fig.4-8] ネットゥーノ砦の平面図

城砦であった。ネットゥーノ砦の平面形は、15世紀に「フィレンツェ派」が多用した正方形である。しかしながらその四隅を固めるのは「フィレンツェ派」が用いた円筒形の塔ではなく、角型の稜堡が設置されている[fig.4-7]。このネットゥーノ砦の稜堡は、その付け根の部分に銃眼が隠されており、その射線と一致するように稜堡正面の壁体傾斜が工夫されている。こうした設計上の工夫によって、円筒形の塔とは全く異なる機能的な「側面射撃」による防御が可能になっているのである。ネットゥーノ砦の設計は、ペルッツィの稜堡を備えた邸宅の素描と非常に酷似しており[fig.4-8]、この設計上のアイデアは、築城の歴史にとって大きな一歩といわれている。[25]

　そうしたアイデアの萌芽は、サンガッロ兄弟の城砦や、他の建築家が建設した城砦でも部分的に実現している。たとえば大アントニオが教皇アレッサンドロ6世の依頼で建設したチヴィタ・カステッラーナの砦（1494年頃～1510年）は、非対称な五角形の城砦だが、そのうち4か所に角型稜堡を備え、稜堡の頂部に設けられた火器用の狭間は、隣接する稜堡の壁体にそって射撃できるように設計されている[fig.4-9]。また、兄弟が協力した建設工事であるポッジョ・インペリアーレの砦（1489年～）も角型稜堡を備えているが、同様の配慮によって死角なく防御できるように設計されている。このポッ

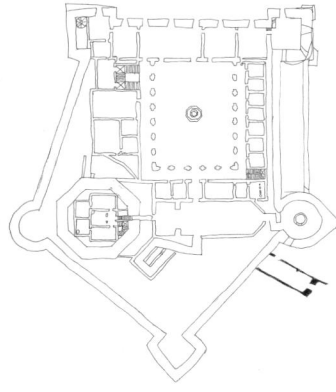

第 4 章　都市防衛を超えて：16世紀の築城術

[fig.4-9] チヴィタ・カステッラーナ砦(左)と同砦の平面図(右)

ジョ・インペリアーレ砦は、ライバル都市シエナに対する防衛戦略の一環として、フィレンツェ政府の依頼をうけた大アントニオとジュリアーノによって建設が開始されたが、まるでフランチェスコ・ディ・ジョルジョの擬人論的主張を受け継いだかのような五角形の平面形をしている[26]。チヴィタ・カステッラーナにしろ、ポッジョ・インペリアーレにしろ、角型稜堡の採用と、側面射撃の死角を無くすという配慮がなされている点で、フランチェスコ・ディ・ジョルジョとは異なる設計技法を用いているにもかかわらず、非対称な五角形や、人体を思わせる平面形など、「マルティーニ派」的な要素も備えた城砦である。

こうした城砦はサンガッロ兄弟のみでなく、「マルティーニ派」の建築家にもみられる。その1例は、バッチョ・ポンテッリがジュリアーノ・デッレ・ローヴェレ枢機卿のために建設したオスティアの砦（15世紀末に建設されローマ近郊に現存）である[fig.4-10]。これは16世紀に建築家の列伝を執筆したヴァザーリによって、大アントニオの作と間違えられるほど、チヴィタ・カステッラーナ砦に似た形状を持っている[fig.4-9右][27]。オスティア砦は非対称な三角の平面に、巨大な「マスキオ」を持つという、典型的な「マルティーニ派」の設計でありながら、その城壁の一角が角型稜堡となってお

169

り、隣接する残りの塔（これは円筒形である）の「側面射撃」が、角型稜堡の壁体にそって敵を射撃できるようになっていた。

　これらの城砦は、すべてペルッツィがローマに滞在する以前に完成しており、しかもポッジョ・インペリアーレはペルッツィの故郷であるシエナの近く、残りの２つはローマからすぐに訪れられる位置に建っていた。ペルッツィがこうした城砦の観察から、邸宅の素描を描いたとしても不思議ではない。

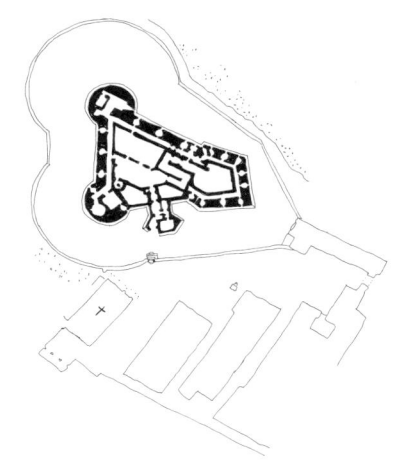

[fig.4-10] オスティア砦の平面図

　では、角型稜堡を採用し、側面射撃の死角を無くすという築城術は、サンガッロ兄弟、あるいはバッチョ・ポンテッリが発明したと（少なくとも彼らがさかのぼれる限り最古の建築家であると）考えていいのだろうか。

　バッチョ・ポンテッリのオスティア砦をみればわかるように、この角型稜堡は明らかに、角を敵の攻撃に向けた城壁の一部を稜堡状の建築物にする、というやり方でかたちづくられている。いわば「城壁の角を敵にむける」というフランチェスコ・ディ・ジョルジョの発想の拡張である。チヴィタ・カステッラーナの稜堡も、そうした設計の延長線上で生まれたとみるのが自然だろう。

　オスティアやチヴィタ・カステッラーナのような、城壁の一角を角型稜堡へと変形させる原型を、本書ではすでにとりあげ、検討している（第２章80頁）。それはフランチェスコ・ディ・ジョルジョのサンレオ砦の正面城壁である。サンレオ砦の正面側（城門がある側）の城壁は、両端に円筒形の塔があり、その２つをつなぐ城壁が中央部で折れ曲がっている。改めてその設意図を解説すると、単に直線的な城壁で両端の塔をつないだ場合は、一方の塔から城壁面にそって「側面射撃」をおこなうと、他方の塔に命中してしまう。

だが、城壁が中央で折れ曲がっているために、砲弾を城壁にそって放つと、ちょうど他方の塔をかすめるように飛んでいく［fig.2－18／第2章80頁］。この中央の突出によって、隣り合う塔を傷つける心配をせず、城壁に取り付いた敵兵を射撃できるのである。こうした設計案は、フィレンツェ公文書館のマリアベキアーノ Magliabechiano. II .141.に収められたフランチェスコ・ディ・ジョルジョの手稿にもみられる。これは『建築論 II 』およびウィトルーウィウス『建築十書』のイタリア語訳（前述の『私訳』参照）とは区別される一連の手稿の1枚である。この239v下部に描かれた堡塁のデッサンは［fig.4－11］、両端に円筒形の塔がそびえ、その間が折れ曲がった城壁によって繋がれている。

このデッサンはペルッツィの『軍事建築論』の図版 XXX II ［fig.4－12］にも引き継がれた。このような、壁体の「屈曲」が城壁両端の稜堡（塔）から発射された「側面射撃」の死角をなくすよう設計された例は、ペルッツィが計画したロッカ・シニバルダ Rocca Sinibalda の城でも用いられたと考えられている。この城はローマ近郊にあり、アレッサンドロ・チェザリーニ Alessandro Cesarini 枢機卿の命によって、既存の宮殿を要塞化工事したものである。[28] 彼の依頼によって、ペルッツィは三葉の城砦の素描を残した。おそらくこの依頼はアレッサンドロがロッカ・シニバルダの封土を獲得した1531年におこなわれたとみられる。[29] この素描では、欠損のために城砦南側の一角の設計が分からなくなっている。この欠損した城砦全体の素描（U 579 Ar.［fig.4－13］）およびこの城砦のために設計された稜堡の平面図（U 613 A.［fig.4－14］）から、欠損部の構造についていくつかの推測がされているが、1つの説として、城砦の両端に角形の稜堡があり、その付け根から放たれる「側面射撃」の射線にあわせて、稜堡の間に三角形の半月堡 rivellino を建設しようとしたのではないかと考えられている［fig.4－15］。

城壁の両端に稜堡（または塔）が配置され、そこからの「側面射撃」が、中央部に位置する三角形の堡塁を両側から援護するという設計は、フランチェスコ・ディ・ジョルジョやペルッツィだけのアイデアではない。同じよ

171

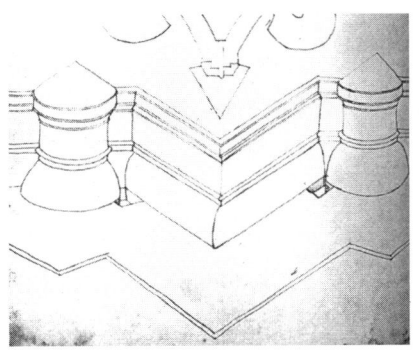

[fig.4-11] 城砦の折れ曲がった城壁：フランチェスコ・ディ・ジョルジョのデッサン

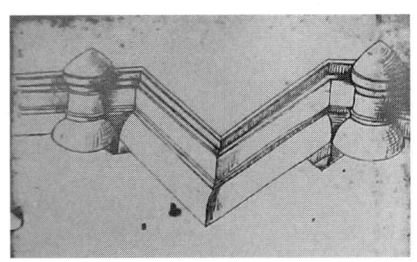

[fig.4-12] 城砦の折れ曲がった城壁

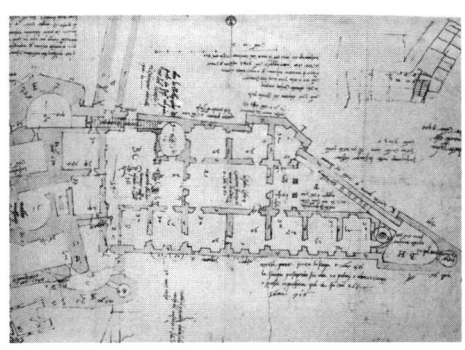

[fig.4-13] ペルッツィのデッサン：シニバルダ城の平面図

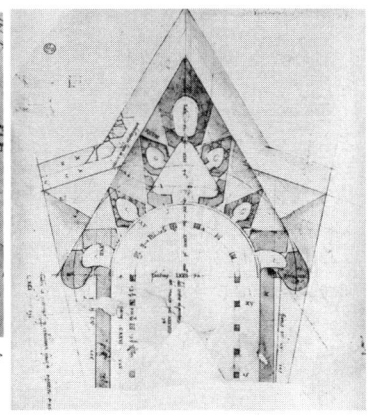

[fig.4-14] ペルッツィのデッサン：シニバルダ城の先端部

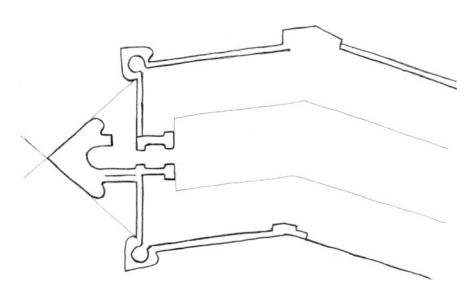

[fig.4-15] シニバルダ城の城門および半月堡：オンガレットの推定による

第4章　都市防衛を超えて：16世紀の築城術

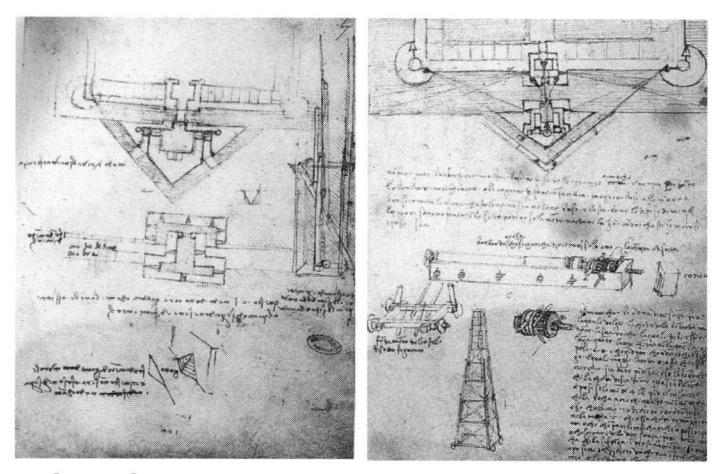

［fig.4-16］レオナルド・ダ・ヴィンチによる半月堡のデッサン2例

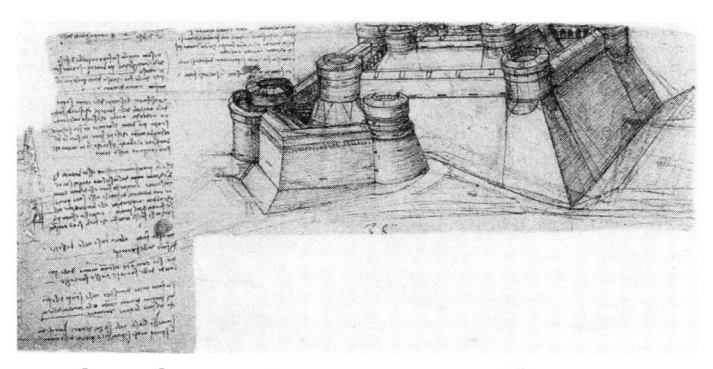

［fig.4-17］レオナルド・ダ・ヴィンチによる城砦のデッサン

うな設計は、パリのフランス学士院図書館（Biblioteque de l'Institut de France）に収められているレオナルド・ダ・ヴィンチの城砦設計に関する手稿にもみられる［fig.4−16］。また、サンレオ砦のように、円筒形の塔2つの間に折れ曲がった城壁を備えた城の設計プランも、有名なアトランティコ写本 Codice Atlantico に残されている［fig.4−17］。こうした設計の実例としては、先にあげたサルザネッロ砦がある。もともと単純な正三角形をしていた

173

サルザネッロ砦は、ジュリアーノ・ダ・サンガッロがおこなった改修工事によって、巨大な三角形の堡塁と、その両脇に円筒形の稜堡が増築された。これによって円筒形稜堡の銃眼は、巨大な三角型稜堡の壁体にそって「側面射撃」ができるようになったのである[fig.4−18]。

以上、15世紀末から16世紀初頭にかけて起こった、「側面射撃の死角を無くす」ための築城術の推移を時系列順にまとめるならば、次のようになる。

最初に、塔を両脇に備えた直線的な城壁があった。その城壁を、中央部で屈曲させることで、両脇の塔の側面射撃をより効果的にする方法が生まれ（サンレオ砦など）、さらに、城壁屈曲部を角型の稜堡として改良し（オスティア、チヴィタ・カステッラーナ砦）、さらに城壁と一体化している稜堡部分を、三角形の稜堡として完全に独立させる（レオナルドの築城プランや、サルザネッロ砦の改築）という段階的変化があったことが想定できる。そしてこの稜堡を、城砦の一方向のみでなく全方位に適合させることで、ネットゥーノやポッジョ・インペリアーレ砦の設計が着想されたのである。

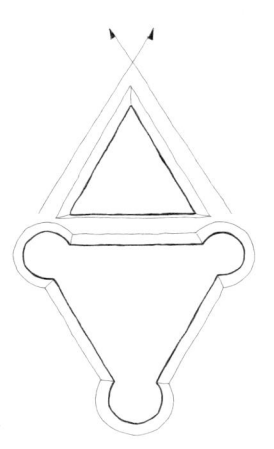

[fig.4-18] サルザネッロ砦の平面図：矢印は「側面射撃」の射線をあらわす

このような変化を想定すれば、「2つの塔（稜堡）をつなぐ城壁を屈曲させて両側からの「側面射撃」の死角をなくす」という発想と、「稜堡や城壁の壁体を屈曲させて敵の攻撃を逸らす」という発想がなぜ結びついたのかが説明できよう。この2つはもともとフランチェスコ・ディ・ジョルジョが考案した時点では、まったく別のものであった。上で述べたようなその2つの段階的融合は、単に別々の築城術が1つになったということを意味するだけでなく、フランチェスコ・ディ・ジョルジョの擬人論的・重点防御城砦が、ネットゥーノ砦のような全周囲防御城砦へと変化し、やがて稜堡式築城へと発展する歩みでもあった。

第4章　都市防衛を超えて：16世紀の築城術

　だがこうした融合が完全に時系列に則って、急速に普及したものでないことはいうまでもない。ペルッツィが晩年に書いた『軍事建築論』においても、城砦の全方位を等しく守るのではなく、擬人論に拠った重点防御が提唱されていたし、ロッカ・シニバルダのような、「中間段階」の城砦も建設していた。サンガッロ兄弟も、ネットゥーノ砦以降、完全にこの形式の城砦しか建設しなかったわけではない。その他の16世紀の建築家にしても、擬人論的城砦や不定形の砦を建設している（擬人論的城砦の例としてはミケランジェロが建設したローマ近郊のチヴィタ・ヴェッキア砦 Civita Vecchia がある）。そして、こうした砦の外周を守るのに角型稜堡ではなく、死角の生じる円筒形の稜堡（あるいは塔）が使われることもしばしばであった。

　稜堡式築城の根幹をなす要素は、フランチェスコ・ディ・ジョルジョとペルッツィによって理論的に確立し、実際に建設もされていた。しかし、2人とも「死角のない防御」の設計思想を生み出すにはいたらず、その実現はサンガッロ兄弟による1501年のネットゥーノ砦建設によって初めて達成された。ペルッツィもまた「稜堡付きの邸宅」の図面でネットゥーノ砦と同様の設計を提示していたが、それから四半世紀以上が経過した『軍事建築論』でもそうした発想はまったく記述されていない。くわえて同書の中で、ペルッツィは城砦の多角形プランを唱えてはいたが、理想都市のプランとしては擬人論的都市のみを想定していたことも忘れてはならない。

　ここからいえることは、多角形（星形）プランの稜堡式築城は、これまで建築史などで語られた説とは異なり、多角形理想都市と稜堡が融合するといった経緯で誕生したのではないということである。そうした理念先行によって稜堡式築城は作られたのではない。むしろ城砦や都市の全方向を均等に守ろうとする設計思想は、これを可能とする技術的な手段が登場した後で生まれたのである。

　その「技術的手段」とは、マルティーニ派の2人が提示した、両脇に塔を建て中央が屈曲した城壁でこれを繋ぐという城砦プランであった。この着想を城砦の全方向に応用することで、側面射撃によって城砦全体を守る設計が

生まれた。「屈曲した城壁」から発展した城砦設計が稜堡式築城に与えた影響の大きさは、これまで指摘されてこなかったように思われる。

オスティアやチヴィタ・カステッラーナのような城壁の一角を稜堡化した設計、そしてサンレオやサルザネッロのように屈曲した城壁あるいは三角形の稜堡を、両脇に配置した塔（稜堡）からの側面射撃で死角なく防御する設計こそ、ネットゥーノ砦に先行して着想されており、これを応用することが稜堡式築城の誕生に大きく寄与したのである。こうした設計を生み出した思考は抽象的というより具体的であり、机上の試行錯誤で生まれたというより、実際の戦闘を想定する中から生まれた設計といえる。つまり、近代の戦争を特徴づける稜堡式築城は、「ルネサンス建築論における理想都市計画」という理論的考察の中で誕生したのではなく、建築家の職人的な視点の中で誕生したものなのである。

（2）ピエトロ・カターネオの建築書：「稜堡式築城」の成立

稜堡式築城は多角形平面（とくに五角形以上の正多角形）を基本とし、各頂点に稜堡が設置され、その側壁に設けられた銃眼からの射撃（「側面射撃」）によって稜堡同士が相互に援護し合えるように設計された。その防衛の基本思想は城砦の全周囲が等しく銃眼と稜堡で防衛される全方位防御であった。しかし、これまで論じてきた建築家たち、とりわけフランチェスコ・ディ・ジョルジョとその影響を受けたバッチョ・ポンテッリやペルッツィなどは、非対称形で、人体を模した平面形を重視してきた。その防衛思想は、重点防御・局地防御であった。ルネサンスの築城術におけるこの埋めることのできない大きな食い違いは、15世紀のフランチェスコ・ディ・ジョルジョの中でも食い違ったまま、16世紀に入っても、建築家の思想および築城術においてもなかなか統合されないままであった。

しかし、前述の通りフランチェスコ・ディ・ジョルジョは全ての城砦および都市城壁を「小さな城砦」で防衛するための一貫した論理として人体形を採用したのにたいして、ペルッツィでは、根拠は不明確なままだが、大きな

第4章　都市防衛を超えて：16世紀の築城術

城砦や都市では六角形などの多角形を推奨していた。また、サンガッロ兄弟が建設した城砦は、ネットゥーノのように正方形プランと角型稜堡による防衛、そして「側面射撃」を結びつけることで、多角形平面かつ全方位防衛を実現していた。このように、15世紀末から16世紀初頭にかけて、「稜堡の外形」という要素と、「側面射撃」という2つの要素は次第に結びつく傾向をみせていたのである。フランチェスコ・ディ・ジョルジョの発明したさまざまなアイデアは、次第に稜堡式築城に向けて統合されつつあった。

　こうしたいくつかの要素を、典型的な「稜堡式築城（イタリア式築城）」とみなしうる形に統合したのが、シエナの建築家ピエトロ・ディ・ジャコモ・カターネオ Pietro di Giacomo Cataneo (d. 1569？) であった。彼の建築書『建築四書 I Quattro Libri dell'Architettura』（1554年出版）およびそれに新たに4書を付け加えた『建築 L'architettura』（1567年出版）において、今まであげた稜堡式築城の要素、すなわち正多角形の平面プラン、角型稜堡、「側面射撃」とその死角を無くすための稜堡の外形設計といった要素が全て統合されたのである［fig.4-19］。フランチェスコ・ディ・ジョルジョが稜堡式築城に必要な色々な要素を考案した、「稜堡式築城の考案者のひとり」とするなら、カターネオはそれらを結びつけて一貫性のとれた簡潔な築城術にまとめあげた、「稜堡式築城の設計理論を完成させた人物」といえるだろう。だが、カターネオの築城思想を精査すると、やはりフランチェスコ・ディ・ジョルジョやペルッツィなどの強い影響がみられ、その文言からは、前任者たちの設計思想における混乱や不統一の残滓を見出すことができるのである。

　そこで本項ではカターネオの『建築』における築城術を検討し、最終的に稜堡式築城が体系化されるにいたっ

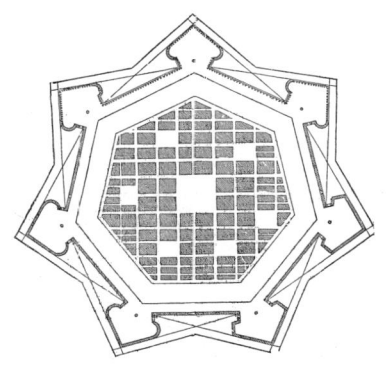

[fig.4-19] カターネオの都市プランの1例（七角形）

た経過と、そこにいたる前任者たちの影響を分析したいと思う。

　カターネオの正確な生没年は分かっていない。しかし16世紀初頭に生まれ、一説ではペルッツィの元で修業をつんだといわれている[30]。そしておそらく1542年から、シエナ共和国のために、おもに軍事建築の分野で仕事を請け負うようになった。彼が関与したとみられる城砦は、シエナ領内のオルベテッロ Orbetello やポルト・エルコレ Porto Ercole、タラモーネ Talamone などがある。こうした城砦建設が盛んにおこなわれた理由は、当然、当時イタリアで繰り広げられていたフランスとスペイン（神聖ローマ帝国）間の争いが原因であった。1553年にはシエナがスペイン軍に包囲され、彼の故郷は次第に戦火と大国の思惑に翻弄されていくが、そうした状況下で最初の建築書である『建築四書』が出版されるのである。1559年にフランスとスペインの間でカトー・カンブレジ和約が結ばれると、シエナ共和国の領土はメディチ家のものとなってしまう。『建築四書』に新たに4書を付け加えて8部構成となった『建築』は1567年に出版されたが、その献辞は「フィレンツェとシエナの君主、令名高きフランチェスコ・ディ・メディチ閣下」に捧げられていた[31]。

　カターネオの築城術は『建築四書』および『建築』の第一書中に提示されている。第一書は、理想的な都市および城砦、港湾都市、さらに野戦築城と軍の野営地の建設について述べており、新しく都市を築く場合の地形・気候への配慮、ならびに広場・街路・民間建築などについても触れているものの、その主要な関心は稜堡と火器で防衛された城壁の設計法であり、ほぼ全てが築城術に充てられているといってよい。以下でカターネオによる第一書の特徴をあげてみよう。カターネオは自分の築城術に基づいて建設される都市城壁を「近代的砲兵 moderna artiglieria」に対抗するためのものと位置づけている[32]。

　その一方で、都市の起源および設計論についてはそれまでの建築書と同じく、ウィトルーウィウスやレオン・バッティスタ・アルベルティ（1404-1472）の『建築について De re aedificatoria』など、既存の建築論の引き写

第 4 章　都市防衛を超えて：16世紀の築城術

しである。火の起源が落雷によって起こった火災に基づく説や人類最初の住居がどのようなものだったか[33]、アレクサンダー大王が建築家ディノクラテスに命じてエジプトにアレクサンドリア市の建設を命じた逸話[34]など、ウィトルーウィウス『建築十書』で知られ、アルベルティ『建築について』、フランチェスコ・ディ・ジョルジョ『建築論』、ペルッツィ『軍事建築論』にも引用された数々の逸話が同じようにあらわれる。またウィトルーウィウスやプリニウスといったローマ人の名前も典拠としてたびたび登場する。さらに、ディノクラテスの理論として、最も堅固な都市のあり方とは「人体の形 forma di corpo umano」によって導かれるとも述べている[35]。

そして、カターネオが述べる都市を築くうえで最初に下すべき配慮は aria（風あるいは空気）である。この風によって都市住民の快適さが左右されるうえに、悪い空気は健康に作用し、結果として都市の発達・拡大に大きな影響をおよぼすため、その都市の気候や地形によってさまざまに異なる「風ないし空気」の問題を考慮することこそ、カターネオにとっての都市建設の第一歩であった[36]。これもまたウィトルーウィウス以来よく知られた議論であり、『建築十書』およびアルベルティの『建築について』では、ここから八角形の城壁が風の害を防ぐために最も都合のよい形であるという結論が導かれる。ウィトルーウィウスは風の吹く方角は八方位（北から時計回りに、セプテントリオー、アクイロー、ソーラーヌス、エウルス、アウステル、アフリクス、ファウォーニウス、カウルス）であることを重視した。そこで、八方向から吹きつける風を遮断するため、都市の城壁を八角形にし、その頂点に城門を設ければ、病気をもたらす南風や寒さをもたらす北風など、多くの風による災厄が避けられると考えた[37]。アルベルティの考えた八角形の理想都市もこの思想を受け継いだものである。

しかし、カターネオではこうした結論は導かれない。風（空気）の議論はあくまで都市を建設する場所を選定するうえでの重要事項の 1 つにとどまり、都市城壁の形状とは全く別のこととして論じられているのである。さらに、都市の形状を決定するにあたって、擬人論もまったく触れられない。人体の

比例を適用すべきだとカターネオが主張するのはあくまで都市内部の街区（広場や街路）に関してのみである。それまでの建築家が都市の形状（すなわち都市城壁の形）について防衛以外にも住民の快適さや美的要素を認めていたのに対し、カターネオは上で述べたように、砲兵の攻撃から都市を守るという機能のみを求めていた。この観点からみるかぎり、カターネオの都市設計思想は、それまでの理想都市 città ideale の考え方とは違い、軍事目的のみで都市城壁を捉えているのである。

カターネオは軍事的な合理性から多角形平面の都市城壁を推奨する。だが、彼もまた古代人が円形を理想の形としてとりあげたという呪縛から自由ではなかった。彼はウィトルーウィウスが「古代人たちは都市や城を建設するのに円形を用いた。ウィトルーウィウスもそのようにすべきだと指示した」[39]とあらかじめ断ったうえで、近代的な砲兵の攻撃をさけるためには円より角型の稜堡の方が適切であり、新しい攻撃手段に対しては古代人の唱えた利点（ヴィルトゥ Virtù）は用いないと述べる。そして新しい攻撃手段（火器）に対しては、側面に火器用の銃眼を隠した角型の稜堡で囲まれた、多角形の城壁の方がより容易に防衛できると主張するのである。こうしたカターネオの主張には、その背後にフランチェスコ・ディ・ジョルジョからの影響があることはいうまでないだろう。だがカターネオにおける擬人論の扱いをみれば、彼の築城理論が、『建築論』や『軍事建築論』からの単なる引用にとどまらず、取捨選択がおこなわれ、理論がより明解になるよう再構成されたものであることは明らかだ。

カターネオが考えた都市および城砦のための多角形プランは多岐にわたる。平野部につくる城砦や都市に適したプランは四角形、五角形、六角形、七角形、十角形（五角形のチッタデッラが付属）の５種類、山上都市が１種類（変形十二角形）、港湾都市が九角形（四角形のチッタデッラが付属）と十二角形の２種類を数える。合計８種類もの平面プランが解説されているにもかかわらず、風の方位に対応した形すなわち八角形だけが存在しない。カターネオは風（空気）という要素を都市建設で重視したけれども、それを切り離

第 4 章　都市防衛を超えて：16 世紀の築城術

して都市・城砦の形状を考察していたことがうかがえる。

　カターネオの平面プランには興味深い理論がある。それは多角形の角の数を決める根拠である。都市城壁や城砦の角をいくつにするかを決定する原理として、都市および城砦の大きさが注目される。カターネオによれば四角形は最初にあげるべき完全な形だが、あくまで「城か小規模な都市のため per castello o città piccola」である。その理由は、四角形の城壁で大規模な都市や城砦を囲った場合、周壁の一辺が長くなりすぎ、防御が手薄になるからである。よって、頂点の少ない多角形はより小さな都市・城砦にしか用いることができない。[40]

　三角形が除外される根拠もまた興味深い。なぜ三角形が除外されるのだろうか。その点に関して、カターネオは多角形プランを用いた場合の、各頂点に配置される稜堡の「角度」に注目する。多角形城壁の各頂点に配置される稜堡は、ほぼその頂点のなす角度に一致する。だが、カターネオは鋭すぎる角度の場合、攻撃を逸らすよりむしろ弱点になると考えていた。三角形の城壁の各頂点に角型稜堡を建設すると、その角度が鋭くなりすぎて、火器の砲撃にたいして脆弱となるため、これは避けねばならない、これが三角形の城壁や城砦を例示しない理由である。[41]よって、多角形プランは四角形以上が考察の対象となり、さらに、四角形は小規模な城壁にしか適用されない。

　カターネオは城壁の各辺の長さについて、確固とした意見をもっていた。それは、稜堡に配置された砲兵によって防衛できる適切な距離で、各稜堡間の城壁の長さは決定されねばならないということである。実際、城壁の一辺の長さは、火器の射程によって決定されている。四角形の城壁では、一辺が 70 カンナ canna（約 168 メートル。カターネオによると 1 カンナは 4 ブラッチャ braccia。1 ブラッチョは約 60 センチなので、1 カンナはおよそ 2.4 メートルとなる）[42]、五角形プランの場合、城壁の長さは 48 カンナ（約 115 メートル）[43]、六角形で 127.5 カンナ（約 306 メートル）[44]、七角形で 76 カンナ（約 182.4 メートル）[45]、十角形で 66.75 カンナ（約 160.2 メートル）[46]、十角形の都市に付属する五角形のチッタデッラは 36 カンナ（約 86.4 メートル）[47]と決められていた。

城砦の大小にかかわらず、城壁の一辺の長さはおおむね70カンナ前後であり、これは当時の火器の射程距離から逆算して求められた長さであった。六角形の場合のみ127.5カンナと、他の多角形プランに比べて1.5倍から1.8倍ほどの長さになっているが、六角形プランでは各稜堡の間に中間堡塁が設置されるので、実際の距離は半分程度となり、やはりこれを防衛するのに必要な火器の射程距離は他のプランとほぼ等しい。彼によれば四角形の城壁では、1つの稜堡側面の銃眼から他の稜堡の先端までの距離が103カンナ（約247メートル）となるが、この距離では「青銅製の火器 pezzo di bronzo」[48]（つまり鋳造された砲身をもつ性能のよい火器）でなくては防衛することができないと記している。[49]すなわちカターネオの築城術において、都市や城砦が大きくなればなるほど採用される幾何学図形の頂点が増えていくのは、当時の火器の射程距離に限界があったため、火器で城壁を防衛するためには多角形の各辺の長さを一定に保たなくてはならなかったためである。

　カターネオの著作には、いまだ多くの古典からの引用や、彼に先立つ建築家たちの思想の残滓がみられる。しかしより精緻に検討すると、そうした引用は注意深くカターネオの築城術とは切り離されて論じられていることが分かる。とくに都市にとって風（あるいは空気）の問題が重要であるという見解を示しながら、都市城壁の平面プランとしては八角形を排除したこと、さらに擬人論も城壁の外形との関係では論じなかったことなどは、カターネオが軍事建築を考察するうえで、もはや古典的建築論や先例に倣うつもりはなかったことを示している。とりわけそうした姿勢は、城壁の機能を近代的砲兵に対する防御と位置づけ、そうした新しい攻撃手段に対しては古代人の思想ではなく、新しい防衛手段を用いると述べた点にはっきりあらわれている。こうした、目的にそった建築の分野化、合目的性、そして古代の否定によって、築城術はもはやルネサンスの建築論の一分野ではなくなった。フランチェスコ・ディ・ジョルジョに始まり、ペルッツィなどを経て、カターネオにいたって、築城術は一個の独立した「軍事科学」となったのである。

第 4 章　都市防衛を超えて：16 世紀の築城術

小結　築城術の転機

　ペルッツィの『軍事建築論』は、小規模の城砦に適した形は正方形・平行四辺形・菱形であり、大規模な城砦にふさわしい形は直角四辺形・五角形・六角形であるとしていたが、なぜ城砦の規模によって採用すべき多角形プランが異なるのか、その根拠は示されていなかった。だが、カターネオはここに明解な根拠を示していた。「側面射撃」をおこない、稜堡が相互に援護しあうためには、火器の射程内に稜堡が隣接していなくてはならないという、単純だが説得力のある根拠である。ここではすでに城壁の形状を決定する要因として、人体から導き出される比例や、風の方位といった問題は一顧だにされていない。

　もともとフランチェスコ・ディ・ジョルジョは、「都市」と「風」という要素についてはほとんど関心を払わなかった。都市計画自体は、ウィトルーウィウスの議論をかなりの程度背景としており、都市の起源から古代人による都市建設の原理（住民の健康や食糧生産、経済効果、防衛等）まで、『建築十書』に依拠しているが、風と都市計画の関係を論じた議論については『建築論 I』および『建築論 II』のどちらでも触れていない。都市の形状および各部分の比例については、人体に倣うべきであるという擬人論が基本となっていて、風についての考察は含まれない。[50]

　ペルッツィの『軍事建築論』の都市に関する議論は基本的に『建築論』を参照しているので、都市が人体の比例に基づいて建設されること、および都市を監視・防衛するのに適した高所に城砦を設置すべきことが最初に述べられているが、そののち、都市の快適さと健康を維持するために「風」を考慮する旨が表明されている。[51] しかし、そのペルッツィも、風の害をさけるために八角形の都市計画を採用すべきであるという主張はしていない。

　そして、カターネオはさらに厳密に理想都市計画と軍事的な城壁の設計を切り分けて考えた。都市を築く土地の条件として「風」の要素を最初にあげながらも、風の方位に対応した八角形プランは、カターネオの平面プランに

は含まれなかった。さらに、新しい攻撃手段すなわち火器に対しては古代人のヴィルトゥは用いないとして、軍事的な目的における古典や古代の思想の引用そのものを拒絶した。そのかわりに彼は「火器の射程距離」という客観的な数値を根拠として、城砦の平面プランを決定しようとしたのである。

　側面射撃と角型稜堡を用いた、死角のない城砦防御システムが形成されてきた過程でも見た通り、理想都市論と15世紀から16世紀のイタリア築城術は、そもそもそれほど密接に関係を持っていなかった。稜堡式築城の外形は軍事的必要によって多角形が採用されたのであって、多角形都市を防衛できる技術的解決がみつかるまでは、擬人論か、伝統的な四角形以外の平面形は採用されなかったのである。

　この軍事技術偏重という傾向は、カターネオによって確定した。彼の著書『建築』にいたって、アルベルティ以来常にルネサンスの建築論が追及してきた、住民の健康から都市の防衛まであらゆる面で理想的な都市を建設するという理念は、軍事建築としての効率に完全にとってかわられたといえよう。そして、都市計画と築城術を別個の問題として扱い、後者の目的にはふさわしくないとして古典古代の建築思想を否定・拒絶するようになったこと、これこそ理想都市論が稜堡式築城術へと変化した転機であった。

1)　マルティーニ、1991年、X頁（桐敷真次郎「フランチェスコ・ディ・ジョルジョとルネサンス建築」）。Tafuri, M., *Le chiese di Francesco di Giorgio Martini*, in. *Francesco di Giorgio architetto* (a cura di Fiore, F. P. & Tafuri, M.), Milano, Electa, 1993, p.53 ; Marani, P. C., *Francesco di Giorgio a Milano e a Pavia : conseguenze e ipotesi*, in. *Prima di Leonardo* (a cura di Galluzzi, P.), Milano Electa, 1991, p. 93.
2)　Fiore, F. P., *Francesco di Giorgio e il suo influsso sull'architettura militare di Leonardo*, in. *L'architettura militare nell'età di Leonardo* (a cura di Viganò, M.), Bellinzona, Casagrande, 2008, pp. 209-216.
3)　Tessari, C., *Baldassare Peruzzi : Il progetto dell'antico*, Milano, Electa, 1995, pp. 19-22 ; Adams, N. & Pepper, S., *Firearms & Fortifications : Military Architecture and Siege Warfare in Sixteenth-Century Siena*, Chicago, The University of Chicago Press, 1986, pp. 37-38.
4)　Peruzzi, B., *Trattati di Architettura Militare* (a cura di Parronchi, A.), Firenze,

第4章 都市防衛を超えて：16世紀の築城術

Gonnelli, 1982, pp. 8 - 37.
5) Peruzzi, 1982, p. 9.
6) Peruzzi, 1982, p. 112.
7) Peruzzi, 1982, p. 113 ; Martini, 1967, p. 419.
8) Peruzzi, 1982, p. 112 ; Martini, 1967, pp. 418 - 421.
9) Peruzzi, 1982, p. 114 ; Martini, 1967, p. 423.
10) Peruzzi, 1982, p. 114.
11) Peruzzi, 1982, p. 116.
12) Peruzzi, 1982, p. 114.
13) Martini, 1967, p. 18.
14) Peruzzi, 1982, p. 118.
15) Peruzzi, 1982, p. 117.
16) Peruzzi, 1982, pp. 116 - 117 ; Martini, 1967, p. 7.
17) Peruzzi, 1982, p. 117.
18) Adams & Pepper, 1986, p. 38.
19) Adams & Pepper, 1986, p. 39.
20) Adams & Pepper, 1986, p. 49.
21) Adams & Pepper, 1986, p. 51.
22) Adams & Pepper, 1986, p. 54.
23) Frommel, S., *Piacevolezza e difesa : Peruzzi e la villa fortificata*, in. *Baldassare Perzzi 1481-1536* (a cura di Frommel C. L., Bruschi, A., Burns, H., Fiore, F. P., & Pagliara, P. N.), Venezia, Marsilio, 2005, p. 335.
24) Vasari, G., *Le vite dei più eccellenti pittori, scultori e architetti*, Roma, Newton, 2004, p. 609（ヴァザーリ（森田義之監訳）『ルネサンス彫刻家建築家列伝』、白水社、1989年、261頁も参照）.
25) Fiore, 2002, p. 145 ; Hale, 1983 a, p.23 ; Adams & Pepper, 1986, p.6.
26) Lamberini, 2008, pp. 226 - 227. なお、ポッジョ・インペリアーレの五角形はプラトンの五元素を象徴するという説もある。Lamberini, 2004, p. 516.も参照。
27) Vasari, 2004, p. 610（ヴァザーリ、1989年、263頁も参照）.
28) Muratori, M. S., *Baldassare Peruzzi e Rocca Sinibalda. La ristrutturazione cinquecentesca della Rocca Snibalda : Notizie e nuovi documenti*, in. *Baldassare Perzzi 1481-1536* (a cura di Frommel C. L., Bruschi, A., Burns, H., Fiore, F. P., & Pagliara. P. N.), Venezia, Marsilio, 2005, p. 297.
29) Muratori, 2005, p. 302.
30) Cfr. Bassi, E., *Nota introduttiva*, in. *Pietro Cataneo, Giacomo Barozzi da Vignora TRATTATI* (a cura di Bassi, E., Benedetti, S., Bonelli, R., Magagnato L., Marini, P., Scalesse, T., Semenzato, C., Casotti, M. W.), Milano, Polifilo, 1985, p. 165.

31) Cataneo, P., *L'architettura*, in. *Pietro Cataneo, Giacomo Barozzi da Vignora TRAT-TATI* (a cura di Bassi, E., Benedetti, S., Bonelli, R., Magagnato L., Marini, P., Scalesse, T., Semenzato, C., Casotti, M. W.), Milano, Polifilo, 1985 (first. ed. 1567), p. 183.
32) Cataneo, 1985, p. 199.
33) Cataneo, 1985, p. 187.
34) Cataneo, 1985, p. 194.
35) Cataneo, 1985, p. 194.
36) Cataneo, 1985, p. 188.
37) Vitruvio, 2002, pp. 59 - 62（ウィトルーウィウス、1979年、23 - 27頁も参照）.
38) Cataneo, 1985, p. 201.
39)《gli antichi nell'edificare città o castella usorono la figura circulare. Così anco mostra Vetrubio che si debbi fare.》Cataneo, 1985, p. 199.
40) Cataneo, 1985, pp. 214 - 215.
41) Cataneo, 1985, p. 215.
42) Cataneo, 1985, p. 221.
43) Cataneo, 1985, p. 219.
44) Cataneo, 1985, p. 221.
45) Cataneo, 1985, p. 223.
46) Cataneo, 1985, p. 235.
47) Cataneo, 1985, p. 236.
48) Cataneo, 1985, p. 216.
49) Cataneo, 1985, p. 216.
50) Martini, 1967, p. 20（マルティーニ、1991年、10 - 11頁も参照）.
51) Peruzzi, 1982, p. 90.

第5章
築城術と「国家の防衛」戦略

はじめに

　多角形平面プランの採用によって、「側面射撃」と「稜堡」を融合させたという点で、そして「理想都市」の建設法を論じながら、城壁の設計においては軍事上の考慮のみを優先した点で、建築家カターネオが「稜堡式築城」を完成させたといってよいだろう。彼はフランチェスコ・ディ・ジョルジョやペルッツィなどの設計思想をはっきりと受け継いでいたが、上記の特徴や、城砦都市は全方位を等しく防衛せねばならないと考えていた点[1]も考慮すれば、彼はもはや「マルティーニ派」の擬人論的城砦や重点防御思想からは完全に脱却していたとみなすべきだろう。『建築』の第一書で示されているのは、都市というより軍事要塞の建設法であり、そこにはルネサンス的な理想都市への憧憬よりも、近代的な軍事専門家の冷徹な思想があらわれている。

　さらに、カターネオの『建築』にはフランチェスコ・ディ・ジョルジョではみられなかった軍事専門家としての思想が示されている。それは、「国家の支配・防衛」という概念である。しかもその文言からは、「城砦の建築が君主や国家の安全にとってむしろ有害である」という、いわゆる「城砦不要論」へ反論しようとする彼の意図が見え隠れする。そういった点で、『建築』は非常に論争的な建築書である。ではその論争相手とは誰だったのか。それは『建築』の中に明示されているわけではないが、その論争内容から推測するに、軍事論を論じていた当時の政治思想家であった。そして建築家がこうした政治思想家の軍事論に対して反論したように、政治思想家もこの時代、築城術について発言していた。

　そこで本章では政治思想家とりわけ軍事論を論じていた政治思想家の代表

としてマキァヴェッリをとりあげ、彼の軍事論・軍事技術論と建築家の築城術と国防戦略論を比較し、当時の社会や政治状況において軍事技術がどのような位置を占めていたのか考察する。

第1節　「都市の防衛」から「国家の防衛」へ

(1) 建築家による安全保障の視座：「国家の医者」としての建築家

　カターネオの『建築』が論争的であったように、フランチェスコ・ディ・ジョルジョの『建築論』もまた、非常に論争的な書物であった。とりわけ古代人の叡智を否定し、火薬や大砲といった分野では「現代人」の方が優れているという主張を打ち出した点や、古代人が火薬や大砲を知っていたと主張する人びとを「訳のわからぬことを口走るもの」と切って捨てる態度は、挑発的ですらある。

　しかし、あくまでこうした態度は、建築と技術に関する主張にのみみられるものである。しかも、ウィトルーウィウスなど古代人と、それに擦り寄る同時代人の権威を否定しているのは、あくまで「火器」という軍事技術の中の、さらに限られた部分にすぎない。まして、その軍事技術を持って何を防衛するのかということについて、フランチェスコ・ディ・ジョルジョの思想は素朴である。『建築論Ⅰ』の中で、築城術や造兵術がいったい何を防衛するためのものなのか、という点について明確に述べてはいない。城砦を建設する理由は、「都市の防御と保持のため」であり、「頭が失われれば、人体もまた失われるのと同様、城塞が陥落すれば、それによって統御されていた都市もまた陥落する」と書いているが、その言葉からすれば、築城術の防衛がおよぶ範囲はあくまで「都市」に限られているとみるべきだろう。

　『建築論Ⅱ』では、ユスティニアヌス帝の編纂した『ローマ法大全』の一部である『法学提要 Institutiones』の序文をそのまま引用する形で、支配に必要なものは法律だけでなく武装（軍隊）であり、これによって平時も有事も法と正義が執行されるとしている。さらに続いて、フランチェスコ・ディ・ジョルジョは権力の維持および支配のためには、武装および守備隊だ

第5章 築城術と「国家の防衛」戦略

けでは不十分であり、より少ない力で大きな力に対抗し、邪な意図をもつ人びとを抑えるためにも何らかの防護 defensioni(sic)が欠かせないと主張する。そしてこの「防護」とは、当然「さまざまな形態の城壁をもち、自然と人為に拠った城砦」なしでは達成できず、「それゆえ高名な都市の建設者は、敵対者に対して障害物となるよう、都市を城壁で囲ってきたのである[4]」と彼は述べている。そこから彼の議論は、防護のための城砦に対置されるものとして、古代から現代にいたるまで邪悪な意図を持って建造されてきた攻撃兵器の話へと筆を進めるのだが、それはさておき、ここでは武器（および軍隊・守備隊）以上に、城砦・城壁が「防衛」の手段として必要であることが強調されている点に注目したい。

　上記の内容は、城砦や城壁を建設するという行為が、その城砦そのものや城壁が囲んだ都市の安全を保障するのみでなく、それより大きな客体、すなわち支配権（フランチェスコ・ディ・ジョルジョの言葉では imperio と dominio）を維持し、法の支配を裏づけていると主張していると読むことができる。だが、領主たちが支配を維持するためには城砦も必要であるという主張の最後には、都市建設者が都市を城壁で囲ってきたのは敵対者への障害物とするという理由による、という一文が付け加えられている。この一文をみると、フランチェスコ・ディ・ジョルジョが「支配 impero, dominio」あるいは「領主 signore」という言葉を用いたとき、果たして都市国家以上のものを想定していたのだろうかという疑問を抱かせる。のちに分析するカターネオの主張などと比べたとき、そこに「国家 stato, paese」や「領土 territorio」「国境 confine」という概念が希薄な点を含めて考えると、フランチェスコ・ディ・ジョルジョの想定していた支配とは、あくまで15世紀当時のイタリアの都市国家や小領主を念頭に置いていたと考えざるをえない。

　彼以前のアルベルティ、あるいはウィトルーウィウスをみても、そこに「都市」および「都市国家」という感覚をみてとることは容易だが、「領土」や「国家」に対する想定を見出すのは難しい。たとえばアルベルティ『建築について』の序文では、「なお付け加えるべきものは、弩砲、戦争用機械類、

城砦およびその他のものであるが、これらは自由と市民の財産と名誉を保護、増加し、祖国の統治を拡大、確立しえるものである」としながらも、その議論はたちまち「また私の信じるところでは、古くからの記録にもあるとおり、他国軍に包囲された多くの都市が誰のために負かされ、侵害されたかを問うなら、人々は建築家を無視すべきではない[5]」として、「建築家の力と技術」が発揮される舞台は都市と包囲戦という狭い範囲へと立ち戻っていく。

また、同書の第四書第二章では都市の立地条件について語られているが、そこでは「住人の暮しを平和に、またできる限り不便でなく、骨折りを省けるものにする[6]」ことが都市に関する基本かつ理想的な条件とされる。さらに、各種の建築物について論じた第五書の冒頭では、まず複数あるいはたった1人の支配者にとって必要となる建築物について論じると前置きしたうえで、「僭主といわれるような人と、いわば許し与えられた職権として権威の座に就き、務めを全うする人とでは、当然、その支配下にある大多数のあらゆる建物だけでなく、都市そのものも完全に同じとはならない。何故なら、王が都市を防御する場合、外から来る者を防ぎえれば足る。それに対して僭主は、国外の敵に少しも劣らぬ力を持つ敵を市内に持つため、彼の都市は、外に対してと市内に対してとの両面で守られねばならない[7]」（下線は筆者）と述べている。

ここでは、王あるいは僭主といった支配者が治める領域として想定されているのは都市の内部に限られている。やはりここでもギリシャの古代都市国家あるいはロムルスや伝説の王たちが治めた初期のローマ市、あるいは同時代のイタリアに数多くみられた都市国家が念頭にあるように思える。また、アルベルティの論じるところの別荘（第五書第十四章）や農家（同第十五章）、畜産施設（同第十六章）といった、都市の外部にある施設群も、すべて都市との関連においてのみ論じられる。別荘は、その所有者である都市生活者に便利な位置に建てられるべきであり[8]、農家や畜産施設もまた都市に住む主人のところからあまり離れてはならないし、生産物はあくまで都市（に住む主人のところ）に集積されなくてはならない[9]。これは当時の都市国家に

第5章　築城術と「国家の防衛」戦略

従属していたコンタードcontado（周辺領域・農村）の姿と重なるものであり、アルベルティの想定する社会が徹底的に都市を中心に据えたものであったことをうかがわせる。さらにさかのぼってウィトルーウィウスもまた、城砦都市の立地条件は「市民」を養いうる生産があるか否かが念頭に置かれる[10]。さらに防御建築の考察も、あくまで城砦都市の城壁・塔・堀に限られていた。

　しかし、16世紀に入ると、建築家が論じる防衛のための建築も、その「防衛」の範囲を都市に限定しようとする論調が次第に変化し、領土・国土全体へと拡大し始める。その兆候はバルダッサーレ・ペルッツィの著書『軍事建築論』ですでにあらわれている。『軍事建築論』もあくまで論じている対象は城砦および都市城壁なのだが、その城砦や都市を建設する立地条件について列挙するとき、単に都市の住民の利便や、都市に居住する君主・支配者の安全以外の要素が考慮されている。

　ペルッツィによれば、都市は領土territorioの中心にあって、それを守る城砦は都市に対して容易に支配力をおよぼせるような場所に位置しなければならない。当然、都市の交易の便や食料の供給も考慮されるが、そうしたウィトルーウィウスやアルベルティが最初に考慮した要素より、まず統治することを考慮して、都市と領土、あるいは都市と城砦の位置関係がどうあるべきかが定義されているのである。

　さらにペルッツィは、城砦は「国家 stato e paese」にとって「鍵あるいは錠前 chiave e serami」にあたる位置に建設されるか、あるいは敵が攻城兵器や包囲軍で攻め寄せても抵抗できるような地形を備えた、「国境線 le fronti e confini」に建設すべきだと主張する。ここでは、城砦そのものを堅固にすることや城砦で都市単体を防衛することではなく、城砦によって国家や領土・国境線を防衛するという思想があらわれている。こうした城砦の備えが堅固であれば、敵の侵略軍は時間と費用を浪費することになるので、自分たちの領土を侵そうという野心を持たなくなる。ペルッツィは以上のように領土と都市・城砦の関係を論じた[11]。

　こうした城砦による国防戦略は、国外に対してではなく、国内に対しても

向けられる。すなわちどこにも良き統治に逆らおうとする悪意を備えた人間や従属民はいるものであるから、忍耐強い君主は、医者が病いに冒された人体に対して、病気の原因を突き止め、薬や治療を施し、新しい命を吹き込むように、そうした人びとを取り除かなければならない。そしてペルッツィによれば、その手段こそ、あらゆる努力を傾け、塔・城壁・兵士を強化し、城砦を堅固にすることなのである[12]。

　こうした、国家を人体に例え、建築家の仕事を医者に例える比喩は、ペルッツィの『軍事建築論』の他の部分にもみられる。「国家の防衛 Difensioni de li statii(sic)」と名づけられた一節は、「共和国、その他君主国や政体の「安全／健康(salute)」のための方法や道筋を見つけなくてはならないと思う」という一文で始まる[13]。そのためには、適切な機械を用いることで包囲戦や侵略から身を守り、それによって人間の狡猾さや悪意などから安全であらねばならないとペルッツィは説いた。そして、具体的には「もっとも強力な器具 strumento potentissimo」である「大砲 artiglieria」の攻撃の前では、梯子などによる攻略を防ぐために作られた「古い城壁 mura delle antiche」では難攻不落の城砦などありえないので、医者が人体を癒すために薬を探し求めるように、建築家の知恵は城砦の「構成や配置 modo composte e ordinate」について探求するために用いられねばならない。ここでは、都市ではなく国家が人体になぞらえられ、国家を防衛するための手段は医療行為に、そして防衛のために手だてを講ずる人びとが医者と比較される[14]。

　つまり、ペルッツィにとって「国家を防衛する手段＝城砦」は国家にとっての薬であり、もはやその適用は都市に限られない。また、城砦を建設する建築家や軍事技師は、国家の安全保障に責任を持つ君主や支配者と並んで、医者に例えられる。つまりペルッツィの考えでは、建築家は君主とともに国家を守ることに責任を持っているのであり、城砦を建設する行為は、国家の統治における一大事業に位置づけられている。

　同様の思想はカターネオの『建築四書』と『建築』でも主張されている。まず『建築四書』第一書第四章で、王および支配者は、君主が居住する「首

第 5 章　築城術と「国家の防衛」戦略

都 principal città(sic)」を領土の中央に建設すべきであるという主張を述べている。そして、それに並んでオスマン帝国がなぜ領土の辺縁であるコンスタンティノープル（イスタンブル）に首都を移転させたかについて触れている。カターネオは古代ギリシャ人の事例を引き合いに出して、拡大した領土を統治するには、兵士と住民を新しく得た土地に入植させて都市を建設するのが一般的な解決策であるという。だがオスマン帝国の場合、コンスタンティノープルの城砦としての堅固さや快適さ、および隣接する諸国家への侵略に都合がよいため、首都をそこに置き続けているのだと述べている[15]。ここでは、首都は君主の住む場所と位置づけられ、国家戦略に適合するよう建設するため、立地条件や位置が考察される。さらに、ここでいう君主は単なる都市の支配者でなく、国家全体の支配者であり、カターネオにとって王 re や領主 signore、君主 principe といった言葉が指すのは、都市の統治をおこなう人間のことではなくなっている。

また、『建築四書』が『建築』へと増補されるさいに付け加えられた『建築』第一書の第二十一章[16]では、君主および共和国がその支配地域を要塞化することの利点を、当時現実に存在したフランスやスペイン、トルコ、ヴェネツィア、教皇領、フェッラーラなどを例としてあげつつ論じている[17]。ここではペルッツィ同様、国境地域および地形的に防御に有利な地点を選んで城砦を建設することが最良の手段であり、住人や食糧生産地や防御の手薄な地域を守ることになると述べる。そして、もし城砦建設事業をおこなわないのであれば、要塞化に比べて劣る方法ではあるが、敵の手が届く範囲の食料生産地や村々を焼き払い、破壊するしかないと主張した[18]。

このように、16世紀に軍事建築書を残した2人の建築家は、ともに城砦を建設するという行為が国家や君主の安全を保つ最高の手段であると考えていた。ペルッツィやカターネオの考えでは、城砦建設に携わる建築家や軍事技師にとって考慮すべきなのは、都市のどこに城砦を建設するかという点に加えて、領土のどこに都市を建設すべきか、領土のどこに城砦を築けばより領土は安全になるか、という一段と広い視野が必要とされる問題であった。つ

193

まり、建築家はただの技術者や都市計画者から、領域国家の安全保障に関する重い責任を負うべき存在となった、と建築家自身が考えるようになっていたのである。

（2）「城砦不要論」との対決：政治と城砦

　なぜペルッツィやカターネオのような建築家が、国家の統治および安全保障のような政治的な問題にまで建築術のおよぶ範囲を拡張し、自らの仕事として主張しているのであろうか。確かにウィトルーウィウスが書き記し、ルネサンスの建築家たちが手本とした古代の建築家も、支配者のためにその知恵と技芸をふるったという意味で、政治的な存在であったといえよう。たとえばアレクサンダー大王のためにナイル河畔に都市アレクサンドリアを建設したディノクラテスは、大王の意思を受けて、彼の帝国のために都市を建設したという点で、政治的な任務を果たしている。

　だが、ペルッツィやカターネオは君主や支配者の意思にそって建築物を作るだけにとどまらず、都市や城砦がそもそも持っている、あるいは持つべき政治的機能について考察の範囲を広げているのである。つまり都市は国家の支配のために如何にあるべきか、城砦は国家の安全のために有益か否か、有益となるためにはどのように築くべきかという視点がそこにはある。15世紀までの建築家が快適な都市、そして堅固で安全な都市を実現するため、「都市の防衛」を考察したのに対し、16世紀の建築家たちは、「国家の防衛」を明確に意識し始めたのである。

　こうした視点が、なぜ建築家に導入され、建築書で論じられるようになっていったのであろうか。建築家が「国家の防衛」を論じ、国家や君主にとって有益な建築のあり方を論じるとき、そこには論争上の、暗黙のライバルがいたように思われる。

　そのライバルとは何者であったのか。それを突き止める手掛かりの1つは、カターネオが城砦によって国家の安全を達成する道筋について論じた『建築』第一書第二十一章にみつかる。そこに書かれた、国境にそった地域や、

第 5 章　築城術と「国家の防衛」戦略

　自然の要害となる地域に城砦を建設し、隣国の侵略を未然に抑止すると同時に、領土を略奪され食糧供給を断たれることがないようにするという考えは、ペルッツィの『軍事建築論』にもみられる思想である。だがカターネオは、こうした領土の要塞化は、その国の大きさや統治の状態によって変わると考えていた。

　彼は国家を三種類に分類し、それぞれの場合で城砦建設をすべきか否かについて考察している。そのうち、まずフランスやスペインのような王国は、領土を要塞化する必要が乏しいとされる。その理由は、こうした国家は古くから継承された王権を戴き、古くから忠誠を誓った有力な家臣や王を愛する領民が存在するので、敵軍が侵入してきても、一致団結して敵を撃退できるからである[19]。カターネオは、古い家系であるが故に外敵の侵略を撃退できた例として、1484年（とカターネオは書いているが実際は1482年）にヴェネツィアを退け、1510年に教皇ユリウス2世の攻撃を退けたフェッラーラのエステ家をあげている。

　また、オスマン・トルコ帝国のような国の場合も領土を城砦で守らなくてよい。なぜならトルコではあらゆる人間が奴隷か従属民であり、彼らを懐柔させることはできないし、また他の国や領主に対して街道が開かれていないので、この国に侵入することが困難だからだとカターネオは論じる[20]。だが、もしトルコの皇帝とその家系を殺害し、根絶やしにできれば、アレクサンダー大王がペルシア帝国のダリウス王を倒してその領土をやすやすと手に入れたように、トルコには領民から信義を集めるような人物がいないため、容易にトルコを我がものとして支配できるだろうとも述べている。

　そして、もしそれほど国力のない、公爵や侯爵、僭主が治める国は、たとえその家臣や領民に愛されていようとも、城砦を国境や要害に建設しなければならない。そうすれば首都に敵が迫る前に1つか2つの地点で敵を足止めできるし、領土内の交通や食糧生産を敵の攻撃によって脅かされることがないからである[21]。この第二十一章では、城砦を建設し、領土を要塞化するか否かを決定する要因として、支配者と臣民の信頼関係や愛情という問題に触れ

195

つつも、トルコの場合は皇帝が領民から愛されていないにも関わらず城砦を建設する必要はないし、一方でたとえ君主が臣民から愛され、信頼されていようとも国力が劣る国は城砦で領土を防衛しなくてはならないという。

　なぜ突然カターネオは「君主と臣民の信頼関係」という問題をとりあげたのだろうか。ここで思い出されるのは、ニッコロ・マキャヴェッリの著作における城砦に関する議論である。マキャヴェッリの主要な著作である『君主論 Il principe』や『ディスコルシ Discorsi sopra la prima deca di Tito Livio』においては、城砦が君主の安全にとって益するものかそれとも害するものかといった議論がしばしばあらわれる。カターネオはこれに反論する意図をもってこの議論を展開したのではないだろうか。

　筆者は、カターネオの政治体制と城砦建設をめぐる議論は、マキャヴェッリの影響と考えている。カターネオがマキャヴェッリの著作を読んだという明確な裏づけは、現在のところみつかっていない。だが、カターネオが領土を要塞化する必要がない国として、フランスやスペインのように古い血統をもつ家系に支配されてきた王国をあげ、そうでない君主国の支配者は臣民から愛されていようとも城砦を建設すべきであるという議論は、マキャヴェッリ『君主論』冒頭の、世襲国家と新興君主国ではどちらが統治するのに容易なのか、という問題提起を思い起こさせる。さらに重要なのは、マキャヴェッリが世襲国家の安定性を示す例として、オスマン・トルコの国制上の特徴を紹介するのに、アレクサンダー大王はダリウス王を倒しただけでペルシア全土を手に入れた逸話をとりあげた点や[22]、1484年に行われたフェッラーラのエステ家に対するヴェネツィアの攻撃と、1510年の教皇ユリウス2世の攻撃を退けた例などの逸話が[23]、『君主論』と『建築』で一致しているという事実である。とくに後者は、議論の流れから、ヴェネツィアの攻撃があった年を2年間違えているという点にいたるまで、両者の文言と一致しており、カターネオがマキャヴェッリの著作に触れた可能性は高いと考える。

　では、カターネオが反論しようとしたマキャヴェッリの城砦に対する考え方とはどのようなものだったのだろうか。たとえば『君主論』の第二十節

第5章　築城術と「国家の防衛」戦略

「君主たちが日夜築く城塞や、その類のものは有益か、有害か」という節では、以下のような文言がみられる。

『君主論』第二十節

「従来、君主は国をより安泰にしようとして、城塞を築くならわしがあったが、これは、反乱を企てる者への、轡とか手綱の役になればと思って、敵の急襲に備える安全な避難所を確保するためだった。<u>この手段は古くから用いられており、これに、私も賛成である</u>」[24]（下線は筆者、以下同）

同上

「<u>国外の勢力を恐れるより、自国の領民を恐れる君主は、城を築くべきだ。ただし自国の領民よりも外敵を恐れる君主は、築城を断念すべきだ</u>」[25]

同上

「<u>もし最上の要塞があるとすれば、それは民衆の憎しみを買わないことにつきる</u>」[26]

同上

「以上あれこれと考えてみて、築城をこころざす人、それをしない人、わたしはそれぞれを誉めはするが、<u>城を信じすぎて、民衆の恨みを買うことに無頓着な人間は非難してやろう</u>」[27]

こうした主張は、「城砦」という技術は自国の臣民に対する抑圧装置に過ぎず、国外の敵に対しては、君主はむしろ城砦を作らず、臣民の信頼と愛情を獲得することに努力することが真の安全保障となるという考えによるものである。

このマキァヴェッリの主張に似た考え方は、ペルッツィの『軍事建築論』にもあらわれている。前述の通り、ペルッツィは城砦の効用として、国境の防衛、侵略に対する抑止効果、交通や商業の保護などに加えて、良き統治に逆らおうとする悪意をもつ人間を除外する機能があると考えていた。そうした国内の反乱に対して城砦は効果的であるという点は、マキァヴェッリもペ

ルッツィも同様の意見を述べている。だが、ペルッツィにとって城砦は反乱に対しての安全を保障すると同時に、あくまで外国からの侵略を抑止するという機能が第一義的にとりあげられているのに対して、マキァヴェッリは国外の敵からの防衛としては「築城を断念すべきだ」と述べているように、価値を見出していなかった。

さらに『君主論』におけるマキァヴェッリの城砦に対する認識は、その後まとめられた『ディスコルシ』ではさらに先鋭化し、以下のように反乱に対する城砦の防衛機能も否定した、徹底的な「城砦不要論」へと変貌していく。まず国内反乱に関する「城砦不要論」は『ディスコルシ』の第二巻第二十四節「城塞はおしなべて役に立つよりむしろ害になることが多い Le fortezze generalmente sono molto più dannose che utili」で示される。

『ディスコルシ』第二巻第二十四節

「おお、君主諸公よ。御身は、それぞれの都市の人民を城塞の力をかりて抑えにかかっておられるのだ。(中略) すでに説明しておいた理由で、<u>城塞の力をかりてその市民を抑えていこうとしても、それはなんのたしにもならぬということである</u>。つまり城塞をもっていることが、逆に御身を向こう見ずにさせ、深い考えもなく、市民に弾圧を加える方向へ導く。そしてこのような弾圧を敢えてすれば、御身を破滅においやることとなる」[28] (下線は筆者、以下同)

同上

「ところが戦時ともなれば、城塞など完全に無用の長物と化してしまう。<u>というのも、敵からも、また治下の領民からも攻撃の対象にされるために、その両者にはとても抵抗しえなくなってしまうからである</u>」[29]

ペルッツィは外敵にも反乱にも城砦が安全を保障してくれるという立場であり、カターネオは国力の小さな国は城砦を築くべきであり、そもそも君主が領民に愛されているか否か（君主が臣民の反乱を恐れているか否か）と城砦建設の可否は無関係である、と考えていた。それに対し、マキァヴェッリは統治にとって城砦は「なんのたしにもならぬ non può essere più inutile」

第5章　築城術と「国家の防衛」戦略

と捉えており、その立場は建築家と完全に対立している。

　ここで、マキァヴェッリと2人の建築家の著作の出版（執筆）年を比較してみると、『君主論』の出版が1532年、『ディスコルシ』の出版が1531年であり、『軍事建築論』の執筆や『建築四書』『建築』の出版はそのあとにおこなわれている。ならば、ペルッツィやカターネオが、マキァヴェッリの主張した「城砦不要論」に反論する必要を感じ、15世紀までのアルベルティやフランチェスコ・ディ・ジョルジョの建築書にはみられなかった、国家の防衛（安全保障）と城砦という主題をあえてとりあげ、城砦を擁護したと考える方がより自然である。

　マキァヴェッリの主張した「城砦不要論」は決して彼の独創ではなく、むしろ当時の政治論においては頻繁にとりあげられる主題であった。だが、マキァヴェッリがこうした「城砦不要論」の代表的な論客であると16世紀当時みなされていたこともまた事実である。とくに16世紀末頃から、マキァヴェッリの説く「城砦不要論」の根拠である、城砦は君主から領民への愛を失わせるか否かについて多くの議論が思想家たちによって巻き起こされた。[30] ペルッツィやカターネオがたとえマキァヴェッリその人に反論する意図がなかったとしても（あるいはそもそも誰か具体的な人物に反論する意図がなかったとしても）、16世紀の城砦建設事業に関して、それが国家と君主の安全に利するか否かは、政治思想家のみならず、建築家にとっても重要な論争点となり得る重要性を持っていた。

　建築家たちが「国家の安全保障」という政治領域に足を踏み入れるのと同時に、政治思想家たるマキァヴェッリも軍事技術の領域に足を踏み入れている。『ディスコルシ』では、「城砦不要論」の主要な根拠として、軍事技術を理由とするものが2つあげられている。それは「火器の発達」と「精鋭な軍隊は城砦に勝る」という思想である。以下に『ディスコルシ』でマキァヴェッリが城砦を不要と断じた個所をあげ、その軍事技術的理由を考察してみる。

　『ディスコルシ』第二巻第二十四節

「さらに城塞が無力化してしまったのは、とくに現在においていちじるしい。というのは、大砲の発明という理由に基づくのである。<u>大砲の威力に対して、狭い城塞では後退して新たに陣地を構築する余地がないために、防御不能になってしまうのである</u>[31]」（下線は筆者、以下同）

同上

「さてここで、外敵の侵入に備えて城塞を構築するばあいにふれるならば、次のように言うことができる。つまり精鋭な軍隊を備えた共和国や王国にとっては、城塞は不要だということである。さらにはまた、りっぱな軍隊をもたぬ国家が城塞をもってみたところで、無用の長物にすぎない。というのは<u>精鋭な軍隊は城塞などなくても、りっぱに防衛の任を果たすものであり、逆に精鋭な軍隊の裏づけがない城塞は、君を防衛してくれはしない</u>[32]」

同上

「さもなくて、仮にその城塞の守りが堅く、敵軍も容易にこれを抜くことができないようなばあいは、<u>敵軍はこの城塞を素通りして軍を進めていくために、せっかくの堅固な城塞も何の役にも立たないことになる</u>[33]」

こうしたマキァヴェッリの「城砦不要論」を整理すると、①「火器の発達」、②「優秀な軍隊なしに城砦は防衛できない」、③「固定的な防衛線の否定」と捉えることができる。最後の「固定的な防衛線の否定」とは、たとえそれ自体は堅固であっても移動できない城砦より、敵の侵攻に合わせて柔軟に対処できる軍隊の方が、国家の防衛にとって有益であるという意味である。この考えは、城砦よりも優秀な軍隊が国家の防衛には不可欠と考える2つ目の主張と深く結びついている。そして、この主張に対しては、ペルッツィおよびカターネオの建築書では全く逆の主張がなされている。つまり、マキァヴェッリがどれだけ領土の一部を要塞化しても、そこを敵軍に回避・迂回されるので無意味と述べるのにたいし、ペルッツィやカターネオは国家には、街道や食糧生産地帯など、決して敵軍に侵略されてはならない地点、あるいは敵軍が進撃してくる可能性が高い地点があるので、そこを要塞化すること

第5章　築城術と「国家の防衛」戦略

が必要だと考えている。つまり建築家にとっては、要塞化されていない地域は侵略されてもかまわないのであり、マキァヴェッリが主張するように敵軍が城砦を回避・迂回したとしても、それはそれで城砦は国家防衛の役割を果たしたことになるのである。

　領土の要塞化への批判に典型的にあらわれているように、マキァヴェッリの技術に対する考え方は、ただ１つでも欠点があればその他の利点は無視する「全か無か」というものである。これは、建築家（とくにカターネオ）がさまざまな条件に分けて要塞化を推進すべき国家、その必要がない国家を論じているのに対し、より教条的であるといわざるをえない。なぜなら、政策における折衷案の否定、二者択一的思考は、マキァヴェッリの政治思想の特徴とされるが[34]、技術に関していえば、どんな場合でも完全に機能する技術などというものが存在しない以上、マキアヴェッリの技術への思想は柔軟性を欠いているからである。

　さらにマキァヴェッリの残り２つの主張、「火器の発達」「優秀な軍隊なしに城砦は防衛できない」という城砦不要論の根拠について考察してみよう。こうした論点は、ペルッツィ、カターネオなど彼と同時代の建築家をとりあげるまでもなく、すでにフランチェスコ・ディ・ジョルジョの築城術で考察の俎上に載せられ、それなりの解決策が提示されているのである。

　すでに何度もみてきたように、火器の発達によって築城術の改良が必要であるという認識はフランチェスコ・ディ・ジョルジョからすでに存在している。むしろ、マキァヴェッリは将来における火器の可能性については、15世紀のフランチェスコ・ディ・ジョルジョよりも軽んじていたのであり、火器は既知の軍事技術ではもっとも強力で、さらに改良され強化されるであろうと考えていたフランチェスコ・ディ・ジョルジョの方が、こと軍事技術に関しては「進歩」という考えを持っていた点でマキァヴェッリより「近代的な心性」を備えていたのではないか。マキァヴェッリは、火器とはしょせん城壁を破壊する道具程度の役にしか立たず、「武勇 virtù」を備えた軍隊には全く驚異ではない。さらに城砦の防衛に用いたとしても、古代の武器と大して

変わるところはないと考えていた。そうした考えは『ディスコルシ』の次の一文によくあらわれている。

『ディスコルシ』第二巻第十七節

「これ（筆者註：都市の城壁）を攻撃して奪取するばあいも、昔にくらべて、比較にならないほどの危険にさらされるわけではない。なぜなら、昔といえども都市を防御するばあいには、弩弓や投げ槍などの飛び道具を備えていたからである。なるほど、これらの飛び道具は、さして恐ろしいものではなかったとはいえ、人を殺すことにかけては、それなりの力をもっていた」[35]（下線は筆者、以下同）

同上

「大砲が実際に被害をおよぼす時間は、（筆者註：古代の）象隊や戦車が危害を与える時間よりもはるかに短いもので、人びとは、大砲のもたらす被害から逃れる手段を簡単に編みだすこととなる。（中略）つまり砲撃がはじまれば、自然の地形を利用してこれに身を潜めたり、地面に身を伏せさえすればよいのである」[36]

フランチェスコ・ディ・ジョルジョが現時点までの火器の発達と将来の可能性について理解していたのに対し、マキァヴェッリはその生涯でたびたび見聞したであろう「火器の現状と可能性」について、観察眼も分析力も持っていなかった。火器は城砦の防衛には使えないというのは、フランチェスコ・ディ・ジョルジョがサンレオ砦などに、あるいはペルッツィがシエナ市に、火器で城砦を防衛する稜堡や「カパンナート」をすでに建設している点を見逃している。また、火器の発達によって城砦は無価値になったという主張は、カターネオの示した城壁の役割とは砲兵に対する防御であるといった認識と比べて、あまりに時代錯誤的で16世紀当時としてもひどく古臭い。

そもそも「優秀な軍隊なしに城砦は防衛できない」という考えにしても、フランチェスコ・ディ・ジョルジョの『建築論Ⅱ』において『法学提要』を引用しつつ、良き法と軍隊（守備隊）だけでなく、城砦がなくては国家の防衛は不可能であるという主張として、すでに考察されているのである。

ここで強調しておきたいのは、建築家や軍事技師の関心の広さと、マキァヴェッリが16世紀にとりあげた国防上の問題は、すでに15世紀の時点で建築家によって検討ずみ・解決ずみだったという事実である。彼らの関心の広さは城砦の設計や都市計画から、次第に国家の安全保障・国防戦略にまで拡大していき、結果的にマキァヴェッリのような政治思想家たちのもつ技術思想と対決せざるをえなくなった。これが、16世紀の建築書に領域国家的な概念が登場し、その防衛について建築家が提言するようになった背景の1つではないだろうか。すなわち、「国家の防衛」という視点を備え、国防上の戦略方針をめぐってマキァヴェッリの「城砦不要論」と対決した16世紀の建築家や軍事技師は、すでに単なる職人や技術者ではなく、政策立案者とでもいうべき視野を持ちつつあったのだ。

第2節　マキァヴェッリのフィレンツェ城壁改修計画：政治思想家の築城術

(1) マキァヴェッリ『戦争の技術』の築城術

　15世紀末から16世紀にかけて建築家・軍事技師が政策立案の分野まで考察を広げていった一方、反対に政治思想家も「軍事技師化」していた。なぜなら国家や君主の安全をはかるうえで、城砦の建設は目的にかなうかどうかを論ずるなら、どのような城砦を建設すべきかという問題も国防と深く結びついているからである。城砦と国家戦略の関係がクローズアップされつつあった時代の築城術・軍事技術を考察するためには、「政治思想家の築城術」もまた検討しなくてはならないだろう。

　前節では「火器の発達によって城砦は無価値となった」と主張した点から時代錯誤と評したが、実は当初、マキァヴェッリは意外なほど火器・大砲について肯定的な評価を下している。そもそも城砦不要論の論拠の1つが火器の発達であるように、多くの譲歩つきとはいえ、マキアヴェッリは火器の発達を認め、それによって城砦の価値は失われたとみなしていた。しかし、火

器自体への評価は、著作を執筆順に並べると、次第に非現実的な「大砲不要論」へと推移していく。あたかも城砦不要論が次第に語調を強めていくのと歩を同じくするかのごとく、マキァヴェッリは『君主論』(1513年頃執筆)から『ディスコルシ』(1515年頃)、そして『戦争の技術 Arte della guerra』(1519年頃執筆、1521年出版)へと、次第に大砲に対する評価を下げている。

『戦争の技術』はマキァヴェッリの著作の中で、数少ない生前出版されたものの1つだが、古代のローマ軍団讚美と武勇 Virtù の称揚に基づく軍制論および戦術論は、一般的に実戦に即した内容であるとは考えられていない。マキァヴェッリの関心は共和期のローマ軍団をモデルとした市民兵制の確立であり、こうした軍制改革の根拠となったのは同時代の傭兵批判である。だが、マキァヴェッリの傭兵批判が当時の実態に即していない内容であることは、すでに幾人かの研究者によって指摘されている。

たとえば F・シャボー Chabod は、マキァヴェッリが称えたフランスやスペインの常備軍も基本的に傭兵に依存していたのだから、イタリアの軍事的劣勢をすべて傭兵のせいにはできないし、同時に当時の傭兵は、金銭で雇われる私兵集団から、絶対王権下の常備軍へと変化する大きな可能性を秘めていたのであって、その変容を見逃したところにマキァヴェッリの大きな誤りがあったとしている[37]。また G・サッソ Sasso は、マキァヴェッリが傭兵軍を批判して「市民軍」の創設が有益だと主張する以上、軍の指揮権が野心家によって握られ私兵化する危険性(いわゆる統帥権の所在の問題)や、武装し訓練を受けた市民が、逆に君主や国家の支配層を脅かす危険性(いわゆる反乱対策)について解決策を提示しなくてはならなかったにもかかわらず、そうした問題について目をつぶり、これらを解決する有効な方策を提示することにも失敗していたと指摘した[38]。

また、ルネサンス・イタリアの政治と軍事に関心を寄せた歴史家 P・ピエリの批判も見逃すことができない。彼は、マキァヴェッリが傭兵と対置し理想化した、市民兵からなる古代ローマ軍団は、リヴィウスの『ローマ史』などを誤読・曲解した観念上の存在であるとし、そうした理想化されたローマ

第 5 章　築城術と「国家の防衛」戦略

軍団を根拠として考案されたマキァヴェッリの歩兵隊戦術は、実践的なものではないと主張した。また第 1 章でも触れた通り M・マレットは、15から16世紀にかけてイタリアの傭兵隊長が、小規模ながら近代的な騎兵・歩兵・火器を融合させた軍隊を編成し、それに見合った戦術をすでに用いていたとして、当時のイタリアが戦争と戦術の一種の実験場であったとみなしたのである。[39)]

こうした『戦争の技術』ならびにマキァヴェッリの軍事論に対する批判者がこれまで見逃してきたのは、マキァヴェッリの軍事技術や築城術への態度である。確かにマキァヴェッリの関心は軍事技術よりはもっぱら軍事制度や編制にあり、火器や城砦に対しては『君主論』『ディスコルシ』でも重視しない立場をとっていた。それにもかかわらず、『戦争の技術』では築城術について論じた巻が存在しており、マキァヴェッリのように城砦の建設に否定的だった人間ですら、築城術に一定の関心を払っていたことを示している。そしてすでに述べたように、当時、築城術と国防戦略は深く結びつきつつあったのに、これまであげてきた先行研究では、マキァヴェッリの軍事論を検討するうえで、築城術などの「軍事技術」にはほとんど触れられてこなかった。

これまで論じてきたように、一見軍事的な合理性とは無関係にみえるフランチェスコ・ディ・ジョルジョの「擬人論的城砦」にも、戦術的な目的を見出すことができるし、16世紀の建築家や軍事技師の城砦は、人文的要素も皆無ではないが、基本的には敵の砲兵に対抗するという合目的な設計思想に貫かれた築城術を論じていた。では、マキァヴェッリのような城砦否定論者、火器否定論者はいかなる思想に基づいて築城術を組み立てていたのであろうか。そして、それは彼の国家論、そして彼の考える安全保障戦略、「国家の防衛」にどのように寄与するものと位置づけられていたのだろうか。

マキァヴェッリが築城術について論じた『戦争の技術』第七書において、自ら「もっとも堅固」と評した城砦は、端的にいえば対白兵戦を想定し、火器には弱いが、梯子をかけてよじ登るのは困難な「高くて薄い」城壁に囲ま

れた城砦、そして防衛のために火器を城砦に配備することはあまり重視しないという設計を採っていた。

マキァヴェッリはもっとも重要な防備となる城壁について、次のように述べている。

『戦争の技術』第七巻
> 仮に城壁を高く作ると、大砲の攻撃にむやみにさらされてしまう。城壁が低ければ、梯子をかけてよじ登るのが簡単になる。（中略）それゆえわたしが思うに、いつでも安全であることがより良い判断だから、いずれの不都合にも備えるために壁は高く（中略）作ることだ。[40]

彼は、高い城壁は火器に対して弱いことを確認したうえで、堅固な城壁とは背の高いものであると結論づけている。つまりマキァヴェッリは大砲と梯子の脅威を天秤にかけ、あえて大砲ではなく梯子から城砦を防衛する方を優先している。

また、この城砦設計においては、火器は城壁の内側に配置されており、敵が城壁を突破してきて初めて有用となる。加えて、マキァヴェッリは自分の城壁が薄いものなので、ここに大型の火器を配置することはできないことを認識していた[41]。つまり火器を防御の前面にたてる考慮は全くしていない。

だが、マキァヴェッリは砲撃の威力を軽視していたわけではない。むしろ、小さな「稜堡 bastione」などは敵の砲撃でたちまち破壊されてしまうから、築かない方がよいと述べている[42]。それゆえ、背が高く薄い城壁も、火器で破壊されることを前提と考えていたに違いない。彼がそうした前提に立っていたことは、城壁と堀の位置関係からも分かる。彼は敵軍によって埋め立てられないよう、堀を城壁の内部に作ることを勧めていたが、これには、大砲で城壁が破壊されたときの瓦礫で堀が埋まってしまわないというもう1つの利点があった。堀が城壁の内側にあれば、城壁が崩れても瓦礫は堀の前に積みあがり、結果として堀はさらに深くなって、城砦の防御力は損なわれないとマキァヴェッリは述べている[43]。つまり、火器によって破壊されないような頑丈な城壁を作るのではなく、城壁が崩されるのは最初から織り込みずみで、

堀を城壁の内側に作るべきだと考えていたのである。

『戦争の技術』の本文でマキァヴェッリが述べているように、城壁の裏に堀を設けるという防御方式は、彼が体験したピサとの戦争で、敵であるピサ守備隊が用いた方法だった[44]。こうした方法に合理性があるとマキァヴェッリが判断したのもそのためである。しかし、ピサのように、城壁が破壊された場合の応急防御として壁の内側に堀（塹壕）を掘るという戦術に合理性はあるが、最初から大砲によって破壊されると分かって新規に薄い城壁を築くことの不合理性についてマキァヴェッリは気づいていないようである。事実、16世紀以降、少なくともイタリアでこのような「城壁を外側、堀を内側」に配置した城砦や都市は1つとして建設されていない。

『ディスコルシ』によると、マキァヴェッリは、城壁をひとたび勇敢な敵が突破してしまえば、それを火器でおしとどめることはできないと考えていた[45]。そうした考えが『戦争の技術』にも引き継がれていたとすれば、城砦内部に配置された火器は敵の侵入を食い止めることは期待されておらず、あくまで補助的な防御であって、むしろ堀の守りを強化するものだったのだろう。実際、マキァヴェッリはこれら砲兵の役割を、堀の中に飛び下りてくる敵を迎撃することであると記している[46]。

このようにマキァヴェッリの考えた城砦は、火器を防ぐことを主たる目的としておらず、火器を防衛戦で有効に活用することも考えていなかった。あくまで敵が白兵戦を挑んでくることを想定し、それに対抗することを目的としていた。また背の高い城壁が大砲で破壊されることをあらかじめ受け入れたうえで、城壁の内側に堀が作ってあれば、城砦の防御には十分であると考えていたのである。

マキァヴェッリの築城術は、以上述べたような特徴に加え、さらに彼独特の城砦に対する考えが反映されたものになっている。たとえば、城砦の堅固さは自然と人為によって成し遂げられると言いつつ、自然の堅固さとしては沼沢地や河川の防御力を指摘するだけで、丘陵や山頂に築かれた城砦は、「攻め登るのにさほど難儀でもないから、今日では大砲や地雷坑（筆者註：

城壁下にトンネルを掘り、火薬などを仕掛けて城砦を破壊する戦法）に対して実にもろいものになっている」としている。

一般にフランチェスコ・ディ・ジョルジョからカターネオまで、平地には平地に適した、山上には山上に適した城砦や都市の建設法があると考えていたが、どちらが有利か不利かということについては、そもそも優劣をつけるという発想そのものがなかった。ところが、マキァヴェッリは『戦争の技術』の中で、「今日では山頂の砦に攻め登るのは難しくない」と断じた後、山上都市・城砦の建設法には一切触れていない。２つの条件をあげて有利・不利を明確に断言したのち、不利と判定したものについては一顧だにしないというマキァヴェッリの政治論における論法が、地理条件にまであてはめられている。

築城術という技術論でありながら、『戦争の技術』第七書は、他のマキァヴェッリの著作同様、数多くの古典からの引用によって論拠を補強している。第七書だけでも、古代ローマのドミティウス・カルヴィヌス、スキピオ・アフリカヌス、マルケルス、ユリウス・カエサルといった名将たちが籠城のさいに、あるいは城を包囲したさいにどのような戦法・計略を用いたのかを紹介している。また、ローマ人以外にもアテナイのティモン、ピュロス王、ハンニバルなどがとりあげられている。こうした古代の事例は盛んに用いられるのに対して、同時代の例としてはわずかにチェーザレ・ボルジアが都市を占領するさいに用いた奇襲戦法と、前述の通り、マキァヴェッリ自身がフィレンツェ政庁に勤務していた時代に体験したピサ包囲戦がとりあげられているのみである。だが、古代の事例が、いかに知略と機転によって直接的な軍事力に頼ることなく名将たちが都市を占領したかという「逸話」であるのに対して、ピサ包囲戦など自身の経験の記述は非常に生々しく、具体性を帯びた技術論だという違いがある。マキァヴェッリがピサ包囲で見聞したのは、以下のような戦術である。

『戦争の技術』第七巻
　　敵が大砲を使って崩れた壁から侵入してこないようにするには（大砲に

第 5 章　築城術と「国家の防衛」戦略

よる破壊を食い止める対策がないから)、砲撃の最中にも、狙われている壁の内側に壕を掘ることが必要となる。幅は少なくとも30ブラッチャ、掘り出された土は城内側に盛り土となし、土手を使って壕が深くなるようにする。(中略) また壕については、掘削中にその両端を砲台でふさぐこと[48]。

　マキァヴェッリがピサで目撃したのは、城壁が突破された場合にそなえて背後に濠と土盛りを築き、突破口の両脇には、侵入してくる敵兵を「側面射撃」で撃退するための砲台を設置するという応急築城術であった[fig.5-1]。こうした手法はフランチェスコ・ディ・ジョルジョも『建築論』の中で提示しており[fig.5-2]、16世紀には広く用いられていたようである。

　ピサの応急築城術のような例を除けば、マキァヴェッリの築城術は具体性に乏しい。さらに火器の威力に対しては「高く薄い城壁」を採用するという点で軽視しているかと思えば、「小さな稜堡などはたちまち破壊されてしま

左：[fig.5-1]　城壁が破られた場合の火器を用いた応急防御法（19世紀の建築家ヴィオレ・ル・デュク Viollet-le-Duc 画）
右：[fig.5-2] フランチェスコ・ディ・ジョルジョ『建築論』に描かれた城砦の応急防御法

う」と重視するかのような姿勢をみせるなど、主張に一貫性がない。また、火器を城壁や塔に配備して積極的に防衛に用いるという発想もなく、丘陵や山頂という、一般的に要害とみなされる地点を城砦の防衛に用いるという発想もみられないなど、15－16世紀の建築家とは全く相いれない姿勢をみせていた。たとえばカターネオは堅固な山城の典型例として、フランチェスコ・ディ・ジョルジョの築いたサンレオ砦をあげている[49]。だがそのサンレオ砦をマキァヴェッリは『戦争の技術』第七書冒頭で、山上の城砦が脆い実例として例示しているのは対照的である。

マキァヴェッリが、建築家たちのように古典的な建築書や軍事技術書に範を求めているかといえば、それもまた疑わしい。たとえばジグザグに折れ曲がった城壁はウィトルーウィウス、アルベルティが戒めるところであったが、マキァヴェッリは城壁の凹凸について「最初の努力は、曲がりくねってくぼみの多い城壁を作ること」だと述べ、これによって敵は城壁に近づくこともできず、正面からも側面からも攻撃されるようになると主張しており、相反する意見を持っていた[50]。マキァヴェッリのいう、城壁を曲がりくねったくぼみのある形で築き、敵兵を正面のみならず側面からも攻撃できるようにするという考えは、むしろフランチェスコ・ディ・ジョルジョ以降の建築家が採った築城思想に近い。

マキァヴェッリの築城術は、15世紀後半から16世紀の建築家が考えていた築城術とは相いれないが、かといってその発想の源泉は古典建築書や技術書に求めることもまた難しそうである。なによりマキァヴェッリが引用するのは、ルネサンスの建築家が共通して引用する古代の建築家や軍事技師の逸話ではなく、カエサルやスキピオといった古代の軍人の逸話である。そうした点から考えると、マキァヴェッリの築城術は、これまで本書がたどってきた古代から16世紀までの建築論や軍事技術論の伝統と技芸を受け継いだものではなく、政治思想家の立場から考察された独自の築城術であったとみなすのが適当であろう。

（2）『フィレンツェ築城検視報告書』：軍事思想における転向

　『君主論』『ディスコルシ』『戦争の技術』を執筆した時期（1512-25）は、マキァヴェッリにとっては不遇の時代であった。彼は1498年からフィレンツェ政府の書記官に就き、軍事や外交、そして民兵制度の創設などの仕事に務めることとなる。だが1512年になって、フィレンツェから追放されていたメディチ家が帰還したことでその経歴も断たれてしまう。彼は政争に巻き込まれた結果、公職から追放され隠遁を余儀なくされる。彼が多くの著作を執筆しながら、自分の官僚としての能力が活かせる場を求めて、君主や教皇などと接触をはかるが、望むようなポストが与えられることは遂になかった。

　だが『戦争の技術』出版後、マキァヴェッリはひさびさに公職へと復帰した。それがフィレンツェ城壁委員会への参加である。1525年、フランスや教皇庁と同盟を組んだフィレンツェは、将来のスペインの侵略に備え、この委員会の下でフィレンツェ市の要塞化を検討し始めた。このときフィレンツェ防衛のアドバイザーとして元スペイン軍の将軍で砲術の専門家であったペドロ・ナヴァロが招かれた。ナヴァロは1503年チェリニョーラの戦いにおいて、スペイン軍が火縄銃と野戦築城によってフランス軍の騎兵突撃を打ち負かしたとき、スペイン軍の火器と工兵の責任者を務めた人物である。[51]　この戦いは、火器と陣地に頼った防御戦術の優位を知らしめ、それまで主流だった騎兵による突撃戦術を凋落させたといわれている。つまりナヴァロは、火器と築城術に通じた軍事のプロフェッショナルであった。

　その彼の助言に基づき、1526年にマキァヴェッリが提出したのが『フィレンツェ築城検視報告書 *Relazione di una visita fatta per fortificare Firenze*』（以下『検視報告書』）であった。これは、従来のマキァヴェッリ研究では、単なる報告書であるとしてほとんど無視されてきたものである。あるいは触れられたとしても、ナヴァロの貢献を無視してマキァヴェッリの優れた行政能力や先見性を指摘する材料とされる程度である。[52]　だが、確かにこれだけでは一通の報告書にすぎないが、それまでのマキァヴェッリの軍事論や他の軍事専門家との関係性の中で考察すれば、マキァヴェッリの軍事思想の変遷に

ついて、新たな知見を得られる重要な文献である。そこで本項では他のマキァヴェッリの著作と比較する形で論を進める(なお『検視報告書』の全文については、巻末の250頁以下の【資料5】に拙訳を掲載した)。

検討を始めるにあたって、まず『検視報告書』に記されたフィレンツェ要塞化案を、その記述に基づき筆者が地図上に再現したもので示す[fig.5-3]。この報告書での築城術は、『戦争の技術』とは異なる状況想定に基づいて設計されている。すなわち堡塁baluardoを城壁の前面に配置し、敵の砲撃を防ぐと同時に、堡塁に火器を備え、自軍の火力を都市城壁の外側に集中させるという戦術である。

[fig.5-3] マキァヴェッリとペドロ・ナヴァロのフィレンツェ要塞化計画。「凹」の印は堡塁の増設箇所を、「折線部」は城壁の強化および火器配備をおこなう箇所を意味する。

『戦争の技術』と『検視報告書』の築城術を断面図[fig.5-4]で比較してみると、火器が城砦の内側から最前列へと移動していることが分かる。『戦争の技術』では、マキァヴェッリにとって火器や大砲は城壁を突破された場合の、あくまで予備的な防御手段であったのに対して、『検視報告書』の案ではむしろ、防衛の最前列におしだされ、敵の砲兵と撃ち合うために、城壁や、その外側にある堡塁に配置されている。『戦争の技術』では、敵の砲撃ではなく、直接兵士が城内に侵入することを恐れ、薄い城壁と堀を連ね、その背後に火器を配置していたため、火器は防衛戦の最終段階でしか活躍の場が与えられない。だが、『検視報告書』では城壁や塔に配置した火器が防衛の中心的手段となるように考えられているのである。

この報告書は、マキァヴェッリとナヴァロが、フィレンツェ市の城壁に

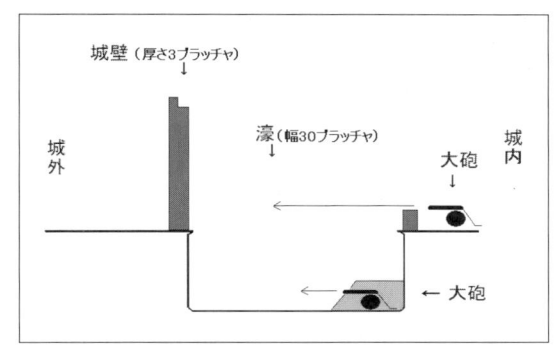

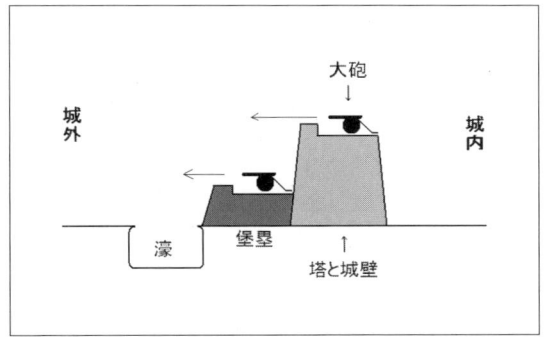

[fig.5-4]『戦争の技術』における「マキァヴェッリが理想とした城砦」の断面図(上)と『フィレンツェ築城検視報告書』における「マキァヴェッリが推奨した城壁強化案」の断面図(下)

そって外周を一巡しながら、要所ごとに建設すべき防御建築物や配備すべき武器を指示する体裁をとっている。こうした防衛力強化工事の基本的な方向性として、次の記述が示すように、火器が重視された。

『検視報告書』
　塔は拡張し、背を低くすべきだと思われる。そしてこの塔の上には重砲２門が配置できるようにすべきである。こうした砲の配置は他の塔すべてにおこなう。[53]

『検視報告書』

213

「当然のことながら、1つの都市は1つの軍隊が牽引できるよりも多くの砲兵を持っているものだし、あなた方は敵に対してより多くの砲兵を配置できるので、敵はあなた方に対抗するだけの砲兵を配置することはできない。また多数の砲兵はより少数の砲兵に勝るものだから、敵はあなた方を攻撃することもできない」ともナヴァロ殿は述べた。そういうわけだから、あらゆる幅の広い塔の頂部には重砲兵を配置できるようにすべきだ。[54]

とりわけ指示はアルノ川南岸に関して詳細に語られている。南岸に位置する各城門のうち、サン・ニッコロ門の稜堡[55]、サン・ジョルジョ門の稜堡[56]、サン・フライアーノ門の稜堡[57]については、周囲の丘を火器の射程に収めるように作ると記されており、塔や堡塁に配置された火器で敵砲兵を制圧することが防御戦術の主眼となっていた。城門を守るために、砲台としての役割が強調された堡塁を建設するという発想は、ペルッツィが担当したシエナの城壁強化工事と非常に近い。シエナのサン・ヴィエーネ、ラテリーナ、カモッリーア各稜堡も、同名の城門を守るために建設され、そこに配備された火器は周囲の丘を制圧するように設計されていた。ライバル関係であったフィレンツェとシエナでありながら、ほぼ同時代に同じような思想に基づいて計画されている点は注目に値する。シエナ人の建築家ペルッツィも、スペイン人の将軍ペドロ・ナヴァロおよびフィレンツェ人の思想家マキャヴェッリも、ひとしく「稜堡に配備した火器による敵砲兵の制圧」という防御戦術を採用していたということは、この戦術がイタリア内外を問わず、また建築家や軍人といった立場を問わず一般化していたことを意味する。

こうした堡塁の増改築や重砲の配置は、アルノ川北岸地域でも同様であった。ここでも火器を配置した堡塁をそこかしこに建設し、その射撃範囲を重複させることで、防衛を固めようとしている[58]。とくにフィレンツェの東端に位置するクローチェ門近くに建設された堡塁は、はるか遠方を射撃できるようにすると述べており、マキャヴェッリとナヴァロが火器の射程範囲に留意していたことがはっきり分かる[59]。これもまた、『検視報告書』に記された工

第5章 築城術と「国家の防衛」戦略

事計画が、城砦に配備された火器の火力を十分に発揮するよう工夫された証拠であり、城砦防衛における火器の役割を低く位置づけていたマキァヴェッリの変節を示している。

このように、マキァヴェッリの築城および火器の戦術は、彼が国政の一線から退き、『君主論』『戦争の技術』などの執筆に専念していた1512年から25年までの時期と、1526年に城壁委員会に参加した時期においてはその性格を180度変えている。執筆に専念していた時期には白兵戦一辺倒だったものが、その後には砲兵を中心とした築城術を提唱するようになったのである。これは単に城砦の形状が変わったということではなく、マキァヴェッリが想定した敵の攻撃手段と、それへの対抗策の変化を意味しており、さらにいえば彼の中で将来の戦争に対する想定が、白兵戦から砲兵戦へと変化したことを意味する。

マキァヴェッリは『検視報告書』を書くにあたって、前述のようにペドロ・ナヴァロの助言を大いに参考にした。ゆえに、『検視報告書』に記された内容は、マキァヴェッリの真意ではないという解釈も当然ありうる。しかし実際は、マキァヴェッリはペドロ・ナヴァロとの意見の一致を理由にして、フィレンツェ要塞化における自分の主張（フィレンツェ市外のサン・ミヌート地区を防衛圏に含めるために市城壁を拡張すべきではない、という主張）の権威づけを試みており、ナヴァロの見識に従っている。こうした態度はこと軍事に関してはマキァヴェッリには珍しいことであった。

マキァヴェッリはそれまで、他者の軍事知識について批判的であった。彼は『戦争の技術』の中で、他のイタリア人が軍事知識において不勉強かつ無知であることをことさら強調してみせる。たとえば火器や大砲について、これまでイタリアでは有効な利用法や戦術は考案されなかったし、そのようなものがあるといっても信用できないとして次のようにいう。

『戦争の技術』第三巻
　現代人は大砲に対して有効な戦闘方式や武器を開発してきたかのように言われる。もし諸君が知っていれば、それを説明してくれればありがた

い。それというのもわたしは、今までそれについて何も知ることが出来なかったし、それを発見できたとしても、信ずるに足りぬからだ[60]。

あるいは、フランス人が優れた包囲戦術を考案したのに対し、イタリア人はそういった研究を怠ってきた、として次のようにも主張する。

『戦争の技術』第七巻
> 以前にはそれは脆弱な都市建設がなされてきたことから、フランスのシャルル八世が一四九四年にイタリアを通過するまでになったのだ。(中略) そういったわけで、フランス人は同様にその他にも多くの策をもっているが、われわれの方では目にすることもなかったため考究されもしなかった[61]。

このようにマキァヴェッリは、イタリア人が他国の人間に対し火器の利用法や築城術で後れをとり、それがフランス王シャルル8世に対する1494年の大敗北につながったかのように主張している。

そうした「無知なイタリア人」という括りは自分も例外ではなかったらしく、『検視報告書』が書かれたのと同じ時期に、マキァヴェッリは友人のグィッチャルディーニに、自分はナヴァロの意見をよく聞き、彼から学ぶのに労を惜しまない、と手紙で次のように書いている。

「1526年4月4日付フランチェスコ・グィッチャルディーニへの手紙」
> ピエトロ伯（筆者註：ペドロ・ナヴァロのこと）は明日と明後日こちらに滞在します。彼の頭からどんな知恵でも引き出すために努力を惜しまぬ所存です。ハンニバルに対面したかのギリシア人の二の舞にならぬよう、おさおさ拝聴を怠らない所存です[62]。

「ハンニバルに対面したかのギリシア人の二の舞」とは、キケロの『雄弁家について』にある逸話で、カルタゴの名将ハンニバルに対し、軍事に疎いギリシャ人が彼と知らず兵法を説いたという、いわば「釈迦に説法」にあたる故事を示している[63]。

このように、マキァヴェッリの中では「イタリアの軍事的後進性」は常に一貫した考えであった。しかし、マキァヴェッリが「それについて何も知る

第 5 章　築城術と「国家の防衛」戦略

ことができなかった」「目にすることもなかったため考究されることもなかった」と非難するイタリアの火器や築城の技術は、実際のところフランスやスペインと比較して劣っていないばかりか、むしろ進んだ面を持っていたのは、これまで論じてきた通りである。

　むしろ、マキァヴェッリこそ当時の軍事技術にたいする研究を怠り、同じイタリア人の成し遂げていた多くの工夫や改良を知らなかったと批判されるべき存在であった。『戦争の技術』その他の著作の引用をみる限り、マキァヴェッリがウィトルーウィウスやウェゲティウス、あるいは同時代の建築書や技術書を読んだ形跡はない。にもかかわらず同時代のイタリア人の知識をこき下ろしているわけで、まさに「ハンニバルに対面したかのギリシア人の二の舞」を演じているのはマキァヴェッリの方であった。

　一方、マキァヴェッリがこの「ハンニバルとギリシア人の故事」を引いた手紙には、『検視報告書』に示された築城プランにペドロ・ナヴァロが次のようにお墨付きを与えてくれたことが記されている。

　　同上
　　これで都市は非常に堅牢になり、平地だけよりもずっと強力になると、私および、この目的のためにやって来たヴィテッロ氏（筆者註：フィレンツェに雇われた隊長ヴィテッロ・ヴィテッリ）は考えています。ピエトロ伯も、このように整備するならば、この都市はイタリア最強の土地になる、と誓って断言しています。

　このようにマキァヴェッリは、軍事のプロとしてのナヴァロの権威を認めたうえで、彼との意見の一致によって『検視報告書』の権威づけを試みており、そこには『戦争の技術』で示したような、自分の軍事知識を誇り他者を見下すような様子はない。むしろ自分とナヴァロの意見が一致したことに満足し、それが『検視報告書』の内容に盛り込まれたことを納得しているようにみえる。

　つまりマキァヴェッリが『検視報告書』の内容に不満があったという証拠はなく、彼自身『検視報告書』で述べられた築城術を受け入れ、『戦争の技

217

術』執筆時点での戦術思想から180度転向していたのである。さらにそれは、彼がもはや『戦争の技術』で語った築城術の欠陥を悟っていたことをうかがわせるものである。万が一、マキァヴェッリにそこまでの思想転向はなく、ナヴァロに対して面従腹背をおこなっていたのだとしても、マキァヴェッリはこれまでの自分の著作、とくに『戦争の技術』と全く反対の築城術を提案する『検視報告書』を書きあげることに頓着していない。結果として、『戦争の技術』で他者の軍事技術知識を強く非難している割には、彼は自分の築城術に執着しておらず、結果としてナヴァロの、当時としては妥当な築城術や砲兵戦術に同意してしまっている。

　つまり『君主論』から『戦争の技術』まで、マキァヴェッリは国防政策とからめて築城術や砲術に関してさまざまに自説を主張しているものの、それについては高い見識もなく、その費やした言葉の量に比べて、軍事技術が国家の安全保障におよぼす重要性も理解できてはいなかった。そして、軍事戦略と国家の安全保障は、「政治理論」の専門家の意見ではなく、「軍事技術」の専門家＝建築家の意見にそって実行された。つまり結局のところ、「城砦と国家」のあり方については建築家の思想に軍配があげられたのであった。

　『検視報告書』で示されたフィレンツェ要塞化計画は、スペインの強大な軍事力を前にして、フィレンツェという都市共和国の独立を守るためには最重要の政策であった。だが、結果的にマキァヴェッリとナヴァロの計画は実現せず、その代わりに応急的な工事が、ミケランジェロの指導によって施される[66]。そして、1529年10月から10カ月におよぶスペインの包囲によってフィレンツェ市は降伏し、その政治的自立性は失われ、スペインおよびフランスという大国の抗争に巻き込まれていくことになる。それは、ペルッツィの稜堡によって守られたシエナ市も同様であった[67]。シエナもまたスペインとフィレンツェの軍事力に屈服し、1557年その領土はトスカーナ大公国に組み込まれてしまう[68]。こうした現象は、「イタリア都市国家の衰退」と「絶対主義国家の伸長」を印象づける出来事であった。

　だが筆者はこの現象は、都市を単位とした戦術や軍事技術の限界が露呈し

第5章　築城術と「国家の防衛」戦略

た時代を映し出しているのではないかと考える。つまり、15世紀から16世紀初頭の建築家・軍事技師はあくまで「都市」という単位で築城術や砲兵戦術を考察し、その中で優劣を競っていたにすぎない。だが、そうした「都市」を基準とした軍事技術は、戦術的にはスペインやフランスといった大国の軍隊を撃退できたとしても、戦略的にはもはや時間稼ぎ以上の結果をもたらすものではなかった。だからこそ、ペルッツィの『軍事建築論』やカターネオの『建築四書』『建築』では、都市の建設・防備も、単に「都市の防衛」という枠を超えて、「国家の防衛」に資するよう拡張され始めるのである。そして、築城術や火器に関する技術は、国家の安全保障戦略のうちに位置づけられるものへと格あげされ、16世紀の建築家は、フランチェスコ・ディ・ジョルジョのような15世紀の前任者がもたなかった「国境線の防衛」「国家の防衛」という概念を理解し、それにふさわしい軍事技術を考究していくようになったのである。

小結　国防戦略を担う築城術

　16世紀になって建築家たちは政治思想家の軍事論に反応するように、国家の防衛に対して城砦がいかに有用であるかを主張し始めている。しかしそれは単に自分たちの仕事と収入を守ろうとする建築家の抵抗ではなかった。なぜなら、実際のところ城砦建築工事が「城砦不要論」のような言説に影響されて減少・衰退したことなど、15世紀から16世紀にかけて一度たりともなかったからである。フランチェスコ・ディ・ジョルジョがフェデリーコ・ダ・モンテフェルトロやアルフォンソ・ダラゴーナの委嘱を受けて城砦を建築したように、バッチョ・ポンテッリやサンガッロ兄弟、レオナルド・ダ・ヴィンチ、ペルッツィなど16世紀以降の建築家も次々と君主や都市政府の依頼によって城砦を建設したのである。

　レオナルド・ダ・ヴィンチがミラノのスフォルツァに手紙を送って軍事技師としての自分を売り込んだように、築城術を含めた軍事技術には君主や政府から高い需要があった。レオナルドが持つ城壁の建設や砲術についての知

識を列記したこの手紙は、レオナルド・ダ・ヴィンチ自身の手ではなく、人文的教養がある人物によって書かれたともいわれ、そうすると、まさに一般的な教養人や人文主義者ですら築城術や火器の需要を認めていたことになる。また、マキァヴェッリとナヴァロのフィレンツェ要塞化計画を後押しした教皇クレメンス7世自身、マキァヴェッリの『ディスコルシ』第二十四節を読んで、その「城砦不要論」を笑い飛ばし、マキァヴェッリは私が要塞を建設するのを止めさせることはできなかった、と述べたという[70]。

だが、実際の建設においても、理論的な考察においても、大砲や築城術が盛んだったイタリアは、16世紀に入って、スペインとフランスとの国際紛争をへて、徐々に国際的地位を失い、都市国家や領主もその独立を失っていく。「イタリア式築城」という名前にもみられるように、16世紀に入ってもイタリアは軍事技術の先進地域であったにもかかわらず、その技術はイタリアを守ることができなかった。それが、イタリア・ルネサンスの都市を単位とした軍事技術の限界であり、建築家もその限界を意識的・無意識的にも感知していた証が、「国家の防衛」という観点の導入にもあらわれているように思われる。

建築家が「国家の防衛」について考察し始めるのは、イタリアを舞台としたフランスとスペインの衝突、そして大国の狭間で生存の道を探るイタリアの君主・都市国家の要望といった、当時の国際政治を強く反映した結果であった。築城術もまた、火器の発達などの軍事的要因だけでなく、より広い社会状況を背景に変化していたのである。都市を単位とした軍事技術・築城術、そして防衛戦略が限界を露呈しつつある時代をむかえて、建築家・軍事技師の考察対象は、広く国家全体を覆うようになった。彼らが、より安全な都市や城砦から、より安全な国家へと視野を広めていくに従って、政治思想家の「城砦不要論」と対決するのはいわば必然であったといえよう。こうして築城術は建築家が扱う「建築術」の一分野から、国家戦略の一部として広く関心を集めるものとなった。こうした現象を経て、軍事技術は社会に強いインパクトをおよぼす歴史学的要因となったのである。

第5章 築城術と「国家の防衛」戦略

1) Cataneo, 1985, p. 228.
2) 《E come perso quello perso el corpo, così perso la fortezza persa la città da essa signoreggiata.》Martini, 1967, p. 3(訳文はマルティーニ、1991年、3頁による).
3) Martini, 1967, p. 416.
4) 《Per la qual cosa li primi nominati edificatori di città cinsero quelle di muri si che fussero ostaculo alli avversari.》Martini, 1967, p. 417.
5) 《Adde his tormenta machinas arces, et quae ad patriam libertatem, rem decusque civitatis, tuendam augendamque, ad propagandum stabiliendumque imperium valeant. Equidem sic arbitror, quotquot a vetere hominum memoria urbes obsidione sub aliorum imperium venerint, si rogentur a quo debellatae subactaeque sint, non negaturas ab architecto.》Alberti, L. B., *L'architettura* [*De re aedificatoria*] (a cura di Orlandi, G.), Milano, Polifilo, 1966, p. 11(訳文はアルベルティ、レオン・バッティスタ(相川浩訳)『建築論』、中央公論美術出版、1982年、6頁による).
6) 《ut vitam eo ducant accolae pacatam et, quoad fieri possit, vacuam incommodis omnique molestia liberam》Alberti, 1966. p. 265(訳文はアルベルティ、1982年、99頁による).
7) 《Namcum caetera pleraque omnia aedificia tum et urbem ipsam non eandem oportet eorum esse, quos tyrannos nuncupant, atque eorum, qui imperium quasi concessum magistratum inierint ac tueantur. Regum enim erit urbs munita plus satis, ubi adventitium arcere hostem valeat. Tyranno cum sui nihilo segnius hostes sint quam alieni, utrinque munienda ei civitas est adversus alienos adversusque suos, et ita munienda, ut alienis atque etiam suis contra suos uti subsidiis valeat.》Alberti, 1966, p. 333(訳文はアルベルティ、1982年、120頁による).
8) アルベルティ、1982年、144頁。
9) アルベルティ、1982年、145頁。
10) ウィトルーウィウス、1979年、20頁。
11) 《Ancho le castella dieno esare cologhate in luoghi e siti che sieno chiave e serami di quello stato e paese, e di tale natura che agli asedioni e machine resister possino, e masime le fronti e confini, perché naturalmente nimici sonno. E esendo inispugniabili, gli exerciti none ardiscano achampegiarli per non perdere corre spesa el tenpo.》Peruzzi, 1982, p. 111.
12) 《Alora el prudente S (ignore) dia trovare u' nuovo modo, sichome il perito fisicho volendo ridure a sanità un corpo pieno di vari morbi, prima removendo la intrisicha chausa della infermità con vari medichamenti e prugationi, e dipoi lo istituiscie a nuova vita, e questo è neciesario. Sichome le inispugniabili e guardate foreze fano levare e' gli uomini da ogni disperato e mal pensiero.》Peruzzi, 1982, pp. 111-112.
13) 《Pare che 'l sia neciesario trovare modi e vie per la salute delle repubiche e al-

tri stati di signori e signorie》Peruzzi, 1982, p. 114.
14)《la inteligientia dello architetto dia fare chome el prudente fisicho de' apricare le medicine sicondo le malatie, conpresione, natura e qualità del corpo, imperò che ancho noi vediamo hogni veneno vole sua natura di triacha. Così le forteze e ripari d'esse dieno esare in tal modo conposte e ordenate sicondo che a quele si ricercha.》Peruzzi, 1982, p. 115.
15)《potrebbe forse il Turco tornare a risedere in mezzo di suo imperio, se la commodità e fortezza delsito di Gonstantinopoli, degno di signoreggiare i convicini contorni, e paesi, non ve lo ritenesse.》Cataneo, P., *I Quattro Primi Libri di Architettura*, Ridgewood, The Gregg Press, 1964 (first ed. 1554), p. 6および Cataneo, 1985, p. 197.
16) カターネオの『建築四書』第一書は二十章構成である。
17) Cataneo, 1985, pp. 249-250.
18)《Et in questo si può in duo modi procedere : de' quali il migliore è fortificare i confini, con tutte l'altre terre e luoghi che per natura sono di sito più forti, et in quelle ai tempo sospetti ridurre tutti gli abitatori et ogni sorte di vettovaglie delle altre terre e luoghi debili. L'altro modo men buono, non potendo fortificare, è il bruciare e guastar le vettovaglie e 'l paese per buona distanza verso il nemico.》Cataneo, 1985, p. 249.
19)《E se pure, da qualche banda avendosi guadagnato qualche barone, fusse ad alcuno aperta la via di entrar nel regno, non per questo saria l'impresa sicura, perché ne diverrebbe ributtato e ruinato dal resto della moltitudine dei signori uniti con la potenzia di un tanto re.》Cataneo, 1985, p. 249.
20)《Il Turco similmente non è necessitato fortificar altro che i confini, quantunque gli ordini del suo regno siano molto differenti da quel che si è detto di Francia, peroché al Turco, essendoli tutti stiavi, et obligati, non si possono corrompere : né in tal regno può esser chiamato o aperto ad alcuno la strada da baroni o signori, e per questo è molto più difficile il poterevi entrare.》Cataneo, 1985, pp. 249-250.
21)《Or quanto a un duca, un marchese, o altro particolar signore, è necessario, ancor che sieno amati dai loro sudditi, fortificare, oltre ai confini, tutte quelle terre e luoghi dentro loro dominio che di sito sono naturalmente più forti ; ［中略］che per venire a campo alla principal città assediasse delle frontiere o confini uno o duo luoghi per via di forti o trinciere, secondo la qualità del luogo, acciò che da quelli non gli fusse impedita la strada né le vettovaglie.》Cataneo, 1985, p. 250.
22) マキァヴェッリ、1998年a、15頁。
23) マキァヴェッリ、1998年a、7頁。実際には1482年に起こったヴェネツィアのフェッラーラ攻撃を、マキァヴェッリもカターネオも「1484年」と書いていること

第 5 章　築城術と「国家の防衛」戦略

にも注意。

24)《É suta consuetudine de' principi, per potere tenere più sicuramente lo stato loro, edificare fortezze che sieno la briglia e il freno di quelli che disegnasino fare loro contro. Io laudo questo modo perché e' gli è usitato ab antiquo.》Machiavelli, N., *Il principe*, in. *Opere*, I (a cura di Vivanti, C.), Torino, Einaudi, 1997, p.178(訳文はマキァヴェッリ、ニッコロ(池田廉訳)『君主論』、『マキァヴェッリ全集』I、筑摩書房、1998年、72頁による).

25)《che ha più paura de' populi che de' forestieri, debbe fare le fortezze ; ma quello che ha più paura de' forestieri che de' populi, debbe lasciarle indietro.》Machiavelli, 1997 a, p.178(訳文はマキァヴェッリ、1998年 a、73頁による).

26)《Però la migliore fortezza che sia è non essere odiato dal populo.》Machiavelli, 1997 a, p. 178(訳文はマキァヴェッリ、1998年 a、73頁による).

27)《Considerato adunque tutte queste cose, io lauderò chi farà le fortezze e chi non le farà ; ebiasimerò qualunque, fidandosi delle fortezze, stimerà poco essere odiato da'populi.》Machiavelli, 1997 a, p.179(訳文はマキァヴェッリ、1998年 a、73頁による).

28)《O tu, principe, vuoi con queste fortezze tenere in freno il populo della tua città. [中略] e gli dico : che tale fortezza per tenere in freno I suoi cittadini non può essere più inutile per le cagioni dette di sopra : perché la ti fa più pronto e men rispettivo a oppressargli, e quella oppressione gli fa sì disposti alla tua rovina》Machiavelli, N., *Discorsi sopra la prima deca di Tito Livio*, in. *Opere*, I (a cura di Vivanti, C.), Torino, Einaudi, 1997, p.392(訳文はマキァヴェッリ、ニッコロ(永井三明訳)『ディスコルシ』、『マキァヴェッリ全集』II、筑摩書房、1999年、253頁による).

29)《ma ne' tempi di guerra sono inutilissime, perché le sono assaltate dal nimico e da' sudditi, né è possibile che le faccino resistenza ed all'uno ed all'altro》Machiavelli, 1997 c, p.392(訳文はマキァヴェッリ、1999年、253頁による).

30) Hale, J. R., *To Fortify or Not to Fortify? Machiavelli's Contribution to a Renaissance Debate*, in. *Renaissance War Studies*, The Hambledon Press, London, 1983, pp. 201−202.

31)《E se mai furono disutili, sono ne' tempi nostri rispetto alle artiglierie, per il furore delle quali i luoghi piccoli e dove altri non si possa ritirare con gli ripari è impossibile difendere》Machiavelli, 1997 c, p.392(訳文はマキァヴェッリ、1999年、253頁による).

32)《Ma quanto edificare fortezze per difendersi da' nimici di fuori, dico che le non sono necessarie a quelli popoli ed a quelli regni che hanno buoni eserciti, ed a quegli che non hanno buoni eserciti sono inutili : perché i buoni eserciti sanza le fortezze sono sofficienti a difendersi, le fortezze sanza i buoni eserciti non ti possono

33) 《o se pure le fussono sì forti che il nimico non le potessi occupare, sono lasciate indietro dallo esercito inimico e vengono a essere di nessuno frutto.》Machiavelli, 1997 c, p.396(訳文はマキァヴェッリ、1999年、259頁による).
34) シャボー、フェデリコ(石黒盛久訳)『ニッコロ・マキァヴェッリ』、『マキァヴェッリ全集』補巻収録、筑摩書房、2002年、10頁。
35) 《Ed in quelle che pure per assalto si espugnano, non sono molto maggiori i pericoli che allora: perché non mancavano anche in quel tempo, a chi difendeva le terre, cose da trarre; le quali, se non erano così furiose, facevano, quanto allo ammazzare gli uomini, il simile effetto.》Machiavelli, 1997 c, p.371(訳文はマキァヴェッリ、1999年、225頁による).
36) 《contro ai quali sempre trovarono il rimedio: e tanto più facilmente lo arebbono trovato contro a queste, quanto egli è più breve il tempo nel quale le artuglierie ti possano nuocere che non era quello nel quale potevano nuocere gli elefanti ed i carri. [...]il quale impedimento facilmente le fanterie fuggono, o con andare coperte dalla natura del sito ocon abbassarsi in su la terra quando le tirano.》Machiavelli, 1997 c, p.372(訳文はマキァヴェッリ、1999年、226頁による).
37) シャボー、フェデリコ(須藤祐孝訳)『ルネサンス・イタリアの〈国家〉・国家観』、無限社、1993年、29頁およびシャボー、2002年、26頁。
38) サッソ、ジェンナーロ(須藤佑孝・油木兵衛訳)『若きマキァヴェッリの政治思想』、創文社、1983年、148-154頁。サッソの批判については、石黒盛久「マキァヴェッリ政治思想における状況と原理──「フィレンツェ軍制改革論」をめぐって」(『近世軍事史の震央──人民の武装と皇帝の凱旋』、西澤龍生編、彩流社、1992年)も参照。
39) Pieri, P., *Guerra e politica negli scrittori italiani*, Arnoldo Mondadori, Torino, 1955, pp. 34-36.
40) 《Se le mura si fanno alte, sono troppo esposte a' colpi dell'artiglieria; s'elle si fanno basse, sono facili a scalare. [......]Pertanto io credo, salvo sempre migliore guidicio, che a volere provvedere all'uno e all'altro inconveniente, si debba fare il muro alto[......]》Machiavelli, N., *Dell'arte della guerra*, in. *Opere*, I (a cura di Vivanti, C.), Torino, Einaudi, 1997, p. 668(訳文はマキァヴェッリ、ニッコロ(服部文彦・澤井繁男訳)『戦争の技術』、『マキァヴェッリ全集』I、筑摩書房、1998年、242頁による).
41) Machiavelli, 1997 b, p. 669(訳文はマキァヴェッリ、1998年 b、242-243頁による).
42) Machiavelli, 1997 b, p. 670(訳文はマキァヴェッリ、1998年 b、244頁による).

第 5 章　築城術と「国家の防衛」戦略

43) Machiavelli, 1997 b, p. 669 (訳文はマキァヴェッリ、1998年 b、243頁による).
44) 石黒盛久『戦略論大系 (13) マキァヴェッリ』(芙蓉書房出版、2011年、315頁) を参照。
45) Machiavelli, 1997 c, p. 368 ; マキァヴェッリ、1999年、222頁。
46) Machiavelli, 1997 b, p. 669 ; マキァヴェッリ、1998年 b、242頁。
47) 《che non sieno molto difficili a salirgli, sono oggi, rispetto alle artiglierie e le cave, debolissime.》Machiavelli, 1997 b, p. 668 (訳文はマキァヴェッリ、1998年 b、242頁による).
48) Machiavelli, 1997 b, pp. 679 – 680 ; マキァヴェッリ、1998年 b、254頁。
49) Cataneo, 1985, p. 212.
50) Machiavelli, 1997 b, p. 668 ; マキァヴェッリ、1998年 b、242頁。
51) ホール、1999年、264頁。
52) リドルフィ、ロベルト (須藤佑孝訳)『マキァヴェッリの生涯』、岩波書店、2009年、323頁。
53) 《si trova una torre, la quale gli pare da ingrossarla ed abbassarla, e fare in modo che di sopra vi si possano maneggiare due pezzi di artiglierie grosse, e così fare a tutte le altre torri che si trovano.》Machiavelli, N., *Relazione di una visita fatta per fortificare Firenze*, in. *Opere*, I (a cura di Vivanti, C.), Torino, Einaudi, 1997, p. 722.
54) 《perché dice che ragionevolmete le città hanno ad avere più artiglierie che non si può trainare dietro un esercito, e ogni volta che voi ne potete piantare più contro il nemico, che il nemico non ne può piantare contro a voi, gli è impossibile che vi offenda, perché le più artiglierie vincono le meno ; in modo che, potendo porre grosse artiglierie sopra tutte le vostre torri spesse》Machiavelli, 1997 d, pp. 722 – 723.
55) Machiavelli, 1997 d, p. 722.
56) Machiavelli, 1997 d, p. 722.
57) Machiavelli, 1997 d, p. 724.
58) Machiavelli, 1997 d, p. 725.
59) Machiavelli, 1997 d, p. 726.
60) 《I moderni abbiano trovati ordini e armi che contro all'artiglieria sieno utili. Se voi sapete questo, io arò caro che voi me lo insegniate, perché infino a qui non ce ne so io vedere alcuno, né credo se ne possa trovare.》Machiavelli, 1997 b, p. 602 (訳文はマキァヴェッリ、1998年 b、170頁による).
61) 《con quanta debolezza si edificava innanzi che il re Carlo di Francia nel mille quattrocento novantaquattro passasse in Italia. [……] Hanno pertanto i franciosi, come questi, molti altri ordini i quali, per non essere stati veduti da' nostri, non sono stati considerati.》Machiavelli, 1997 b, p. 672 (訳文はマキァヴェッリ、1998年 b、246頁による).

62) 《Il conte Pietro starà qui domani et l'altro, et ci sforzereno di trarli delcapo se altro vi sarà ; et io ho atteso ad udire, perché non mi intervenisse come a quel Greco con Annibale.》Machiavelli, N., *Tutte le opere*（a cura di Martelli, M.）, Firenze, Sansoni, 1971, p.1232（訳文はマキァヴェッリ、ニッコロ（藤沢道郎訳）『政治小論・書簡』、『マキァヴェッリ全集』VI、筑摩書房、2000年、327頁による）。
63) マキァヴェッリ、2000年、328頁。
64) マキァヴェッリが高く評価する1494年にイタリアに侵攻してきたフランス軍は、当時の水準で評価しても軍事的にさほど先進的ではなかったという研究者の指摘もある（Cfr. Pepper, 1995）。
65) 《et parmi, et così pare al signor Vitello venuto a questo effetto, che questo luogo resti fortissimo, et più forte che il piano ; et così dice et afferma il conte Pietro, affermando con giuramento che questa città, acconcia in tal modo, diventa la più forte terra di Italia.》Machiavelli, 1971, p. 1231 （訳文はマキァヴェッリ、2000年、327頁による）。
66) スピーニ、ジョルジョ（森田義之・松本典昭訳）『ミケランジェロと政治』、刀水書房、2003年、80-88頁。
67) 松本典昭『メディチ君主国と地中海』、晃洋書房、2006年、5頁およびスピーニ、2003年、89-96頁。
68) 松本典昭、2006年、14-15頁。
69) ラウレンツァ、2008年、33頁。
70) Hale, 1983 b, p. 195. なお、教皇クレメンス7世はペドロ・ナヴァロをフィレンツェに派遣した人物でもある。

終　章
軍事技術の変遷がもつ歴史的意味

　16世紀にいたって「築城術」は、「国家の防衛」という重大な任務のもとに考察され始め、国防戦略を担う軍事システムの一翼を形成するにいたった。ピエトロ・カターネオが著書『建築』で論じたように、城砦によって国境線や戦略的拠点を防衛するべきか否かは、王国・帝国・新興国・共和国といった国家の政治体制によって規定されるものとなった。ここで初めて、火器や築城術などの軍事技術が、政治体制や国防戦略と結びつき始める。このことによって、「技術」が「政治」や「社会」に対して大きな影響力をおよぼすようになったのである。それは、築城術という軍事技術が、国家の防衛のあり方を決定するという現象が発端であった。
　本書がこれまで論じてきた「軍事技術と国防戦略およびヨーロッパ社会の変化」というテーマから思い起こされるのは、「軍事革命 The Military Revolution」論である。
　これは、火器の誕生以降の大規模な軍事技術と戦争戦略の変化によって、ヨーロッパ諸国は近世以降、国家システムの再編を余儀なくされ、最終的に常備軍と官僚制を生み出したとするテーゼである。つまり「（軍事）技術上の要因から、社会的な変革（近代化）は説明できる」とする考え方であり、このテーゼはスウェーデン史家のマイケル・ロバーツ Michael Roberts によって三十年戦争とスウェーデン王グスタフ・アドルフ Gustav Adolf の軍制改革をモデルとして提唱され、その後スペイン史を専門とするジェフリ・パーカーによって強固に主張されるにいたった。とりわけパーカーはいわゆるルネサンスの「火薬革命」と「築城術の変化」を、「軍事革命」の発火点

に位置づけている[1]。

　だが、これに対してジェレミ・ブラック Jeremy Black などの軍事史研究者は「政治・社会的要因によって近世の軍事改革は起こった」と真っ向からパーカーに反論している[2]。つまり論点を整理すれば、「ヨーロッパの近代化は、社会・政治的変化が先か、それとも軍事的変化が先か」とまとめることができよう。

　ルネサンスの築城術に対する考察をおこなってきたという立場から、筆者もまた、この「軍事革命」論争について見解を示す必要があると思う。筆者の考えでは、ロバーツやパーカーのような「軍事的変化から社会変化が生じた」という意見に単純に賛同することは難しい。確かに火器の登場は、築城術が変化するきっかけとなった。その点では軍事的変化が連鎖的に別の変化を生むこともありうる。だが、そうした築城術の変化を生み出した建築家たちは、古典文献を読解し、それをもとに理論を組み立てるというルネサンスの風潮に縛られていたのである。

　だが、火器の登場に対して、15世紀の傭兵隊長は巧みに自分たちの軍隊組織を改良し、戦術の変化に対応していたことを考えると、「政治・社会的変化なしに、ルネサンスから近世にかけての軍事改革は生じなかった」というジェレミ・ブラックの主張にも完全には同意しがたい。傭兵隊長による軍事組織の変革は、もっぱら火器という新兵器の登場によって促された現象だからである（第1章第3節）。

　しかし、広い視野をもって軍事技術の変化を捉えれば、その変化はやはり社会的な要因によって規定されるところが大きい。これまで論じてきた15世紀から16世紀にかけての軍事技術（築城術・砲術）の改良・変化と、建築家・軍事技師の技術認識や国防戦略に対する認識は、軍事技術が用いられた当時の社会状況や思想の枠組みによって強固に規定されていたからである。15世紀の建築家フランチェスコ・ディ・ジョルジョは、あくまで中世からルネサンスにおけるイタリアの政治主体である「都市国家」を単位として、戦術なり軍事技術を考察していた。つまり彼は15世紀イタリアの社会制度に

終　章　軍事技術の変遷がもつ歴史的意味

よってその軍事理論を規定されていた。また、16世紀になって、フランスやスペインなど大国の軍事力によって、イタリアの都市国家が脅かされるようになって初めて、バルダッサーレ・ペルッツィやカターネオによって築城術は「国家の防衛」という視点から考察され始めた（第5章第2節）。これもやはり当時の社会や政治状況によって、軍事的変化が規定されていたことを意味している。

16世紀になってペルッツィやカターネオが、国土や国境線を防衛する手段として築城術を位置づけるまで（第5章第1節）、こうした軍事技術はいわゆる「軍事革命」論者が想定するような、国家制度や社会に影響をおよぼすほどの重要性を獲得していなかった。16世紀までの築城術はあくまで個々の城や町をより堅固な形で建設するための技術的解決法であって、国家や君主のあり方まで問い直すという論点はそもそもなかったのである。つまり、これまでの考察をふまえて築城術の改良がもたらした重要な変化を指摘するならば、それは「国家制度や社会変革」ではなく、「国防戦略を担うシステム」という大局的な次元にまで軍事技術の地位を高めたこと、さらに建築家や軍事技師に「国家の防衛」というより広い戦略的視野を与えたことであった。

第2章から第3章にかけて論じたように、フランチェスコ・ディ・ジョルジョは火器という新兵器が城砦と籠城軍に対して大きな脅威となるという認識をもち、都市・城砦の「重点防御」戦術を考案した。彼の築城術はウィトルーウィウスの『建築十書』を批判的に再構成することで成り立っており、その根底には設計上の原則として「擬人論」があった。フランチェスコ・ディ・ジョルジョにとって軍事技術は、ローマの古典と「擬人論」という枠内で考察されており、火器の重視や「重点防御」戦術もそうした古典から吸収した諸々の前提と、軍事的合理性をすり合わせる中で生まれたものであった。

さらに、第4章で考察した通り、フランチェスコ・ディ・ジョルジョによって始まった「火器への対策」の模索は、その後の建築家にとっても重要

な課題として、実際の城砦建設や築城理論の考察がおこなわれた。しかし「火器への対策」だけが当時の建築術にとっての課題ではなかった。フランチェスコ・ディ・ジョルジョが活躍したのと同じ15世紀に、「フィレンツェ派」の建築家も「火器への対策」を備えた城砦を築いていたが、それは後世の「稜堡式築城」へと直接つながるものではなかった。ペルッツィやカターネオによる築城術考察の中から生まれた多角形プランの稜堡式築城は、フランチェスコ・ディ・ジョルジョの思想的残滓を多く受け継ぐことで生まれたものである。フランチェスコ・ディ・ジョルジョの「擬人論」的城砦は、16世紀の建築家にそのまま受け継がれはしなかった。しかし、彼の唱えた次のような築城術における設計理念は、稜堡式築城が考案されるうえで重要なポイントとして次の世代に受け継がれた。そのポイントとは、

①円形城壁の否定

②傾斜した城壁の角を敵の攻撃に対して向けるという設計

③側面射撃

④矢じり形の大塔

である（第3章）。こうした要素が組み合わさって、稜堡式築城の理論は形成されていった。さらに、ペルッツィやカターネオがフランチェスコ・ディ・ジョルジョの説からは欠落した理念（たとえば大規模な城砦にはどのような平面形がふさわしいか）を補っていくことで、稜堡式築城はカターネオの著作の中でついに完成したのだった（とはいえ、カターネオが実際に多角形プランの稜堡式築城を築くことはなかったのだが）。

　火器に対抗するために始まったルネサンスの新しい築城術は、フランチェスコ・ディ・ジョルジョがいったん擬人論的城砦としてまとめあげた。しかしながら、それ自体が稜堡式築城として発展的解消を遂げたわけでなかった。彼が体系的な築城術としてまとめきれなかった諸要素に加え、ウィトルーウィウスの建築論にさかのぼって考察することで、16世紀の建築家は次第に稜堡式築城を完成させていったことが分かる。つまり16世紀のカターネオによる「稜堡式築城」の誕生には、フランチェスコ・ディ・ジョルジョによる

終　章　軍事技術の変遷がもつ歴史的意味

「火器への対抗」に加えて、古代のウィトルーウィウス『建築十書』などについて「古典の再解釈」がおこなわれ、この２つがせめぎ合うことが重要であった。以上が、筆者が考えるルネサンスの築城術の歴史的変遷である。

こうした築城術の変化は、そのきっかけとして確かに火器・大砲という新しい兵器の登場が認められる。だが、そこには「火器の発達につれて城砦もより堅固に改修された」といった単純な発達を読みとることはできない。イタリアでは15世紀中頃までに、16世紀以降用いられる火器の大半は出現しており、傭兵隊長たちも「16世紀の火器を用いた戦争」を先取りした戦術を採用していたにもかかわらず、築城術の変化は15世紀末まで始まらなかった。

さらに16世紀になっても、シエナに築いたペルッツィのサン・ヴィエーネ稜堡がフランチェスコ・ディ・ジョルジョの考案した「カパンナート（天蓋付き砲郭）」そっくりであったように、前世代の築城術が十分受け入れられていた（第４章第１節）。ここでは火器と城砦が互いの改良に反応してさらに改良されていくといった「シーソーゲーム」は認めがたい。むしろ稜堡式築城の誕生には、建築家たちが常にローマ人によって書かれた建築書や技術書といった古典を意識し続けたことの方が大きく作用している。これもまた、軍事技術の発達の一要因であると考えられる。

すなわち、社会や国家あるいは国防といったものに対する認識を変革したり、その近代化を促したりといった現象は、軍事技術が持っている論理自体によって、必然的にもたらされたとはいえないものであった。簡潔にいえば、大砲という化学と物理学に基づいて作動する「近代兵器」が登場したからといって、軍隊や戦争が近代化されたわけではなかった。大砲の威力に脅威を感じた建築家・築城家が、ただちに近代的な精神を身につけたわけではなかったし、大砲がただちに中世の傭兵制を終焉に追い込んだわけでもなかったのだ。

このように軍事技術と戦争の関係を捉え直し、兵器が持つ「近代性」がただちに戦争を近代化するわけではないと考えるなら、その他の技術史上の問題もまた問い直されねばならない。たとえばヨーロッパ人は機械式の時計の

出現によって客観時間を、そして大砲によって客観空間を「数量的に把握できるものとして」認識せざるを得なくなった[3]、などと技術と人びとの精神を簡単に結びつけられるのだろうか。また、上述の「軍事革命」によって戦争形態が変化し、中世の武骨な騎士たちは近代的な軍事理論をマスターする必要に迫られた[4]などという説は、「大砲」の歴史的価値をあまりに過大評価しているといえよう。たしかに「大砲」と「築城術」は多くのものを変えた。だが、決してこの2つの軍事技術だけでそうした変革が成し遂げられたわけではなかった。本書でこれまで考察してきたように、当時の砲術および「稜堡式築城」は、軍事的な合理性と、そうした合理性とはかけ離れた論理の枠組みが時に対立し、妥協し、あるいは融合する中で、建築家・軍事技師によって練りあげられていったものであった。

　大砲の轟音の下で中世の城壁が崩れたとき、無数の建築家が、軍事技師が、工兵たちが、新しい防御建築を築きあげようとさまざまなアイデアを検討し、そして手を動かした。だが、その崩れ去った城壁のがれきの中から、「近代性」という新しい概念を築くには、彼らは決して一直線ではない、曲がりくねった複雑な道をたどらなければならなかった。「軍事技術」という、一見冷酷な論理に従って組み立てられ、人間性とは対極におかれる殺伐とした響きを持った知恵も、実際は血の通った人間の紆余曲折を経て変化していったのである。

1) 「軍事革命」論については以下を参照。大久保圭子「ヨーロッパ『軍事革命論』の射程」(『思想』881号、1997年) 151-171頁およびパーカー、1995年「訳者あとがき」。主な論争については *The Military Revolution Debate*, (ed. Rogers, C. J.), Boulder, Westview Press, 1995に収められている。
2) Black, J., *A Military Revolution? 1660-1792 Perspective*, in. *The Military Revolution Debate* (ed. Rogers, C. J.), Boulder, Westview Press, 1995.
3) クロスビー、アルフレッド・W(小沢千重子訳)『数量化革命』、紀伊国屋書店、2003年、35頁。
4) 山本義隆『一六世紀文化革命』II、みすず書房、2007年、392頁。

資 料 編

【資料１】「アラゴン＝アンジュー戦争」における主な戦闘・包囲戦

註：assedio＝包囲戦、battaglia＝野戦、inondato＝洪水作戦、assedio/battaglia＝２つが同時に発生

日付	場所	対戦者	戦闘の種類
1460	Brunico	Milizie della chiesa/Sigismondo duca d'Austria	assedio
1460/7/7	Sarno	Ferrante/Giovanni d'Angio, principe di Taranto	assedio
1460	Abruzzo	Alessandro Sforza, Federico da Montefeltro/Iacopo Piccinino	battaglia
1460	Rieti, Monteleone	Napoleone Orsini/Iacopo Piccinino	assedio
1460	Genova	Prospero Adorno/Renato d'Angio, Bolivo di Coutances	assedio/battaglia
1461/3	Mignano	Antonio Piccolomini, Giovanni dei conti di Roma.../duca di Sora	assedio/battaglia
1461	Castellamare	Ferrante, Antonio Piccolomini.../duca di Sora	assedio
1461	Scafati	Ferrante, Antonio Piccolomini.../duca di Sora	assedio
1461	Terra di Lavoro (Montorio)	Ferrante, Antonio Piccolomini.../Iacopo Piccinino, Matteo di Capua...	assedio/battaglia
1461	Cosenza	Ferrante, Roberto Orsini.../Cosenza	assedio
1461春-夏	Cantalupo	Alessandro Sforza, Federico da Montefeltro/I Savelli	assedio
1461夏	Forano, Cretone	Alessandro Sforza, Federico da Montefeltro/I Savelli	assedio
1461夏	Montorio Romano	Federico da Montefeltro, Niccolò Forteguerri/I Savelli	assedio
1461/5 - 6	Flaviano, Giosia	Ferrante/Matteo di Capua	assedio

235

1461/7	L'Aquila	Federico da Montefeltro, Niccolò Forteguerri/L'Aquila	assedio
1461/7	Castelluccio	Federico da Montefeltro/Antonio Petrucci, duca di Sora	assedio
1461	Gargano	Ferrante/Troia, Lucera	assedio
1461/7	fiume di Nerola	Bartolomeo vescovo di Corneto/Sigismondo Malatesta ecc.	battaglia
1461/9	Trani	Ferrante, Giorgio Scanderbeg/Iacopo Piccinino	battaglia
1461秋	Gesualdo	Ferrante/Iacopo Piccinino	assedio
1462/3/22	Trani	Ferrante/Iacopo Piccinino, principe di Taranto	assedio
1462/3	Accadia	Ferrante/Iacopo Piccinino	assedio
1462/3 – 8	Troia	Ferrante/Iacopo Piccinino	assedio
1462/8/18	campo di Verditulo	Ferrante/Iacopo Piccinino	battaglia
1462/8/18	Senigallia	Federico da Montefeltro/Sigismondo Malatesta	assedio/battaglia
1462秋	Gueldresca, Mondavio	Milizie della chiesa/Sigismondo Malatesta	assedio
1462秋	Mondaino, Montescudo	Milizie della chiesa/Sigismondo Malatesta	assedio
1462	Montefiore	Milizie della chiesa/Sigismondo Malatesta	assedio
1462	Faenza, Verucchio, Rimini	Astorgio di Faenza/Domenico Malatesta	assedio
1462/12	Celano	Milizie della chiesa/Ruggerotto figlio di conte Celano	assedio
1462 – 1463冬	Sulmona	Milizie della chiesa/Iacopo Piccinino	assedio
1462 – 1463冬	fiume Ofanto	Ferrante/Iacopo Piccinino, principe di Taranto	battaglia
1463春	Sora	Milizie della chiesa/duca di Sora	battaglia

日付	場所	対戦者	戦闘の種類
1463春	Pontecorvo	Milizie della chiesa, Ferrante/Renato d'Angiò	assedio/battaglia
1463	Teano	Ferrante/duca di Sessa Aurunca	assedio/battaglia
1463夏	Mondragone	Ferrante/duca di Sessa Aurunca	assedio
1463夏	Fano	Federico da Montefeltro/Sigismondo Malatesta	assedio
1463夏	Ancona	Federico da Montefeltro, Niccolò Forteguerri/Sigismondo Malatesta	assedio
1463/9	Fano, Senigallia, Gradara	Federico da Montefeltro/Sigismondo Malatesta	assedio

【資料2】「ヴェネツィア＝フェラーラ戦争」における主な戦闘・包囲戦（1）

日付	場所	対戦者	戦闘の種類
1482/4	fiume Po	Roberto da Sanseverino/Ercole d'Este	battaglia
1482/5	Stellata	Roberto da Sanseverino/Federico da Montefeltro	battaglia
1482/5	Figheruolo	Federico da Montefeltro/Figheruolo	assedio
1482/5	Ostiglia	Federico da Montefeltro, Federico Gonzaga/Roberto da Sanseverino	inondato
1482/5	fiume Polesine	Roberto da Sanseverino/Ferrara	inondato
1482/5－6	Figheruolo	Roberto da Sanseverino/Figheruolo	assedio
1482/5	Punta di Mezzanino	Federico da Montefeltro / conte Marzano, Bartolomeo Falziero	assedio
1482/5	Bagnocavallo	Roberto Malatesta, Venezia, Ravenna/Ferrara	battaglia

237

1482 6 22	Castelnuovo di Po	Ferrara/Venezia	inondato
1482 6	Romagna	Ravenna/Ferrara	battaglia
1482 7	Castel Guglielmo	Girolamo di Marzano/Ferrara	assedio
1482 7	Lago Oscuro	Roberto da Sanseverino/Ferrara	assedio
1482 8	Rovigo	Roberto da Sanseverino/Certo Romez	assedio
1482 8	Lendinara	Venezia/Lendinara	assedio
1482 8 30	Parma	Amoratto Torello/Pietro Maria de' Rossi	assedio
1482 8 21	Velletri	Roberto Malatesta/Alfonso d'Aragona	battaglia
1482 9	Lago Oscuro	Antonio Maria Sanseverino/Ferrara	assedio
1482 9	castello di San Secondo	Guido de Rossi/Sforzeschi	assedio
1482 10	Ferrara	Federico da Montefeltro/Roberto da Sanseverino	assedio
1482 10	Chioggia	Vettore Soranzo/Ferrara	battaglia
1482 10 – 11	Argenta	Venezia/Ferrara	assedio
1482 11	Argenta	Niccolò Secco, Giovanni Antonio Caldora/Sigismondo d'Este	assedio
1482 11/ 9	Argenta	Antonio di Stefani/Sigismondo d'Este	battaglia
1482 11/ 22	Ferrara	Roberto da Sanseverino, Francesco Sanudo/Ferrara	battaglia
1482 12 27	Argenta	Venezia/Alfonso d'Aragona	assedio
1482 12	Mezzanino	Roberto da Sanseverino/Ferrara	assedio

238

1483/2-6	Ferrara	Roberto da Sanseverino/Ferrara	assedio
1483/3	Argenta	Antonio da Centmiglia/Niccolò da Petigliano	assedio
1483/3	Figheruolo	Pietro da Molin/Ferrara	assedio
1483/3/19	Felino	Ludovico Visconte/Guido de Rossi	assedio
1483/6	Trezzo	Roberto da Sanseverino, Marco Antonio Morosini, Pietro Diedo/Milano	assedio
1483/8	Lesina, Lizza	Zorzi Viario/armata di Napoli	assedio
1483/8	Stellata	Anderea Zancani/Ferrara	assedio
1483/10	Lago Oscuro	Baccalario Zeno/Alfonso d'Aragona	assedio
1483/10	Martinengo	Venezia/Alfonso d'Aragona	assedio
1484/3/21	Lago Oscuro	Bartolomeo Minio/Ferrara	battaglia
1484/3	Melara	Cristoforo da Montecchio/Francesco Terzo	battaglia
1484/3/17-18	Gallipoli	Venezia/Gallipoli	assedio
1484/3/20	Comacchio	Andrea Marcello/Venezia	battaglia
1484/6/29-30	Calze	Luca Pisani/Calze	assedio
1484/6/15	Melara	Venezia/Giovanni da Canale	battaglia
1484/6/18	Scorzeruolo	Antonio Marzano/Roberto da Sanseverino, Luca Pisani	battaglia
1484/7/18	Livo di Calabria	Melchiore Trevisan/Livo	assedio
1484/7	Lizaruolo di Calabria	Melchiore Trevisan/Lizaruolo	assedio

1484/ 7	Brindisi	Venezia/Napoli	battaglia
1484/ 7 /17	Lion di Ferrara	Galeotto da Mirandora, conte Bernardino/Ferrara	assedio
1484/ 9 /13	Lecce	Bartolomeo Zorzi/Lecce	battaglia
1484/ 8 - 9	Livorno	Genova/Firenze	assedio
1484/11/ 4	Crovana	Genova/Firenze	assedio
1484/11/ 4	Pietra Santa	Genova/Firenze（Antonio Marzano）	battaglia

【資料2】「ヴェネツィア=フェラーラ戦争」における戦闘（2）

日付	場所	対戦者	戦闘の種類
1484/ 5 /30	Bordellano	Alfonso d'Aragona/Roberto da Sanseverino	battaglia
1484/ 6 / 4	Bordellano	Alfonso d'Aragona/Roberto da Sanseverino	battaglia
1484/ 6 / 5	Senica	Roberto da Sanseverino/Milano	assedio
1484/ 6 /18	S.Francesco	Alfonso d'Aragona/Roberto da Sanseverino	battaglia

【資料3】「アラゴン=アンジュー戦争」における包囲戦での火器の使用状況

年	指揮官	場所	火器のみ	火器＋その他	火器以外	白兵戦
1460	Sigismondo（duca d'Austria）	Brunico		○		○
1460	Alessandro Sforza, Federico da Montefeltro	Donadio	○			○
1460	Genova	Genova		○		

資料編

1461	Antonio Piccolomini	Castellamare			
1461	Iacopo Piccinino	Montario	○		○
1461	Alessandro Sforza, Federico da Montefeltro	Cantalupo	○		○
1461	Federico da Montefeltro	Forano	○		○
1461	Niccolò Forteguerri	Montorio Romano	○		○
1461	Matteo da Capua	Flaviano			
1461	Federico da Montefeltro	Castelluccio	○		
1461	Ferrante	Monte Sant'Angelo di Gargano			○
1461	Gesualdo	Gesualdo			○
1461	Iacopo Piccinino	Accadia	○		○
1462	Ferrante	Orsara	○		
1462	Ferrante	Gueldresca	○		
1462	Federico da Montefeltro	Sorbolongo	○		
1462	Federico da Montefeltro	Barchi		○	
1462	Federico da Montefeltro	Modavio	○		○
1462	Federico da Montefeltro	Montefiore			
1462	Federico da Montefeltro	Verrucchio	○		
1462	Iacopo Piccinino	Celano			
1463	Napoleone Orsini	Casale			○

241

1463	Napoleone Orsini	castello di isola di Liri			○
1463	Napoleone Orsini	Rocca Guglielmi			○
1463	Ferrante	Rocca sul Garigliano			○
1463	Ferrante	Torre sul Garigliano	○		
1463	Ferrante	Mondragone	○		
1463	Federico da Montefeltro	Fano		○	

【資料3】「ヴェネツィア＝フェッラーラ戦争」における包囲戦での火器の使用状況（1）

年	指揮官	場所	火器のみ	火器＋その他	火器以外	白兵戦
1482	Federico da Montefeltro	Figheruolo	○			○
1482	Roberto da Sanseverino	Figheruolo	○			
1482	Venezia	Castel Guglielmo				○
1482	Roberto da Sanseverino	Lago Oscuro		○		
1482	Venezia	Rovigo	○			○
1482	Venezia	Lendinara	○			
1482	Amoratto Torello	Parma				
1482	Antonio Maria Sanseverino	Lago Oscuro	○			
1482	Guido de Rossi	castello di San Secondo	○			
1482	Venezia	Argenta	○			

資料編

年	指揮官	場所	火器のみ	火器＋その他	火器以外	白兵戦
1482	Sigismondo d'Este	Argenta				○
1482	Alfonso d'Aragona	Argenta	○			
1482	Roberto da Sanseverino	Mezzanino	○			
1483	Ferrara	Figheruolo	○			
1483	Ludovico Visconte	Felino	○			
1483	Roberto da Sanseverino	Trezzo				○
1483	Napoli	Lesina, Lizzo				○
1483	Andrea Zancani	Stellata				○
1484	Venezia	Gallipoli				○
1484	Melchiore Trevisan	Livo di Calabria				○
1484	Galeotto da Mirandora, conte Bernardino	Lion				○
1484	Genova	Livorno	○			
1484	Genova	Crovana				

【資料3】「ヴェネツィア＝フェッラーラ戦争」における包囲戦での火器の使用状況（2）

年	指揮官	場所	火器のみ	火器＋その他	火器以外	白兵戦
1484	Roberto da Sanseverino	Senica				○

【資料4】「アラゴン=アンジュー戦争」における軍隊の構成
単位＝人（砲兵のみ火器の数）、入力値「0」は人数不明を示す

年	指揮官	重騎兵	軽騎兵	歩兵	工兵	砲兵	その他	注記
1460	Ferrante	2000		200				
1461	教会軍（総兵力）	1600		800		0		
	同上 Antonio Piccolomini 旗下	800		400				
	同上 Giovanni（conte di Roma）旗下	700		200				
	同上 Pietro da Somma 旗下	100		200				
1461	Niccolò Forteguerri					2		
1461	Federico da Montefeltro	300						＊
1461	duca di Sessa 軍（総兵力）	700						＊
	同上 duca di Sessa 旗下	300						
	同上 Onorato di Gaeta 旗下	100						
	同上 Carlo boglioni 旗下	100						
	同上 Cardora 他の市民	100						
1461	Bartolomeo（vescovo di Corneto）	300						
1462	Ferrante 軍（総兵力）	1320		2000		1		＊
	同上 conte di Camerlengo 旗下	60				0		＊
	同上 Giovanni（conte di Roma）旗下	120						＊

244

資料編

1462	Iacopo Piccinino	1500			2000			
1462	Sigismondo Malatesta	960						*
1462	Matteo di Capua	660						*
1462	Federico da Montefeltro	420					0	*
1462	Astrogio di Faenza 軍（総兵力）	800			1000			
	同上 Astrogio di Faenza 旗下	500			1000			
	同上 Corrado d'Alviano 旗下	300						
1462	Roberto Orsini	50			300			
1463	Napoleone Orsini	360			1000			0	*
1463	Ferrante	600			2000			0	*
1463	duca di Sessa	60			200				*
1463	duca di Sessa				1000				
1463	教会軍（総兵力）	720			0			3	歩兵多数
	同上 Federico da Montefeltro 旗下	420			0				*
	同上 Forlì, Faenza からの援軍	300							*

【資料4】「ヴェネツィア＝フェラーラ戦争」における軍の構成（1）

年	指揮官	重騎兵	軽騎兵	歩兵	工兵	砲兵	その他	注記
1482	Roberto da Sanseverino						2000	内訳不明

245

1482	Federico da Montefeltro	1000		1000		
1482	Luigi Contarini				2	
1482	Bartolomeo Falziero	100		100		
1482	Niccolò Secco, Giovanni Antonio Caldora	2000		2000		
1482	Roberto Malatesta	1500		800		
1482	Federico da Montefeltro	1000		1000		
1482	Vettore Soranzo		200			
1482	Ferrara	60				*
1482	Sigismondo d'Este	1000		1000		
1482	Niccolò Secco, Giovanni Antonio Caldora	30				
1482	Antonio di Stefani	300	300	800		
1482	Sigismondo d'Este	360		2000		*
1482	Roberto da Sanseverino, Francesco Sanudo	1500		0	0	*
1482	Ferrara	210				*
1482	Alfonso d'Aragona	2000				
1482	duca di Lorena			300		
1483	Antonio da Centomiglia		1100			
1483	Niccolò da Petigliano	800		2000		
1483	Vettore Soranzo		7	500	0	

資料編

1483	Ludovico Visconte	2100			*
1483	Roberto da Sanseverino, Marco Antonio Morosini	0	3000	5	
1483	Alfonso d'Aragona ecc.	2400			*
1483	signore di Pesaro	240			*
1483	Giacomo di Mezzo	300		0	
1483	marchese di Mantova	210			*
1484	Alfonso d'Aragona	1380		0	*
1484	Venezia		84	3000	6000
1484	Luca Pisani (podesta di Brescia)	600	500	3000	9000	*
1484	Niccolò da Petigliano	600			*
1484	Venezia	400		300	
1484	Antonio di Manzano (conte fiorentini)	180		700	*
1484	Guido de Rossi	420		0	8580
1484	Napoli (Lecce より)	450		600	
1484	Roberto da Sanseverino	900			
1484	Antonio di Manzano (conte fiorentini)	800			

【資料4】「ヴェネツィア=フェラーラ戦争」における軍の構成（2）

年	指揮官	重騎兵	軽騎兵	歩兵	工兵	砲兵	その他	注記
1484/5/23	conte di Marsilio	60	0	0				＊
1484/5/25	Alfonso d'Aragona	420	0	0				＊
1484/5/25	Alfonso d'Aragona 留守部隊	60		100				＊
1484/5/25	Venezia		50	50				
1484/5/28	Messer. Joan Jacobo				0			
1484/5/30	Alfonso d'Aragona	0	0	0				
1484/5/30	Roberto da Sanseverino	0	0	0				
1484/6/4	Roberto da Sanseverino	120	20	30				＊
1484/6/5	Roberto da Sanseverino			2000				
1484/6/6	Venezia		180					＊
1484/6/6	Juambaptista Carazolo Colamdrea			120				＊
1484/6/6	Alfonso d'Aragona	480						＊
1484/6/7	Roberto da Sanseverino		400					
1484/6/13	Antonio Marzano	180	30					＊
1484/6/13	conte di Marsilio	120						＊
1484/6/13	Fracasso	420		0				＊
1484/6/18	Aloysi de Capua			300				

248

資料編

1484/6/19	Venezia 歩兵隊長 (colonnello di fanti)			300
1484/6/26	Feltresci	120		30	*
1484/7/5	Alfonso d'Aragona の全同盟軍	3150		5000	0	*
1484/7/11	Joanni Bentivoglio	120	60			*
1484/7/12	Alfonso d'Aragona		0	200	100
1484/7/15	Alfonso d'Aragona の全同盟軍	3600		5000	0	*
1484/7/18	Pietro Colompna	25		
1484/7/21	Raneri de Lagni			300
1484/7/21	signore de Carpi	30				*
1484/7/21	Alfonso d'Aragona の全同盟軍	9000				*

注1：＊印は、原資料における重騎兵の兵力が turma/squadra (騎兵小隊) 数で記されていたことを示す。1小隊は30騎として計算した (Cfr. Leostello, 1883, p. 24. Pieri, 1933, p. 53)。

注2：アラゴン＝ヴェンツューレ戦争については Pio II (Enea Silvio Piccolomini), *I Commentari*, Siena, Edizioni Cantagalli, 1997を、ヴェネツィア＝フェッラーラ戦争については Sanuto, M, *Commentari della guerra di Ferrara tra li viniziani ed il duca Ercole d'Este nel 1482*, Venezia, Giuseppe Picotti, 1829と Leostello, J., *Effemeridi delle cose fatte per il duca di Calabria (1484-1491)*, Napoli, Accademia reale delle scienze, 1883（[資料2]（2）、[資料3]（2）、[資料4]（2）のみ）を基に作成した。なお[資料1]から[資料4]の人名・地名等の表記は基本的に原典の表記にならった。

249

【資料5】

マキァヴェッリ

Relazione di una visita fatta per fortificare Firenze（全訳）

『フィレンツェ築城検視報告書』

　我々はまず、モンテ・ウリヴェートから着手した。そしてリコルボリを限りとして、アルノ川南岸にそびえるこうした山々に建設するために考えられた築城計画全体を検討した。隊長殿（訳注：ペドロ・ナヴァロ）にはこれが大変野心的なもので、たいへん良い結果をもたらすだろうと思われた。しかし彼はまた、この計画をなすにあたって急ぐことも、緊急性も必要ではないし、またこれを防衛するための十分な人員が必要だと述べた。むしろこの計画がよろしく導かれるためには、この町の住民に苦痛を与えることなく、軍隊を集められるだけ集めなくてはならないだろうとも述べた。

　上記のことを考慮して、アルノ川南岸を囲っている城壁を縮小すべきであろう。彼の理解したところによれば、そこに城壁を築くことなく、そこを堅固にできるからである。まずサン・ニッコロ門から検討していこう。この門はナヴァロ殿のみるところ、サン・ミニアート門までの全居住区（すべて山の下に密集している）を伴っているが、いかなる手段をもっても維持・防衛はできないし、一層悪いことに、これを堅固にすることは不可能である。ゆえにこれを市街地から排除することが必要であると判断され、単にこれを放棄するだけでなく、家々を破壊してしまわなければならない。それゆえ、サン・ミニアート門を見下ろす場所に建つ第一の塔から、アルノ川の方へと斜めに、サン・ニッコロの粉ひき場を指して、城壁を移動させるべきであると思われる。そして新しい城壁と古い城壁の交わる隅には、新旧の城壁の壁面から武器の射程内に、堡塁を1つ建設し、新城壁の中間地点には堡塁と半月堡を備えた門を作る。これらは、今日こういった建築物を堅固にするのに用いる手法にしたがってなされるべきである。今まで述べたような方策をなすには、この居住区内に残っているあらゆる家屋は平坦に破壊するのが望まし

い。

　この計画ののちに、我々は、外側の城壁沿いの約200ブラッチャ（訳注：１ブラッチャ＝約60センチメートル）の通路、高い塔の建っている丘の頂上への登攀路にしたがって進んだが、この丘に強固な堡塁を築くために、この塔を低くし、約70ブラッチャ外側に移動させ、この塔の対面にある、いくつかの小さな家々を抱くようにするべきだと判断した。この堡塁はこの地点において巨大な１個の要塞として建設する。それというのもこの堡塁はその周囲にあるすべての丘を射程に収め、さらにその南北で、この堡塁とサン・ジョルジョ門までを結ぶ城壁の弱い地点を守るからである。また、この地点を何者かが包囲戦のときの野営地として用いようとするのを恐れるからである。

　次に我々はサン・ジョルジョ門へといたった。ここでは、よく用いられる手法だが、門の高さを低くし、丸みを帯びた堡塁を作り、脇に出入り口を作るべきだと思われる。この門をくぐると、ほんの150ブラッチャほど外側に、二重の角をもつ城壁がある。ここは壁が交互に走り、右の方へと曲がっている。ここにはケースメート（訳注：砲郭）１つと、側面を射程に収めた丸い堡塁１つを建設すべきだと思われる。さて、ここであなた方には、城壁がある場所にはすべて堀を掘るつもりであるということがお分かりいただけるだろう。なぜなら堀は町を守る最初の守りであるから。

　さらに約150ブラッチャ強ほど先へと進むと、そこにはいくつかのバービカン（訳注：城壁の下部に傾斜をつけた強化点）がある。これらは、もう１つの堡塁へと作り変えるべきだと思われる。この堡塁が強固に建設され、前方を適切に射程に収めたあかつきには、上述の二重の角をもつ堡塁を建設せずとも、防衛機能を果たすであろう。この場所をすぎると、塔が１つ建っている。この塔は拡張し、背を低くすべきだと思われる。そして、この塔の上には重砲２門が配置できるようにすべきである。こうした砲の配置は、他の塔すべてに行う。ナヴァロ殿は「こうした塔が互いに、密集して建っていれば、これは巨大な要塞のように働くので、側面から砲撃されないばかりか、

正面からも砲撃されない」と語った。また「当然のことながら、1つの都市は1つの軍隊が牽引できるよりも多くの砲兵を持っているものだし、あなた方は敵に対してより多くの砲兵を配置できるので、敵はあなた方に対抗するだけの砲兵を配置することはできない。また多数の砲兵はより少数の砲兵に勝るものだから、敵はあなた方を攻撃することもできない」ともナヴァロ殿は述べた。そういうわけだから、あらゆる幅の広い塔の頂部には重砲兵を配置できるようにすべきだ。そして敵の攻撃を困難にするためにはこの手法に従わなくてはならない。

　さらに我々は歩き続け、サン・ピエトロ・ガットリーノ門（訳注：現ロマーナ門）への登り口へといった。ナヴァロ殿はこの地点にとどまって、サン・ジョルジョ門からこの地点までの場所をよりよく防衛するために熟考された。我々はバルトロメオ・バルトローニの農園へと入り、すべての事物を観察し、サン・ジョルジョ門から我々のいる場所までのすべての地域は、これまで述べてきたような堡塁を作るのではなく、別の新しいやり方で要塞化しなくてはならないと考えた。新しいやり方とは、サン・ピエトロ・ガットリーノ門へと下る坂の起点から適切な建て方の城壁を走らせるというものである。この城壁はサン・ジョルジョ門を目指して左へと曲がり、下り坂にそって走る。そしてサン・ジョルジョ門と接合する。このとき新城壁の内側に残される旧城壁は取り壊す。この新城壁は、その起点から終点まで一直線となり、約500ブラッチャの長さとなろう。また、旧城壁からの距離は200ブラッチャを超えないであろう。このように適切に建設されれば、この地点はよりよく防衛されるであろう。なぜなら旧城壁は無益であり、新城壁は有益だから。

　旧城壁のうち、がけの後ろに建っている部分については、短期間でがけを埋めてしまうことはできない。そしてこの旧城壁が補修され、平らな部分を持つようになれば、周囲に広がる丘をより遠方で射程に収められるようになる。それは敵が旧城壁を砲撃するのが困難となるほどで、旧城壁からは敵を容易に砲撃できるだろう。また、堀を掘る出費も節約できるだろう。なぜな

らがけが堀の役割も果たすだろうだから。また旧城壁に設置されるあらゆる堡塁の出費も節約できるだろう。なぜなら新城壁の方は、大した出費を支払わずとも、側面攻撃ができるように適切に建設されるだろうから。そんなわけで、この地域において、前述の新城壁を築くのは、旧城壁を堀と堡塁でより堅固にするのと同じくらい安上がりであろう。

　この地域を考察したのち、我々は城壁へと引き返し、サン・ピエトロ・ガットリーノ門へと下って行った。後ろから2番目の塔（高さ30ブラッチャ）も、またその他のすべての塔も、すでに述べたように、拡張し背を低くするべきだと思われる。サン・ピエトロ・ガットリーノ門も、他のすべてと同じやり方で背を低くし、そこに全体を抱え込むようなかたちの堡塁を1つ建設すべきである。この堡塁はサン・ジョルジョ門およびサン・フライアーノ門（訳注：現サン・フレディアーノ／フィオレンティニスモ門）の方へ延びる城壁を射程に収める。

　つぎに城壁へと広がるサン・ドナート・ア・スコペルトの丘について考察した。この城壁はサン・ピエトロ・ガットリーノ門から、カマルドーリ地区へと走る壁に囲まれた市門まで築かれている。サン・ピエトロ・ガットリーノ門と壁に囲まれた市門の間にのびる、これらの城壁は、すべて取り壊すべきだと思われる。そして、一方の門から他方の門の間に、新しい城壁を作るべきであろう。その場合、古い城壁は、幅200ブラッチャ以上にわたって、サン・ドナートの丘の向こうまで取り壊されるだろう。ちなみにこの丘には荒れた菜園があるが、サン・ニッコロ女子修道会の修道院1つを取り壊す以外には、なんらの損害も与えないであろう。

　つぎにサン・フライアーノへと我々は進んだ。そしてサン・フライアーノ門へと並ぶ塔のうち、後ろから数えて2つ目の塔に、堡塁を1つ作るべきだと思われる。これはその塔よりも15ブラッチャ外側にせり出すようにする。サン・フライアーノ門には強固な堡塁を1つ作る。そしてアルノ川までにあるいくつかの塔は拡張し、背を低くする。アルノ川の方を防衛する城壁の隅には、粉ひき場があるが、ここには粉ひき場を囲いこみ、周囲全てを射程に

収めるような堡塁を１つ作るべきだ。

　我々はここから、カッライア橋の方へと続く城壁にそって進みながら、アルノ川の方へと下った。これらの地点は、アルノ川の方へと低い位置から射撃する砲郭で城壁を埋めるべきだと思われる。そこには排水口があるので、小さな塔を１つ建設し、これは美観という観点以外にも、側面からの射撃をおこなうためのものとなろう。

　アルノ川南岸の城壁全体とその近くに広がる丘について、上述の通り考察してきたが、我々は、プラート広場へと走る城壁について次のように求める。すなわちウリヴェートの丘を囲うようにすること。そしてサン・ジョルジョの城壁については、サン・ドナート・ア・スコペルトの丘を囲うようにすること。ジュスティツィアの城壁はサン・ミニアートの丘を覆うようにすること。これらすべての丘は以上のように判断された。ナヴァロ殿は、離れた地点も、横断的に砦によって守ることができる地点も、何の問題も引きおこさないと述べた。なぜなら敵はこういった地点から容易に攻撃することはできないからである。

　アルノ川南岸の全部を検討して、われわれは川の北側へとむかい、ムリーナ・デル・プラートの小門から検討を始めた。まず、ゴーラ通りについて検討したが、ここの家々は城壁にそっており、アルノ川まで並んでいる。我々は次に門を通って、メディチ運河へといたった。そして運河の終点までいって、そこにある突堤すなわちテラス状の地点についた。これは運河の突端にある。この場所は、もっとも堅固にできる場所だと思われる。すなわち粉ひき場をすべて取り込むような堡塁を１つ作り、これらの粉ひき場は、運河沿いの菜園へとのびる防壁の内側にあって防衛される。この防壁は薄く作ることができるだろう。というのはこれが砲撃されることはないから。そして運河ぞいの菜園の低くなった地点、すなわち私がテラス状の地点と呼んだ場所には、前述の堡塁と隣り合うような別の堡塁を１つ建設すべきだ。この堡塁はその正面からアルノ川の方へと砲撃できる。ナヴァロ殿は次のように述べた。すなわち「このようにしておけば、敵は排水を担っているこの運河に近

資料編

づくことは決してできないし、2つの堡塁の正面と側面から敵を砲撃することができる。そして川の対岸に配置された砲兵によって敵の背後も射撃できる」と。こうしてゴーラ通りの家々は、この付近の地点を弱体化させることにはならないだろう。

突堤に建てる堡塁近くにある、ペスカイアの排水口のヴォールト上部は平らにすべきであると思われる。そうしておけば、このヴォールトの上部には大砲を2門配置できるであろう。その他には、突堤からカッライア橋の間に建っている家々は、見晴らしのいいやぐらを建てればアルノ川を見渡すことができるので、それらを囲うような壁を作る。ナヴァロ殿がいうには、内通者や裏切りといった観点からすると、こうした場所を私人が支配しているのはよろしくないからだ。またナヴァロ殿は、ムリーナの小門は、堡塁によって防衛されるであろうと述べた。

この地域の検討を終えて、我々はムリーナ門を離れて、ムンゴーネの支流（訳注：アルノ川右岸の支流）にいたる外側の城壁沿いを隅まで進んだ。そこから城壁はプラート門の方へ右に曲がっている。この隅には、ムリーナ門の方角と、プラート門の方角を守れるような、最も堅固な堡塁を築くべきであると思われる。ムンゴーネについては、ここでも、またこれまで通過してきたどこでもそうだが、堀として用いられることが望まれる。そして、この場所では、プラート門の角からムンゴーネ沿いに城壁を作るべきだ。この城壁はムンゴーネ左岸地域を防護し、さらに、隅に建てたムンゴーネの方を向いた堡塁へとつながり、堤防の代わりを務め、必要に応じて水を減らしたり、せき止めたりできるようにするべきだ。さらにムリーナ門の堡塁から始まる城壁ぞいには、堀を掘ってムンゴーネへとつなげる。この堀はムリーナ門へといたり、アルノ川の方へと方向を変えて、その排水口は壁で囲われる。この城壁の頂部はすべて、矢狭間胸壁を改良した突起物があり、矢狭間胸壁と同じ役割を果たす。プラート門はアルノ川南岸で述べたのと同じように、背を低くして、堡塁で要塞化を施すべきであろう。

次に我々はファエンツァ門へと向かった。中間地点にある小さな塔はすべ

て、背を低くして、矢狭間 胸壁をとりつけ、拡張すなわち最大限に幅が広くなるようにする。というのもそうすれば砲兵隊の火器2門をその上で用いることができるようになるからである。そしてファエンツァ門からプラート門までは十分な空間があるので、中間地帯にある塔の1つは、堡塁の役割を果たすように改造されるべきだと思われる。つまり、その基部に砲兵を配置できるように拡張するのである。

　ここから我々はサン・ガッロ門へと赴いた。ここでも他の場所のように強化すべきだ。そしてここに並ぶ塔の1つを、小さな堡塁にする。というのはここからムンゴーネが城壁沿いに流れ始めるからである。ムンゴーネに堀としての役割を果たして欲しいので、最適な場所に、小さな水門を高く築く。そうすれば低いところを流れる水は、堀の方へと流れるから。ナヴァロ殿はサン・ガッロ門と向かい合う丘について次のように判断した。すなわち「みたところ、フィレンツェの敵はこれまでこの丘を強固で便利な野営地として用いてきた。しかしこの場所の敵が防護されていない状態だった場合は、フィレンツェにとって新たな懸念とはならなかった」と。

　次に我々はピンティ門へとむかった。ここも他の地点同様強化しなければならないだろう。サン・ガッロ門からここまでの中間地帯にならぶ塔の1つを、これまで門と門の間の塔について述べてきたのと同じように、小さな堡塁とするのだ。

　ピンティ門を離れ、城壁ぞいを約700ブラッチャにわたって進むと、その一隅に三角形の塔があるのを見出した。そして城壁はクローチェ門の方へと右に曲がっている。この隅からクローチェ門までは約400ブラッチャである。そんなわけでこの隅には大きな堡塁を作るべきだと思われる。この堡塁は30ブラッチャ以上の高さの塔よりはるか遠方を砲撃できるもので、この一帯の二重の城壁をよく防御するだろうし、前方に向かって平野部を激しく攻撃するだろう。

　次に我々はクローチェ門にいたった。ここも他の場所同様強化しなくてはならないだろう。ここから城壁沿いに大天使ラファエルに捧げられた礼拝堂

と向かい合う塔がある。これはアルノ川に近い一帯をよりよく防衛できるように、十分拡張すべきである。

　我々はジュスティツィア門へと着いた。ここではクローチェ区のテンピオ教会と、この地区の内部にある廃屋はすべて取り壊さねばならないように思われる。そして、ここに最大規模の堡塁を1つ作るべきだ。そうすればアルノ川の入口を堅固に守ることができるだろう。さらに、弾薬・軍需物資のための塔を、ジュスティツィア門の近くに建てるべきだ。これは背が低く大型で、そうすればまたこの地域をより強固にしてくれるだろう。　　　（了）

注：テキストは Machiavelli, N., *Relazione di una visita fatta per fortificare Firenze*, in. *Opere*, I（a cura di Vivanti, C.）, Torino, Einaudi, 1997を用いた。

参考文献一覧

<原典・翻訳>

Alberti, L. B., *L'architettura [De re aedificatoria]* (a cura di Orlandi, G.), Milano, Polifilo, 1966.

アルベルティ、レオン・バッティスタ(相川浩訳)『建築論』、中央公論美術出版、1982年。

Cataneo, P., *I Quattro Primi Libri di Architettura*, Ridgewood, The Gregg Press, 1964 (first ed. 1554).

Cataneo, P., *L'architettura*, in. *Pietro Cataneo, Giacomo Barozzi da Vignora TRATTATI* (a cura di Bassi, E., Benedetti, S., Bonelli, R., Magagnato L., Marini, P., Scalesse, T., Semenzato, C., Casotti, M. W.), Milano, Polifilo, 1985 (first. ed. 1567).

Ferraiolo, *Una cronaca napoletana figurata del quattrocento* (a cura di Filangieri, R.), Napoli, L'arte tipografica, 1956.

Guicciardini, F., *Storia d'Italia* (a cura di E.Mazzali), voll. 3, Milano, Garzanti, 1988.

Laggetto, G. M., *Historia della guerra di Otranto del 1480* (a cura di Muscari, L.), Maglie, B. Canitano, 1924.

Landucci, L., *Diario Fiorentino dal 1450 al 1516*, Firenze, Sansoni, 1985 (first ed. 1883).

ランドゥッチ(中森義宗他訳)『ランドゥッチの日記——ルネサンス一商人の覚え書』、近藤出版社、1988年。

Leostello, J., *Effemeridi delle cose fatte per il duca di Calabria* (1484-1491), in. *Documenti per la storia, le arti, e le industrie napoletane* (voll. 3) (a cura di Filangeri, G.), vol. I, Napoli, Accademia reale delle scienze, 1883.

Machiavelli, N., *Tutte le opere* (a cura di Martelli, M.), Firenze, Sansoni, 1971.

Machiavelli, N., *Il principe*, in. *Opere*, I (a cura di Vivanti, C.), Torino, Einaudi, 1997. (Machiavelli, 1997 a)

Machiavelli, N., *Dell'arte della guerra*, in. *Opere*, I (a cura di Vivanti, C.), Torino, Einaudi, 1997. (Machiavelli, 1997 b)

Machiavelli, N., *Discorsi sopra la prima deca di Tito Livio*, in. *Opere*, I (a cura di

参考文献一覧

Vivanti, C.), Torino, Einaudi, 1997.（Machiavelli, 1997 c）

Machiavelli, N., *Relazione di una visita fatta per fortificare Firenze*, in. *Opere*, I（a cura di Vivanti, C.）, Torino, Einaudi, 1997.（Machiavelli, 1997 d）

マキァヴェッリ、ニッコロ(池田廉訳)『君主論』(『マキァヴェッリ全集』I)、筑摩書房、1998年（マキァヴェッリ、1998年 a）。

マキァヴェッリ、ニッコロ(服部文彦・澤井繁男訳)『戦争の技術』(『マキァヴェッリ全集』I)、筑摩書房、1998年（マキァヴェッリ、1998年 b）。

マキァヴェッリ、ニッコロ(永井三明訳)『ディスコルシ』(『マキァヴェッリ全集』II)、筑摩書房、1999年。

マキァヴェッリ、ニッコロ(藤沢道郎訳)『政治小論・書簡』(『マキァヴェッリ全集』VI)、筑摩書房、2000年。

Martini, Francesco di Giorgio, *Trattati di Architettura ingegneria e arte militari*（a cura di Maltese, C.）, I－II, Milano, Polifilo, 1967.

マルティーニ、フランチェスコ・ディ・ジョルジョ(日高健一郎訳)『建築論』、中央公論美術出版、1991年（Ashburnham 写本のみの翻訳）。

Paltroni, P., *Commentari della vita et gesti dell'illustrissimo Federico duca d'Urbino*（a cura di Tommasoli, W.）, Urbino, Accademia Raffaello, 1966.

Peruzzi, B., *Trattati di Architettura Militare*（a cura di Parronchi, A.）, Firenze, Gonnelli, 1982.

Pio II（Enea Silvio Piccolomini）, *I Commentari*（a cura di Marchetti, M.）, Siena, Cantagalli, 1997.

Sanudo, M., *Commentari della guerra di Ferrara tra li viniziani ed il duca Ercole di Este nel MCCCCLXXXII*, Venezia, Giuseppe Picotti, 1829.

Sanudo, M., *La spedizione di Carlo VIII in Italia*（a cura di Fulin, R.）, Venezia, Commercio di Marco Visentini, 1873.

Vasari, G., *Le vite dei più eccellenti pittori, scultori e architetti*, Roma, Newton, 2004.
ヴァザーリ(森田義之監訳)『ルネサンス彫刻家建築家列伝』、白水社、1989年。

Vitruvio, *De Architectura Libri X*（a cura di salino, F.）, Roma, Kappa, 2002.
ウィトルーウィウス(森田慶一訳)『ウィトルーウィウス建築書』、東海大学出版会、1979年。

＜研究文献＞

Adams, N., *L'architettura militare di Francesco di Giorgio*, in. *Francesco di Giorgio architetto*（a cura di Fiore, F. P. & Tafuri, A.）, Milano, Electa, 1993.（Adams, 1993 a）

Adams, N., *Castel Nuovo a Napoli. Anni novanta del XV secolo*, in. *Francesco di Giorgio architetto*（a cura di Fiore, F. P. & Tafuri, A.）, Milano, Electa, 1993.（Adams, 1993 b）

Adams, N., *La Rocca di San Leo. Fine anni settanta del XV secolo e sgg.*, in. *Francesco di Giorgio architetto*（a cura di Fiore, F. P. & Tafuri, A.）, Milano, Electa, 1993.（Adams, 1993 c）

Adams, N. & Krasinski, J., *La rocca Roveresca di Mondolfo. 1483 - 1490 circa, distrutta.*, in. *Francesco di Giorgio architetto*（a cura di Fiore, F. P. & Tafuri, A.）, Milano, Electa, 1993.

Adams, N. & Pepper, S., *Firearms & Fortifications : Military Architecture and Siege Warfare in Sixteenth - Century Siena*, Chicago, The University of Chicago Press, 1986.

Angeloni, A., *Francesco di Giorgio a Casole d'Elsa : la torre di porta ai Frati. Resoconto su un contesto edilizio pluristratificato*, in. *Francesco di Giorgio Martini rocche, città, paesaggi*（a cura di Nazzaro, B. & Villa, G.）, Roma, Kappa, 2004.

Angelucci, A., *Gli schioppettieri milanesi nel XV secolo*, Milano, Arnaldo Forni, 1980（first ed. Milano, 1865）.

Antiche artiglierie nelle Marche secc. XIV - XVI（a cura di Mauro, M.）, voll. I - II, Ancona, Centro studi per le armi antiche, 1989.

Armati, C., *Influenze martiniane nell'architettura militare di età laurenziana*, in. *Francesco di Giorgio Martini rocche, città, paesaggi*（a cura di Nazzaro, B. & Villa, G.）, Roma, Kappa, 2004.

Arnold, T. F., *Fortifications and the Military Revolution : the Gonzaga Experience, 1530 - 1630*, in. *The Military Revolution Debate*（ed. Rogers, C. J.）, Boulder, Westview Press, 1995.

Balestracci, D., *Le Armi i Cavalli l'Oro. Giovanni Acuto e i condottieri nell'Italia del trecento*, Roma, Laterza, 2003.
バレストラッチ、ドゥッチョ(和栗珠里訳)『フィレンツェの傭兵隊長ジョン・ホークウッド』、白水社、2006年。

Barone, N., *Notizie storiche raccolte dai registri curiae della cancelleria aragonese*, in. 《Archivio Storico per le Province Napoletane》, vol. XIV, 1889.

参考文献一覧

Bentivoglio, E., *Documenti sul castello di Ostia e su Rocca Sinibalda*, in.《Quaderni del Dipartimento Patrimonio Architettonico e Urbanistico》, IX, 16 – 18, 1999, pp. 9 – 11.

Biffi, M., *La traduzione del De Architectura di Vitruvio*, Pisa, Scuola Normale Superiore, 2003.

Black, J., *A Military Revolution? 1660 – 1792 Perspective*, in. *The Military Revolution Debate*（ed. Rogers, C. J.）, Boulder, Westview Press, 1995.

Bruschi, A., *L'architettura a Roma negli ultimi anni del pontificato di Alessandro VI Borgia（1492 – 1503）e l'edilizia del primo cinquecento*, in. *Storia dell'architettura italiana il primo cinquecento*（a cura di Bruschi, A.）, Milano, Electa, 2002.

Bruschi, A., *L'architettura a Roma al tempo di Alessandro VI : Antonio da Sangallo il Vecchio, Bramante e l'antico autunno 1499 – autunno 1503*, in. *L'antico, la tradizione, il moderno da Arnolfo a Peruzzi, saggi sull'architettura del Rinascimento*（a cura di Ricci, M. & Zampa, P.）, Milano, Electa, 2004.

Cafferro, W., *Mercenary Companie and the Decline of Siena*, Baltimore, The Johns Hopkins University Press, 1998.

Canali, F. & Leporini, D., *L'aggiornamento del castello di Belvedere Marittimo（Cosenza）, tra Giuliano da Maiano, Francesco di Giorgio Martini e Antonio Marchesi da Setti-gnano（1487 – 1494）*, in. *Studi per il V centenario della morte di Francesco di Giorgio Martini（1501 – 2001）*（a cura di Canali, F.）, Firenze, Alinea, 2005.

Cipolla, C. M., *Vele e cannoni*, Bologna, il Mulino, 1983（first ed.1965）.
チポッラ、C・M(大谷隆昶訳)『大砲と帆船　ヨーロッパの世界制覇と技術革新』、平凡社、1996年。

Costantini, A. & Paone, M., *Guida di Gallipoli*, Galatina, Congedo, 1992.

Dechert, M., *City and Fortress in the Works of Francesco di Giorgio : the Theory and Practice of Difensive Architecture and Town Planning*, Ph.D diss., The Catholic University of America, 1984.

Dechert, M., *Il sistema difensivo di San Leo : Studio della sua architettura*, in. *Federico di Montefeltro lo stato le arti la cultura*（a cura di Baiardi, G. C., Chiottolini, G., Floriani, P.）, Roma, Bulzoni, 1986.

Dechert, M., *The Military Architecture of Francesco di Giorgio in Southern Italy*, in.《The Journal of the Society of Architecutural Historians》, Vol. XLIX : 2, 1990, pp. 161 – 180.

De Pascalis, G., *Francesco di Giorgio e l'architettura militare in area pugliese*, in. *Francesco di Giorgio Martini rocche, città, paesaggi* (a cura di Nazzaro, B. & Villa, G.), Roma, Kappa, 2004.

DeVries, K., *Infantry Warfare in the Early Fourteenth Century*, Woodbridge, The Boydell Press, 1996.

Fiore, F. P., *Città e macchina del'400 nei disegni di Francesco di Giorgio Martini*, Firenze, Olschki, 1978.

Fiore, F. P., *Francesco di Giorgio e il rivellino"acuto" di Costacciaro*, in.《Quaderni dell'istituto di storia dell'architettura》, N. S. I, 1987, pp. 197−208.

Fiore, F. P., *Francesco di Giorgio e il suo influsso sull'architettura militare di Leonardo*, in. *L'architettura militare nell'età di Leonardo* (a cura di Viganò, M.), Bellinzona, Casagrande, 2008.

Fiore, F. P., *L'architettura come baluardo*, in. *Guerra e Pace* (*Storia d'Italia* 18), Torino, Einaudi, 2002.

Frommel, S., *Piacevolezza e difesa : Peruzzi e la villa fortificata*, in. *Baldassare Perzzi 1481−1536* (a cura di Frommel C. L., Bruschi, A., Burns, H., Fiore, F. P., & Pagliara, P. N.), Venezia, Marsilio, 2005.

Gioggi, L., *Il borgo e il castello di Ostia : un'esperienza esemplare di urbanistica minore*, in.《Edilizia militare》, anno II, n. 3, 1981. pp. 33−43.

Hale, J. R., *The Early Development of the Bastion : an Italian Chronology c. 1450−c. 1534*, in. *Renaissance War Studies*, London, The Hambledon Press, 1983. (Hale, 1983 a)

Hale, J. R., *To Fortify or Not to Fortify? Machiavelli's Contribution to a Renaissance Debate*, in. *Renaissance War Studies*, The Hambledon Press, London, 1983. (Hale, 1983 b)

Hall, B. S., *Weapons&Warfare in Renaisance Europe*, Baltimore, The Johns Hopkins University Press, 1997.

ホール、バート・S(市場泰男訳)『火器の誕生とヨーロッパの戦争』平凡社、1999年。

Lamberini, D., *Alla bottega del Francione : l'architettura militare dei maestri fiorentini*, in. *Francesco di Giorgio alla corte di Federico da Montefeltro* (a cura di Fiore, F. P.), Firenze, Olschki, 2004.

Lamberini, D., *Tradizionalismo dell'architettura militare fiorentina di fine quattrocento*

参考文献一覧

nell'operato del Francione e di ⟨suoi⟩, in. *L'architettura militare nell'età di Leonardo* (a cura di Viganò, M.), Bellinzona, Casagrande, 2008.

Mallett, M. E., *Mercenaries and Their Masters Warfare in Renaissance Italy*, London, The Body Head, 1974.

Mallett, M. E. & Hale, J. R., *The Military Organization of Renaissance State : Venice. c. 1400 to 1617*, Cambridge, Cambridge University Press, 1983.

Mancini, F., *Urbanistica rinascimentale a Imola da Girolamo Riario a Leonardo da Vinci (1474 - 1502)*, voll. 2, Imola, Grafiche Galeati, 1979.

Marani, P. C., *Francesco di Giorgio a Milano e a Pavia : conseguenze e ipotesi*, in. *Prima di Leonardo* (a cura di Galluzzi, P.), Milano Electa, 1991.

Mariano, F., *Francesco di Giorgio : La pratica militare*, Urbino, Quattroventi, 1989.

Marino, F., *La cittadella antropomorfa. Francesco di Giorgio a San Costanzo*, in. *Francesco di Giorgio Martini rocche, città, paesaggi* (a cura di Nazzaro, B. & Villa, G.), Roma, Kappa, 2004.

Martorano, F., *Francesco di Giorgio Martini e il revellino di Reggio Calabria*, in. ⟨Quaderni del Dipartimento Patrimonio Architettonico e Urbanistico⟩, vol. V, 1995, p. 41 - 54.

Martorano, F., *In Calabria sulle tracce di Francesco di Giorgio*, in. *Francesco di Giorgio Martini rocche, città, paesaggi* (a cura di Nazzaro, B. & Villa, G.), Roma, Kappa, 2004.

Mauro, M., *Rocche e bombarde fra Marche e Romagna nel XV secolo*, Ravenna, Adriapress, 1995.

Muratori, M. S., *Baldassare Peruzzi e Rocca Sinibalda. La ristrutturazione cinquecentesca della Rocca Snibalda : Notizie e nuovi documenti*, in. *Baldassare Perzzi 1481 - 1536* (a cura di Frommel C. L., Bruschi, A., Burns, H., Fiore, F. P., & Pagliara, P. N.), Venezia, Marsilio, 2005.

Mussini, M., *Francesco di Giorgio e Vitruvio*, Firenze, Olschki, 2003.

Norris, J. *Early Gunpowder Artillery c. 1300 - 1600*, Wiltshire, The Crowood Press, 2003.

Oman, C., *The Art of War in the Middle Ages*, London, Greenhill Books, 1998 (first published, 1937).

Oman, C., *The Art of War in the Sixteenth Century*, London, Greenhill Books, 1999 (first published 1937).

Ongaretto, R., *Baldassare Peruzzi e Rocca Sinibalda. I disegni di Baldassare Peruzzi per Rocca Sinibalda*, in. *Baldassare Perzzi 1481 − 1536* (a cura di Frommel C. L., Bruschi, A., Burns, H., Fiore, F. P., & Pagliara, P. N.), Venezia, Marsilio, 2005.

Pederetti, C., *Leonardo: la fortezza gustata*, in. *L'architettura militare nell'età di Leonardo* (a cura di Viganò, M.), Bellinzona, Casagrande, 2008.

Pepper, Simon, *Castles and Cannon in the Naples Campaign of 1494 − 95*, in. *The French Descent into Renaissance Italy, 1494 − 95* (ed. Abulafia David), Variorum, Hampshire, 1995.

Pieri, P., *Il"Governo et Exercitio de la Militia" di Orso degli Orsini e I"Memoriali"di Diomede Carafa*, Napoli, Sanitaria, 1933.

Pieri, P., *Il rinascimento e la crisi militare italiana*, Torino, Einaudi, 1952.

Pieri, P., *Guerra e politica negli scrittori italiani*, Torino, Arnoldo Mondadori, 1955.

Rogers, C. J. , *The Military Revolution of the Hundred Years War*, in. *The Military Revolution Debate* (ed. Rogers, C. J.), Boulder, Westview Press, 1995, pp. 55 − 94.

Rusciano, C., *Napoli 1484 − 1501 La città e le mura aragonesi*, Roma, Bonsignori, 2002.

Rusciano, C., *Presenza e interventi di Francesco di Giorgio in Campania*, in. *Francesco di Giorgio Martini rocche, città, paesaggi* (a cura di Nazzaro, B. & Villa, G.), Roma, Kappa, 2004.

Savelli, R., *Il maschio della rocca di Fossombrone: una rilettura dell'intervento martiniano alla luce degli ultimi scavi*, in. *Contributi e ricerche su Francesco di Giorgio nell' Italia centrale* (a cura di Colocci, F.), Urbania, Comune di Urbino, 2006.

Scaglia, G., *Il Vitruvio magliabechiano/di Francesco di Giorgio Martini*, Firenze, Gonnelli, 1985.

Scaglia, G., *Francesco di Giorgio: Checklist and History of Manuscripts and Drawings in Autographs and Copies from ca. 1470 to 1687 and Renewed Copies (1764 − 1839)*, Bethlehem, Lehigh University Press , 1992.

Scaglia, G., *Francesco di Giorgio's Drawings of Fort Plans in Opusculum de Architectura and Sketches of Them in His Codicetto*, in. 《Palladio》, n. 27, 2001, pp. 5 − 16.

Tafuri, M., *Le chiese di Francesco di Giorgio Martini*, in. *Francesco di Giorgio architetto* (a cura di Fiore, F. P. & Tafuri, M.), Milano, Electa, 1993.

参考文献一覧

Taylor, F. L., *The Art of War in Italy 1494 – 1529*, Cambridege, Cambridge University Press, 1921.

Tessari, C., *Baldassare Peruzzi : Il progetto dell'antico*, Milano, Electa, 1995.

Torriti, P., *Francesco di Giorgio Martini*, Milano, Giunti, 1993.

Van Creveld, M., *Supplying War*, Cambridge, Cambridge University Press, 1977.
クレフェルト、マーチン・ファン(佐藤佐三郎訳)『補給戦』中央公論新社、2006年(初版1980年)。

Viganò, M., *Baluardi in Lombardia e nel Genovesato durante il primo dominio francese (1499 – 1514)*, in. *L'architettura militare nell'età di Leonardo*（a cura di Viganò, M.）, Bellinzona, Casagrande, 2008.

Volpe, G., *Francesco di Giorgio architetture nel ducato di Urbino*, Milano, Clup Cittàstudi, 1991.

Volpe, G & Savelli, R, *La rocca di Fossombrone : una applicazione della teoria delle fortificazioni di Francesco di Giorgio Martini*, Fossombrone, Banca popolare del Montefeltro e del Metauro, 1978.

Weller, A. S., *Francesco di Giorgio 1439 – 1501*, Chicago, The University of Chicago Press, 1943.

＜和書および訳書＞

アルガン、ジュウリオ・C(堀池秀人・中村研一訳)『ルネサンス都市』、井上書院、1983年。

石黒盛久編著『戦略論大系⑬マキァヴェッリ』、芙蓉書房出版、2011年。

石黒盛久「マキアヴェルリ政治思想における状況と原理――「フィレンツェ軍制改革論」をめぐって」、『近世軍事史の震央――人民の武装と皇帝の凱旋』(西澤龍生編)、彩流社、1992年。

エリス、ジョン(越智道雄訳)『機関銃の社会史』、平凡社、1993年。

大久保圭子「ヨーロッパ『軍事革命論』の射程」、『思想』881号、1997年、151 – 171頁。

小佐野重利『ラファエロと古代建築』、中央公論美術出版、2003年。

クロスビー、アルフレッド・W(小沢千重子訳)『数量化革命』、紀伊国屋書店、2003年。

小堤盾編著『戦略論大系⑫デルブリュック』、芙蓉書房出版、2008年。

齊藤寛海・山辺規子・藤内哲也編『イタリア都市社会史入門　12世紀から16世紀ま

で』、昭和堂、2008年。

サッソ、ジェンナーロ(須藤佑孝・油木兵衛訳)『若きマキァヴェッリの政治思想』、創文社、1983年。

シャボー、フェデリコ(須藤祐孝訳)『ルネサンス・イタリアの〈国家〉・国家観』、無限社、1993年。

シャボー、フェデリコ(石黒盛久訳)『ニッコロ・マキァヴェッリ』(『マキアヴェッリ全集』補巻)、筑摩書房、2002年。

ジル、ベルトラン(山田慶兒訳)『ルネサンスの工学者たち』、以文社、2005年。

スピーニ、ジョルジョ(森田義之・松本典昭訳)『ミケランジェロと政治』、刀水書房、2003年。

『戦略・戦術・兵器辞典5　ヨーロッパ城郭編』、学習研究社、1997年。

富岡次郎「フィレンツェにおける民兵制度の崩壊と傭兵使用」、『傭兵制度の歴史的研究』(京都大学文学部西洋史研究室編)、比叡書房、1955年。

ドラクロワ、ホースト(渡辺洋子訳)『城壁にかこまれた都市』、井上書院、1983年。

中嶋和郎『ルネサンス理想都市』、講談社、1996年。

根占献一『ロレンツォ・ディ・メディチ　ルネサンス期フィレンツェ社会における個人の形成』、南窓社、1997年。

ノーヴァ、アレッサンドロ(日高健一郎監訳)『建築家ミケランジェロ』、岩崎美術社、1992年。

パーカー、ジェフリ(大久保桂子訳)『長篠合戦の世界史——ヨーロッパ軍事革命の衝撃1500-1800年』、同文館、1995年。

バーク、ピーター(森田義之・柴野均訳)『イタリア・ルネサンスの文化と社会』、岩波書店、2000年。

マクニール、W(高橋均訳)『戦争の世界史——技術と軍隊と社会——』、刀水書房、2002年。

松本典昭『メディチ君主国と地中海』、晃洋書房、2006年。

松本静夫「フランチェスコ・ディ・ジョルジョ研究(1)——手稿序文について——」、『日本建築学会論文報告集』第317号、1982年、125-132頁。

山本義隆『一六世紀文化革命』(voll. 2)、みすず書房、2007年。

ラウレンツァ、ドメニコ(池上英洋他訳)『レオナルド・ダ・ヴィンチ藝術と発明【飛翔

参考文献一覧

篇】』、東洋書林、2008年。
リドルフィ、ロベルト（須藤佑孝訳）『マキァヴェッリの生涯』、岩波書店、2009年。

挿図出典一覧

第1章

地図1　筆者作図 ……………………………………………………………………… *14*
地図2　同上 …………………………………………………………………………… *15*
地図3　同上 …………………………………………………………………………… *16*
fig.1-1　*Antiche artiglierie nelle Marche secc. XIV-XVI*（a cura di Mauro, M.）, vol. I, Ancona, Centro studi per le armi antiche, 1989, p.10より筆者作図 ……………… *29*
fig.1-2　同上 ………………………………………………………………………… *29*
fig.1-3　筆者撮影（2005年） ……………………………………………………… *33*
fig.1-4　同上 ………………………………………………………………………… *34*
fig.1-5　Adams, N. & Pepper, S., *Firearms & Fortifications: Military Architecture and Siege Warfare in Sixteenth-Century Siena*, Chicago, The University of Chicago Press, 1986, p.4, Fig.1より筆者作図 ……………………………………… *36*
fig.1-6　函館教育委員会提供 ……………………………………………………… *36*
fig.1-7　Ferraiolo, *Una cronaca napoletana figurata del quattrocento*（a cura di Filangieri, R.）, Napoli, L'arte tipografica, 1956, fig.Ⅲ. ……………………………… *46*

第2章

地図1　筆者作図 …………………………………………………………………… *65*
fig.2-1　筆者撮影（2005年） ……………………………………………………… *68*
fig.2-2　Fiore, F. P., *Francesco di Giorgio e il rivellino"acuto" di Costacciaro*, in. «Quaderni dell'istituto di storia dell'architettura», N. S. I, 1987, fig.11より筆者作図 ……………………………………………………………………………………… *68*
fig.2-3　Martini, Francesco di Giorgio, *Trattati di Architettura ingegneria e arte militari*（a cura di Maltese, C.）, Milano, Polifilo, 1967, TAV.1より筆者作図 ……… *70*
fig.2-4　左：Torriti, P., *Francesco di Giorgio Martini*, Milano, Giunti, 1993, p.32／右：Adams, N., *L'architettura militare di Francesco di Giorgio*, in. *Francesco di Giorgio architetto*（a cura di Fiore, F. P. & Tafuri, A.）, Milano, Electa, 1993, p.137より筆者作図 …………………………………………………………………………… *70*
fig.2-5　Martini, 1967, TAV. 275. ………………………………………………… *71*
fig.2-6　筆者撮影（2005年） ……………………………………………………… *72*
fig.2-7　Martini, 1967, TAV. 274. ………………………………………………… *73*
fig.2-8　Armati, C., *Influenze martiniane nell'architettura militare di età laurenziana*,

挿図出典一覧

in. *Francesco di Giorgio Martini rocche, città, paesaggi*（a cura di Nazzaro, B. & Villa, G.）, Roma, Kappa, 2004, p.128, fig.21より筆者作図 ················73
fig.2-9　筆者撮影（2005年） ················74
fig.2-10　Volpe, G & Savelli, R, *La rocca di Fossombrone : una applicazione della teoria delle fortificazioni di Francesco di Giorgio Martini*, Fossombrone, Banca popolare del Montefeltro e del Metauro, 1978, p.97, fig.34より筆者作図 ··········74
fig.2-11　筆者撮影（2005年） ················75
fig.2-12　Mariano, F., *La cittadella antropomorfa. Francesco di Giorgio a San Costanzo*, in. *Francesco di Giorgio Martini rocche, città, paesaggi*（a cura di Nazzaro, B. & Villa, G.）, Roma, Kappa, 2004, p.99, fig.2より筆者作図 ···········75
fig.2-13　Martini, 1967, TAV. 276より筆者作図 ················77
fig.2-14　Martini, 1967, TAV. 277より筆者作図 ················78
fig.2-15　Martini, 1967, TAV. 279より筆者作図 ················78
fig.2-16　左：Martini, 1967, TAV. 278より筆者作図／右：筆者撮影（2005年） ········78
fig.2-17　筆者撮影（2005年） ················80
fig.2-18　Adams, N., *La Rocca di San Leo. Fine anni settanta del XV secolo e sgg.*, in. *Francesco di Giorgio architetto*（a cura di Fiore, F. P. & Tafuri, A.）, Milano, Electa, 1993, p.221より筆者作図 ················80
地図2　筆者作図 ················85
fig.2-19　Canali, F. & Leporini, D., *L'aggiornamento del castello di Belvedere Marittimo（Cosenza）, tra Giuliano da Maiano, Francesco di Giorgio Martini e Antonio Marchesi da Settignano(1487-1494)*, in. *Studi per il V centenario della morte di Francesco di Giorgio Martini(1501-2001)*（a cura di Canali, F.）, Firenze, Alinea, 2005, p.105, fig.7より筆者作図 ················88
fig.2-20　左：筆者撮影（2005年）／右：Canali & Leporini, 2005, p.105, fig.7より筆者作図 ················89
fig.2-21　Dechert, M., *The Military Architecture of Francesco di Giorgio in Southern Italy*, «The Journal of the Society of Architecutural Historians», Vol. XLIX : 2, 1990, p.171, fig.16より筆者作図 ················90
fig.2-22　Canali & Leporini, 2005, p.105, fig.7より筆者作図 ················90
fig.2-23　De Pascalis, G., *Francesco di Giorgio e l'architettura militare in area pugliese*, in. *Francesco di Giorgio Martini rocche, città, paesaggi*（a cura di Nazzaro, B. & Villa, G.）, Roma, Kappa, 2004, p.169, fig.11より筆者作図 ·········90
fig.2-24　Adams, *L'architettura militare di Francesco di Giorgio*, 1993, p.149. ········90
fig.2-25　Rusciano, C., *Presenza e interventi di Francesco di Giorgio in Campania*, in. *Francesco di Giorgio Martini rocche, città, paesaggi*（a cura di Nazzaro, B. & Villa, G.）, Roma, Kappa, 2004, p.153, fig.4. ················92

fig.2-26　Martini, 1967, TAV. 255. ……92
fig.2-27　Martini, 1967, TAV. 248. ……94
fig.2-28　Adams, N., *Castel Nuovo a Napoli. Anni novanta del XV secolo*, in. *Francesco di Giorgio architetto*（a cura di Fiore, F. P. & Tafuri, A.）, Milano, Electa, 1993, p.292, XV.1.3. ……95
fig.2-29　Rusciano, 2004, p.159, fig.13. ……95
fig.2-30　Canali & Leporini, 2005, p.104, fig.5より筆者作図 ……99
fig.2-31　Martorano, F., *In Calabria sulle tracce di Francesco di Giorgio*, in. *Francesco di Giorgio Martini rocche, città, paesaggi*（a cura di Nazzaro, B. & Villa, G.）, Roma, Kappa, 2004, p.183. fig.22より筆者作図 ……100

第3章

fig.3-1　Martini, 1967, TAVV. 212-213より筆者作図 ……117
fig.3-2　中嶋和郎『ルネサンス理想都市』、講談社、1996年、64頁（図1－17）……122
fig.3-3　上：Martini, 1967, TAV. 246より筆者作図／下：アッカーマン、J・S、『ミケランジェロの建築』中森義宗訳、彰国社、1976年、92頁より筆者作図 ……123
fig.3-4　Armati, 2004, p.138, fig.21より筆者作図 ……133
fig.3-5　筆者撮影（2006年）……133
fig.3-6　筆者撮影（2005年）……133
fig.3-7　筆者撮影（2006年）……134
fig.3-8　筆者撮影（2006年）……135
fig.3-9　筆者撮影（2006年）……136
fig.3-10　Fiore, F. P., *L'architettura come baluardo*, in. *Guerra e Pace（Storia d'Italia 18）*, Torino, Einaudi, 2002, fig.2. ……136
fig.3-11　Viganò, M., *Baluardi in Lombardia e nel Genovesato durante il primo dominio francese(1499-1514)*, in. *L'architettura militare nell'età di Leonardo*（a cura di Viganò, M.）, Bellinzona, Casagrande, 2008, Ill. 8. ……136
fig.3-12　筆者撮影（2006年）……137
fig.3-13　筆者撮影（2006年）……137
fig.3-14　Martini, 1967, TAV. 111. ……145
fig.3-15　Martini, 1967, TAV. 257. ……146

第4章

fig.4-1　左：Martini, 1967, TAV. 277より筆者作図／右：Fiore, F. P., *Francesco di Giorgio e il suo influsso sull'architettura militare di Leonardo*, in. *L'architettura militare nell'età di Leonardo*（a cura di Viganò, M.）, Bellinzona, Casagrande, 2008, Ill. 10. ……154

挿図出典一覧

fig.4-2　左：筆者撮影（2006年）／右：Adams & Pepper, 1986, p.41, fig.23より筆者作図 …… 162

fig.4-3　Adams & Pepper, 1986, p.50, fig.36より筆者作図 …… 163

fig.4-4　筆者撮影（2005年） …… 164

fig.4-5　筆者撮影（2006年） …… 164

fig.4-6　Frommel, S., *Piacevolezza e difesa : Peruzzi e la villa fortificata*, in. *Baldassare Perzzi 1481-1536*（a cura di Frommel C. L., Bruschi, A., Burns, H., Fiore, F. P., & Pagliara, P. N.）, Venezia, Marsilio, 2005, p.597, fig.1 …… 166

fig.4-7　筆者撮影（2005年） …… 168

fig.4-8　Bruschi, A., *L'architettura a Roma al tempo di Alessandro VI : Antonio da Sangallo il Vecchio, Bramante e l'antico autunno 1499- autunno 1503*, in. *L'antico, la tradizione, il moderno da Arnolfo a Peruzzi, saggi sull'architettura del Rinascimento*（a cura di Ricci, M. & Zampa, P.）, Milano, Electa, 2004, p.252, fig.11より筆者作図 …… 168

fig.4-9　左：Bruschi, A., *L'architettura a Roma negli ultimi anni del pontificato di Alessandro VI Borgia (1492-1503) e l'edilizia del primo cinquecento*, in. *Storia dell'architettura italiana il primo cinquecento*（a cura di Bruschi, A.）, Milano, Electa, 2002, p.40／右：Bruschi, 2004, p.248, fig.8より筆者作図 …… 169

fig.4-10　Gioggi, L., *Il borgo e il castello di Ostia : un'esperienza esemplare di urbanistica minore*, in. «Edilizia militare», anno II, n. 3, 1981, p.39より筆者作図 …… 170

fig.4-11　Fiore, F. P., *Città e macchina del '400 nei disegni di Francesco di Giorgio Martini*, Firenze, Olschki, 1978, Tav. 239 v. …… 172

fig.4-12　Peruzzi, B., *Trattati di Architettura militare*（a cura di Parronchi, A.）, Firenze, Gonnelli, 1982, p.210. fig.XXXII. …… 172

fig.4-13　Ongaretto, R., *Baldassare Peruzzi e Rocca Sinibalda. I disegni di Baldassare Peruzzi per Rocca Sinibalda*, in. *Baldassare Perzzi 1481-1536*（a cura di Frommel C. L., Bruschi, A., Burns, H., Fiore, F. P., & Pagliara, P. N.）, Venezia, Marsilio, 2005, p.577, fig.1. …… 172

fig.4-14　Ongaretto, 2005, p.578, fig.2. …… 172

fig.4-15　Ongaretto, 2005, p.578, fig.3.より筆者作図 …… 172

fig.4-16　左：Pederetti, C., *Leonardo : la fortezza gustata*, in. *L'architettura militare nell'età di Leonardo*（a cura di Viganò, M.）, Bellinzona, Casagrande, 2008, Ill. 1./右：Pederetti, 2008, Ill. 2. …… 173

fig.4-17　Pederetti, 2008, Ill. 8. …… 173

fig.4-18　Armati, 2004, p.138, fig.21より筆者作図（矢印は加筆） …… 174

fig.4-19　Cataneo, P., *L'architettura*, in. Pietro Cataneo, Giacomo Barozzi da Vignora

TRATTATI（a cura di Bassi, E., Benedetti, S., Bonelli, R., Magagnato L., Marini, P., Scalesse, T., Semenzato, C., Casotti, M. W.）, Milano, Polifilo, 1985（first. ed. 1567）, p.224. ·· *177*

第 5 章

fig.5-1　マクニール、W（高橋均訳）『戦争の世界史――技術と軍隊と社会――』、刀水書房、2002年、124頁（図 3 ） ··· *209*
fig.5-2　Martini, 1967, TAV. 119. ·· *209*
fig.5-3　筆者作図 ··· *212*
fig.5-4　同上 ··· *213*

あ と が き

　イタリアの多くの都市は、中世からルネサンスに建てられた城壁をさまざまな形で残している。城壁そのものは近代の都市拡張で取り壊されたとしても、いまなお城壁内だった街区は歴史的景観を残しているし、城壁は外周道路として、城砦や稜堡の跡地は公園・広場として使われている。それらには「城壁通り」や「稜堡広場」といった名前がつけられていることも珍しいことではないのだ。現代のイタリア都市の景観や都市構造は、本書で扱ったフランチェスコ・ディ・ジョルジョやペルッツィたちが活躍した時代と同じく、なお城壁・城砦によって特徴づけられているといえるだろう。これら「ルネサンスの軍事技術」の遺構は、いまもイタリア人にとって生活と密着した存在なのだ。

　現代のイタリア都市がかつての城砦の記憶をとどめている理由は、ルネサンスの城壁が、それ以後の都市発展と敵対する関係にはなかったからだろう。確かに、近代の都市にとって、砲撃を防ぐことのできない中世城壁は無用のものだったかもしれない。だがルネサンス以降、大砲の活躍する時代を迎えても、建築家が砲撃に耐えうる新しい築城術を考案した結果、都市を砲撃から守るための城壁を築くことができるようになった。こうして、中世が終わりルネサンスから近代へと時代が進んでも、イタリアの都市は城壁を都市の内外を分ける境界として保ち続けたのである。
　城壁築造を含めたルネサンスの軍事技術は、都市の外形を規定しただけではない。都市発展の方向性をも決定づけていた部分がある。それは中世都市から近代都市への発展において、軍事技術がいかに大きな影響力を持っていたかを示している。軍事技術が都市発展を大きく左右した一例として、フェッラーラ市をあげたい。
　『イタリア・ルネサンスの文化』を書いたドイツの歴史家ヤーコプ・ブル

クハルトは、イタリアのフェッラーラを「ヨーロッパで最初の近代都市 erste moderne Stadt Europas」と呼んだ。なぜならフェッラーラでは、歴代君主の指示によって規則的に設計された広大な市街地が作られ、増大する都市人口への対策がとられただけでなく、官庁の集中や、産業の誘致がおこなわれたからである。

　フェッラーラの新市街建設は15世紀末に初めておこなわれた。実行した君主の名をとって「エルコレの拡張」と呼ばれるこの工事は、建築家ビアジオ・ロッセッティの計画の下、整然とした街路や広場、市内を流れる運河を整備し、稜堡を備えた新しい城壁で守るというものであった。そこにみられるのは、古代ローマに触発されたルネサンスの建築家が夢見てきた、「理想都市」の構想である。この「近代都市」フェッラーラで、16世紀には宮廷文化が花開くことになる。

　そもそも、なぜこのような拡張がおこなわれたのか。この都市計画の起源は、1482年から84年の対ヴェネツィア戦争（本書第1章参照）にさかのぼる。このときヴェネツィアの攻撃を防ぐため、フェッラーラ旧市街の外側に急造された土塁防壁が、のちに拡張される新市街を囲む城壁となり、旧市街と土塁防壁を結ぶ道路が、新市街の街路となったのである。つまり、増大する人口に対応するという目的の裏には、将来の対ヴェネツィア戦に備えた城砦整備が隠されていたのだ。

　さらにこの拡張計画を実行した君主エルコレ・デステは、運河とメインストリートが交わり、交通の便が良い町の中心地サン・ジュリアーノ地区に、多数の武器職人・大砲職人を雇用し定住させるという、一種の「軍需産業振興策」をおこなった。エルコレの後を継いだアルフォンソ・デステは、砲術を趣味とし、砲兵隊を率いて各地の戦場で活躍し、自慢の大砲を肖像画に描かせるほど大砲を愛した君主であった。その庇護下で騎士道文学の傑作『狂えるオルランド』を書いたアリオストは、アルフォンソのために砲弾をあしらった紋章をデザインしたといわれる。そこにはフランス語で「いつでも、どこへでも（砲弾を命中させる）」という意味の Lieu et Temps というモッ

あとがき

トーが記されていた。このような大砲に理解のある君主を得て、エルコレ以降、16世紀を通じてフェッラーラは大砲産業の育成を怠らなかった。その結果、サン・ジュリアーノ地区には砲身鋳造や砲車製造を分業でおこなう建物が設けられ、火薬を量産できる人力機械が導入され、品質管理官を任命して大砲の品質を一定に保つ制度が作られた。こうしてフェッラーラ製の大砲は自国の軍隊だけでなく、イタリア諸国やスペイン・フランスにも供給されるようになった。つまりブルクハルトのいう近代的要素のうち、規則的な計画による市街建設・産業誘致は、まさに軍事的な動機によって促されていたのである。

　フェッラーラは、軍事技術に特有の性格が、都市計画・産業振興にとって重要な役割を果たした顕著な例である。それは、軍隊や軍隊に関する組織の「命令・規律に従って組織的に活動する集団」という性格が、都市と産業に秩序を与えたからであろう。そもそも、なぜ「大砲」が産業として振興されたのだろうか。それはエステ家の当主が偶然砲術に関心があったというだけではない。16世紀の大砲製造には、産業として都市に誘致され、分業制や機械による生産や品質管理といった、近代的工場を思わせるシステムが導入される必然性があったのだと私は考える。

　エステ家君主が大量の大砲職人をフェッラーラに定住させた理由はなにか。多くの職人を招くことで、より多くの大砲を作らせようとしたことだけではない。実は中世からルネサンスの砲兵隊員は、大砲職人が兼務していたことにもその理由がある。当時の大砲職人は、戦時には自分の作った大砲を持って戦地に赴き、砲兵として戦ったのだ。こうした職人と兵士の兼業は、当時のイタリア語にもあらわれている。「砲手」を意味するボンバルディエリ bonbardieri という言葉は、同時に「ボンバルダ（火器）を作る人」という意味でも用いられた。同様に、「火縄銃 scoppietto を作る人」と「火縄銃兵」はともに scoppiettieri と呼ばれたのである。つまりエステ家の職人誘致・定住策は、産業振興だけでなく、砲兵隊の増強と常備軍化という目的も含んでいた。そして、職人たちは部隊として戦うために、エステ家君主の命

令で平時から組織化されていた。だからこそ大砲製造に関してだけは、平時から職人を定住させ、組織化しておく必要が存在したのである。砲手を集めて砲兵隊を編成するという行為が、同時に職人を組織化することと同義だったがために、組織化された軍隊制度が大砲の生産システムに反映されたのだと考えなければ、16世紀という早い時期に分業・品質管理といった生産の効率化＝「近代化」がおこなわれた理由は説明できないだろう。

だが一方で、「大砲職人が砲手を兼務する」という前近代的な慣習がなければ、こうした産業誘致の契機は生まれなかったともいえる。つまり、「軍隊の持つ組織や合理主義が、中世の職人組合にとってかわった」などと安易に説明しうるわけではないのである。こうした合理と非合理が入り交じった状況から、次の時代へと進む原動力が生まれてくるところが、軍事技術史を研究する上での困難さであり、私が関心を惹かれる部分でもある。

本書で論じたフランチェスコ・ディ・ジョルジョの「擬人論」や「側面射撃」が、人文主義思想から得た着想でありながら軍事的合理性を備えた築城理論であったように、軍事技術の発達にはさまざまな矛盾した理論や価値観が関わっていた。合理主義がもっとも幅を利かせそうな軍事の分野においてすら、単純に中世の非合理主義が合理主義へと解消されることで近代化を果たしたわけではないという点を見すえて、今後も「ヨーロッパの近代化とはなにか」という問題に挑み続けたいと思っている。

私がそもそも城砦や大砲といったことに興味を持ったのは、学部生時代に触れた「軍事革命」論がきっかけだった。「軍隊と武器の発達が西欧近代化をうながした」という壮大なテーゼに心を動かされ、そのうちそうした「武器の発達」を担った人びととしての「建築家」に関心を持つようになった。こうして、イタリア建築家の軍事技術者としての側面に注目しながら研究するなかで書きあげたのが、本書の元となった博士論文「軍事技術者のイタリア・ルネサンス──火器と築城術の変遷：フランチェスコ・ディ・ジョルジョ・マルティーニからピエトロ・カターネオまで──」である。もともと

あとがき

　軍事技術に興味を持つきっかけとなった「軍事革命」論とは、かなり離れたものになってしまったという思いはあるが、軍事・戦争を通して近代とはなにかを考えようという試みの、筆者なりの1つの区切りとすることができた。

　本書は「軍事技術と近代化」だけでなく、結果的にイタリア・ルネサンスの人文主義思想や政治思想、都市論、美学など幅広いテーマを扱わずにはおれなくなった。こうした分野全てについて、軍事技術と絡めて過不足なく論じることは、私の手に余る作業であった。本書中のそうした記述の不足・間違いや論述の偏りについては、それぞれの分野を専門とする方からの批判・指摘を頂けると幸いである。

　本書の刊行にあたっては、京都大学の平成23年度総長裁量経費　若手研究者に係る出版助成事業による助成を受けた。そのほかにも、本書の刊行にさいしては、多くの方がたの助けがあった。お名前を全てここに列挙することはできないが、とりわけ京都大学大学院人間・環境学研究科の岡田温司先生には、博士論文の執筆から出版助成まで、さまざまなかたちでご助力を頂いた。そもそも10年前、イタリア語を学び始めて3か月にもならない学生だった私が、突然原典講読のゼミに出席して15世紀の建築書を読みたいと申し出たとき、こころよく受け入れてくださったのが先生である。ゼミの学生でもない筆者の研究を長年指導してくださったことに改めて感謝の意を表したい。また、出版事情が厳しいなか、本書の刊行を引き受けて下さった思文閣出版にも感謝したい。編集担当の田中峰人氏にはひとかたならぬお世話になった。心よりお礼を申し上げる。

　平成24年1月20日

著　者

人名索引

ア行

アゴスティーノ・ディ・ピアチェンツァ …………………………………………………51
アテナイのティモン ……………………………………………………………………208
アルフォンソ・ダラゴーナ（アルフォンソ2世）……………………………………
　　　　　40, 43-47, 51-53, 55, 56, 66, 85, 86, 92, 93, 96, 98, 101, 100, 111, 219
アルベルティ→レオン・バッティスタ・アルベルティ
アレクサンダー大王 ……………………………………………………179, 194-196
アレッサンドロ・スフォルツァ …………………………………………………120
アレッサンドロ・チェザリーニ …………………………………………………171
アレッサンドロ6世（教皇）………………………………………………………168
アントニオ・ダ・サンガッロ …………………………………………130, 167-169
アントニオ・ピッコローミニ ……………………………………………………50
アントニオ・フィラレーテ …………………………………………………83, 115
アントニオ・フェデリギ …………………………………………………………103
アントニオ・マルケージ ……………………………40, 87, 93, 95, 98, 131, 155
アントニオ・ラフレリー …………………………………………………………95
アントネッロ・ダ・カプア ………………………………………………………96
ヴァザーリ …………………………………………………………………………169
ヴィテッロ・ヴィテッリ …………………………………………………………217
ウィトルーウィウス ………6, 69, 83, 85, 111, 113, 114, 116-119, 122-126, 128, 129, 139-
　　　144, 146, 152, 153, 171, 178-180, 183, 188, 189, 191, 194, 210, 217, 229-231
ウェゲティウス ………………………………………125, 144, 146, 147, 157, 217
ヴェッキエッタ→ロレンツォ・ディ・ピエトロ
ヴォーバン→セバスティアン・ル・プレストル・ド・ヴォーバン
エティエンヌ・ドゥ・ペラク ……………………………………………………95
エルコレ・デステ ……………………………………………………………40, 52
オッタヴィアーノ・ウバルディ …………………………………………………69
オルソ・オルシーニ ………………………………………………………………52

カ行

カターネオ→ピエトロ・ディ・ジャコモ・カターネオ
カルロ・アルマーティ …………………………………………………………130
キケロ ………………………………………………………………………………216
グィッチャルディーニ→フランチェスコ・グィッチャルディーニ
グイドッチョ・ダンドレア ………………………………………………………103
グイドバルド・ダ・モンテフェルトロ …………………………………………66

278

人名索引

グスタフ・アドルフ …………………………………………………………………227
グスティナ・スカーリア ……………………………………………………………112
クリフォード・ロジャース …………………………………………………………54
クレメンス7世(教皇) ………………………………………………………161, 220

サ行

サッソ、G ……………………………………………………………………………204
サンガッロ兄弟 ………………………………………………167-170, 175, 177, 219
ジェフリ・パーカー ……………………………………………………9, 10, 227, 228
ジェレミ・ブラック …………………………………………………………………228
ジギスムント …………………………………………………………………………66
シクストゥス4世(教皇) ……………………………………………………………76
シジスモンド・マラテスタ ……………………………………………40, 44, 64, 75
ジャコモ・パリソト …………………………………………………………………51
シャボー、F …………………………………………………………………………204
シャルル8世 …………………………………………………………………8, 9, 216
ジャンピエロ・レオステッロ ………………………………………………………43
ジュリアーノ・ダ・サンガッロ ………………………130, 164, 167, 169, 174
ジュリアーノ・ダ・マイアーノ ………………………………86, 129, 131, 135, 139
ジュリアーノ・デッレ・ローヴェレ …………………………………………169
ジョヴァンニ・ダ・カナーレ ………………………………………………………53
ジョヴァンニ・デッレ・ローヴェレ ……………………………………………76
ジョヴァンニ・ブレシャーノ ………………………………………………………51
ジョヴァンニ・ミケーレ・ラッジェット …………………………………45-47
ジョルジョ・マルケージ・ダ・セッティニャーノ ………………………131
ジョン・ホークウッド ………………………………………………………………25
スキピオ・アフリカヌス …………………………………………………208, 210
聖フランチェスコ(アッシジの) …………………………………………………17
セバスティアン・ル・プレストル・ド・ヴォーバン ……………………35, 36

タ行

大アントニオ→アントニオ・ダ・サンガッロ
タッコーラ→マリアーノ・ディ・ヤーコポ
ダリウス ……………………………………………………………………195, 196
チーロ・チーリ …………………………………………………………40, 87, 91, 155
チェーザレ・ボルジア ……………………………………………………………51, 208
ディエゴ・デ・ラット ………………………………………………………………24
ディノクラテス ……………………………………………………………179, 194
ドナート(砲手の) ……………………………………………………………………51
ドミティウス・カルヴィヌス ……………………………………………………208

279

ナ行

ナヴァロ→ペドロ・ナヴァロ
永井三明……………………………………………………………………38
ニコラス・アダムス ………………………………………………………103
ニッコロ・マキァヴェッリ ………9-11, 32, 33, 37, 49, 80, 137, 188, 196-212, 214-218, 220

ハ行

バート・S・ホール ……………………………………………………5, 10, 14, 55
ハインリヒ7世 ……………………………………………………………24
バッチョ・ポンテッリ ………………………40, 87, 100, 131, 155, 164, 169, 170, 176, 219
バッロンキ、A……………………………………………………………156
バルダッサーレ・ペルッツィ ……………155-162, 165, 166, 168, 170, 171, 175-179, 182,
　　　183, 187, 191-195, 197-202, 214, 218, 219, 229-231
バルトローニ ………………………………………………………………44
パンドルフォ・ペトルッチ ………………………………………………103
ハンニバル …………………………………………………………208, 216, 217
ピウス2世(教皇)……………………………………………42, 44, 51, 56, 79, 120
ピエトロ・ダ・モリン ……………………………………………………52
ピエトロ・ディ・ジャコモ・カターネオ ……………………………………
　　　177-184, 187-189, 192-196, 198-202, 208, 210, 219, 227, 229, 230
ピエリ、P…………………………………………………………37, 38, 204
ピエロ・デッラ・フランチェスカ ………………………………………40
ピュロス ………………………………………………………………208
フェッライオーロ …………………………………………………………47
フェッランテ(フェルディナンド1世) ………………………44, 50, 52, 84, 101
フェデリーコ・ダ・モンテフェルトロ(フェデリーコ3世)……………………
　　　40, 44, 47, 51, 53, 55, 56, 64, 66, 67, 74-76, 84, 85, 91, 101, 103, 104, 111, 120, 219
フラ・ジョコンド …………………………………………………………96
フランチェスコ・グィッチャルディーニ ………………………8, 10, 32, 33, 216
フランチェスコ・ダンジェロ(通称ラ・チェッカ)……………………132, 134
フランチェスコ・デ・ホランダ ………………………………………95, 96
フランチェスコ・ディ・ジョヴァンニ(通称フランチョーネ)………………
　　　129-132, 134, 138, 139, 167
フランチェスコ・ディ・ジョルジョ・マルティーニ ………5-7, 10, 40, 51, 56, 63-70, 72,
　　　75-77, 79-88, 91-106, 111-132, 134, 135, 137-148, 152-160, 162, 163, 165-167, 169-
　　　171, 174-177, 179, 180, 182, 183, 187-189, 199, 201, 202, 205, 208, 209, 219, 228-231
フランチョーネ→フランチェスコ・ディ・ジョヴァンニ
フリードリッヒ1世 ………………………………………………………23
プリニウス …………………………………………………………158, 179
ヘール、J・R ……………………………………………………………33, 34
ペドロ・ナヴァロ ……………………………………………211, 212, 214-218, 220

人名索引

ペルッツィ→バルダッサーレ・ペルッツィ

マ行

マイケル・デシェルト …………………………………………………66
マイケル・マレット ……………………………………38, 42, 205
マイケル・ロバーツ ………………………………………227, 228
マキァヴェッリ→ニッコロ・マキァヴェッリ
マリアーノ・ディ・ヤーコポ(通称タッコーラ) ……65, 66, 112, 113
マリン・サヌード …………………………………42, 44, 92, 93
マルクス・グラエクス ……………………………………………158
マルケルス ……………………………………………………208
ミケランジェロ ……………………………………………39, 175, 218
ミリミートのワルター ……………………………………………28

ヤ行

ヤーコポ・ピッチニーノ …………………………………………50
ユスティニアヌス ………………………………………………188
ユリウス・カニサル ………………………………………208, 210
ユリウス2世(教皇) ……………………………………195, 196

ラ行

ラ・チェッカ→フランチェスコ・ダンジェロ
リヴィウス …………………………………………………………204
ルカ・ディ・バルトロ・ダ・バーニョカヴァッロ ………………103
ルカ・ランドゥッチ …………………………………………44, 45
ルチアーノ・ラウラーナ ……………………………………………40
ルドヴィコ・スフォルツァ …………………………………39, 219
レオステッロ ………………………………………………44, 49, 56
レオナルド・ダ・ヴィンチ ……………30, 39, 51, 153-155, 173, 174, 219, 220
レオン・バッティスタ・アルベルティ …………83, 115, 178, 179, 184, 189-191, 199, 210
ロドリジオ・ヴィスコンティ ……………………………………24
ロベルト・ヴァルトゥリオ ………………………………………65
ロベルト・オルシーニ ……………………………………………50
ロベルト・ダ・サンセヴェリーノ ………………………………51, 53
ロベルト・マラテスタ ……………………………………………53
ロムルス ……………………………………………………………190
ロレンツォ・ディ・ピエトロ(通称ヴェッキエッタ) ……103, 112, 113
ロレンツォ・ディ・メディチ ……………………………………86, 131

281

地名索引

ア行

アヴェッツァーノ ……………………………………………………128, 132, 134
アザンクール ………………………………………………………………21, 25
アッカディーア ……………………………………………………………………50
アドリア海 …………………………………………………………………………88
アレクサンドリア …………………………………………………………179, 194
アレッツォ …………………………………………………………………………23
イーモラ ……………………………………………………34, 131, 134, 135, 137
イスキア島 …………………………………………………………………………93
イングランド ………………………………………………………………25, 135, 137
ヴァレッタ …………………………………………………………………………35
ウェールズ …………………………………………………………………………25
ヴェッレトリ ………………………………………………………………………53
ヴェネツィア(共和国) ……………………38, 41, 48, 51, 52, 101, 193, 195, 196
ヴェルディトゥーロ ………………………………………………………………50
ヴェローナ ………………………………………………………………………122
ヴォルテッラ ……………………………………………………44, 131, 135, 137
ウルビーノ ……………………………………64, 67, 84, 85, 93, 101, 112, 113, 127
エジプト …………………………………………………………………………179
エミリア＝ロマーニャ(州) ………………………………………………34, 129, 152
オートラント …………………………………………………41, 45, 46, 84, 86-89, 91
オスティア(砦) ……………………………………………164, 169, 170, 174, 176
オランダ ……………………………………………………………………………36
オルベテッロ ………………………………………………………………103, 178

カ行

カーリ(砦) ……………………………………………………66, 72-74, 83, 132, 134
ガエタ(城) ……………………………………………………………………93, 96
カスタニャロ ………………………………………………………………………25, 30
カステル・ヌオーヴォ(マスキオ・アンジョイーノ) ………………………92-95
カストロヴィッラーニ ……………………………………………………………97, 98
カゾーレ・デルサ(砦) …………………………………………………………103, 104
カッセル ……………………………………………………………………………26
カプリ島 ……………………………………………………………………………93
カラブリア(州) ………………………………………………43, 86, 96-98, 100, 104
カリアーティ ………………………………………………………………………99

地 名 索 引

ガリーポリ(砦) ……………………………………………………87-89, 91, 97, 98, 100
ガルガーノ半島 ……………………………………………………………………88
カンパニア(州) ………………………………………………86, 91, 93, 94, 97, 152
カンパルディーノ ……………………………………………………………………23
キアーナ渓谷 ………………………………………………………………………103
教皇庁(教皇領) ………………………………………………………41, 86, 193, 211
ギリシャ …………………………………………………………………………190
グラダーラ ……………………………………………………………………………34
クレシー …………………………………………………………………21, 25, 26, 29
クレモーナ ……………………………………………………………………………51
グロッタフェッラータ ………………………………………………………………167
コスタッチャーロ ……………………………………………………66-69, 79, 82, 145
コッレ・ヴァル・デルサ ………………………………………………………164, 167
五稜郭 …………………………………………………………………………………36
コリリアーノ ……………………………………………………………………97, 98
コルトレイク(クルトレー) ……………………………………………………21, 25, 26
コンスタンティノープル(イスタンブル) …………………………………………193

サ行

サッソコルヴァーロ(砦) ………………………………………………67, 69-71, 74, 77
サッソフェルトリオ(砦) ………………………………………………66, 69-71, 74, 88
サトゥルニア ………………………………………………………………………103
サルザーナ …………………………………………………………………… 132, 138
サルザネッロ(砦) ………………………………………132, 134, 135, 167, 173, 174, 176
サルテアーノ ………………………………………………………………………102
サンコスタンツォ …………………………………………………67, 72, 75, 76, 88, 118
サンタンジェロ(城) ………………………………………………………………167
サンテルモ(城) ……………………………………………………………92, 93, 100
サンレオ(砦) ……………………67, 80-82, 84, 106, 132, 138, 170, 173, 174, 176, 202, 210
シエナ(共和国・市) ………23, 40, 63, 65, 102-104, 112, 113, 131, 155-157, 161, 165, 166,
    169, 170. 177, 178, 202, 214, 218, 231
スイス …………………………………………………………………………………25
スクルコラ・マルシカーナ …………………………………………………… 128, 132
スコットランド ………………………………………………………………………25
ステッラタ ……………………………………………………………………………53
スペイン ……………………………………8, 36, 178, 193, 195, 196, 204, 211, 217-220, 229
セスタ ………………………………………………………………………………103
セッラサンタボンディオ(セッラ)(砦) ……………………………66, 77, 78, 87, 91, 154
セニガッリア ……………………………………………………………… 34, 131, 138
ソルボロンゴ …………………………………………………………………………44

タ行

ターラント	87-89, 91, 97, 98, 100
タヴォレート(砦)	66, 77, 87, 91
タラモーネ	103, 178
タリアコッツォ	128, 132
チヴィタ・ヴェッキア(砦)	175
チヴィタ・カステッラーナ(砦)	167-170, 174, 176
チェッラート	103
チェリニョーラ	54, 211
ドイツ	24, 36
トスカーナ(州)	86, 129, 152, 164
トラモンターノ(城)	89
トルコ	46, 86-88, 101, 193, 195, 196
トレヴィーゾ	96
トロイア(砦)	50

ナ行

ナポリ	85-87, 92, 95, 102, 104, 121, 142
ナポリ王国	8, 41, 43, 66, 84, 86, 87, 94, 97, 100, 129
ナポリ市	88, 91, 93, 96, 100
ネットゥーノ(砦)	167, 168, 174-177

ハ行

函館	36
バノックバーン	21, 25
パリ	173
パリッツィ	99
ハンガリー	86
ピサ	207, 209
ピッツォ(砦)	97
ファーノ	44, 76
フィカローロ	51, 52
フィレンツェ(共和国)	8, 23, 24, 28, 41, 44, 129-132, 134, 138, 161, 167, 169, 211, 212, 214, 215, 218
プーリア(州)	43, 45, 50, 86-88, 97, 98, 100, 105, 152
フェッラーラ(公国)	41, 43, 52, 193, 195, 196
フォッソンブローネ(砦)	67, 72-75, 79, 82, 98, 100
フォッロニカ	103
フォルリ	34, 131, 134, 135, 137
フラミニア街道(フラミニア道)	66, 67, 72, 73, 82
フランス	8, 26, 36, 135, 137, 178, 193, 195, 196, 204, 211, 217-220, 229

地名索引

フランドル ……………………………………………………………………25
ブリンディシ(城) …………………………………………………87-89, 97, 98
フロントーネ(砦) …………………………………………67, 72, 74, 75, 79
ペーザロ ……………………………………………………………131, 135
ベルヴェデーレ(砦) …………………………………………………98-101
ベルギー ……………………………………………………………………36
ペルシア帝国 ……………………………………………………195, 196
ポッジボンシ ………………………………………………………………44
ポッジョ・インペリアーレ(砦) ……………………………86, 167-170, 174
ポルト・エルコレ ……………………………………………………103, 178
ボルドラーノ ………………………………………………………………51
ポワティエ ……………………………………………………………21, 25

マ行

マテーラ ………………………………………………………………88, 89, 91
マルケ(州) ……… 34, 64-66, 76, 81, 82, 86, 97, 98, 100, 102, 104-106, 121, 131, 132, 142, 152
マレンマ ………………………………………………………………103
マンフレドニア …………………………………………………………88
ミラノ …………………………………………………23, 30, 39, 52, 154, 219
メタウロ川 …………………………………………………………73, 82
メラーラ ……………………………………………………………………53
モン・サン・ペヴェール ……………………………………………………26
モンダヴィオ(砦) ……………………………………………44, 67, 76, 79, 82
モンタペルティ ……………………………………………………………23
モンテアクート ……………………………………………………………103
モンテサンタンジェロ ……………………………………………………88, 89
モンテフィオーレ …………………………………………………………44
モンテプルチャーノ ………………………………………………………103
モンテポッジョーロ(砦) ………………………………………86, 131, 135
モントリオ・ロマーノ ……………………………………………………51
モンドルフォ(砦) ……………………………………………………67, 76-78

ラ行

ラ・カステッリーナ ………………………………………………………86
ラツィオ(州) ……………………………………………………51, 152, 167
リーミニ ……………………………………………………44, 53, 64, 74
リグーリア(州) ……………………………………………………………132
ルチニャーノ(砦) …………………………………………………………103
レッジョ・ディ・カラブリア(レッジョ) ………………………………99
レニャーノ …………………………………………………………………23
ローマ …………………………………53, 66, 67, 128, 129, 156, 166, 167, 170, 190
ロッカ・インペリアーレ …………………………………………………99

ロッカ・シニバルダ ……………………………………………………171, 175
ロッソ(城) ……………………………………………………………88, 89, 98
ロンバルディア(州) ……………………………………………………………43

事項索引

ア行

アラゴン＝アンジュー戦争 ……………………………………41, 42, 44, 48-50, 52
『アラゴン朝ナポリ年代記』 *Cronaca della Napoli aragonese* ……………46, 47
アルキブジオ（アルキブージ） archibugio ………………………30, 47, 53, 76, 157
アントロポモルフィズモ antropomorfismo→擬人論
『イタリア史』 *Storia d'Italia* ………………………………………………8, 32
イタリア式築城 trace italienne→稜堡式築城
ヴェネツィア＝フェッラーラ戦争 ………………………………41-43, 47, 49, 51, 52
『ヴェネツィア＝フェッラーラ戦争備忘録』 *Commentari della guerra di Ferrara tra li viniziani* ……………………………………………………………42
オートラント戦争 ……………………………………………………41, 45, 84
『オートラント戦争史』 *Historia della guerra di Otranto* ………………46, 47

カ行

角型稜堡 angled bastion …………………………………………………………
　　　　　33-35, 68, 69, 75, 77, 79, 81, 84, 104, 105, 144-147, 168-170, 175, 177, 181, 184
カノン砲 cannone …………………………………………………8-10, 32, 44
カパンナート capannato ………………………76, 144, 162, 164, 165, 202, 231
『カラブリア公日録』 *Effemeridi* …………………………………………43, 56
キープ・ゲートハウス様式 ……………………………………………………135
擬人論 …………………………………………………………………………
　　　　　6, 7, 69, 70, 75, 79, 83, 91, 104, 115-117, 119, 141-143, 175, 179, 182-184, 229, 230
グアスタトーリ guastatori …………………………………………………52, 54, 55
軍事革命 Military Revolution ………………………………………9, 227-229, 232
『軍事建築論』 *Trattati di Architettura Militare* ……………………………
　　　　　155-161, 165, 166, 171, 175, 179, 180, 183, 191, 192, 195, 197, 199, 219
『軍事について』 *De re militari*（ヴァルトゥリオ） ………………………………65
『軍事について』 *De re militari*（ウェゲティウス） ……………………125, 144, 157
『君主論』 *Il principe* ……………………37, 196-199, 204, 205, 211, 215, 218
『建築』 *L'architettura* ……………………177, 178, 184, 187, 188, 192-194, 196, 199, 219, 227
『建築十書』 *De architectura* ……………………………………………………
　　　　　84, 111, 113, 124-129, 139, 140, 143, 146, 171, 179, 183, 229, 231
『建築について』 *De re aedificatoria* ……………………………………178, 179, 189
『建築四書』 *I Quattro Libri dell'Architettura* ………………177, 178, 192, 193, 199, 219
『建築論』 *Trattati di Architettura* …………56, 64, 66-72, 76, 77, 81, 83, 84, 91-94, 104, 105,
　　　　　111-125, 127, 128, 138, 139, 142-145, 148, 152-160, 162, 163, 166, 171, 179, 180, 183,

287

　　　　188, 202, 209
コルターネ cortane ……………………………………………………………………157
コルニーチェ(軒蛇腹、コーニス) ……………………………………………93, 96, 104

　　　　　　　　　　　　　　　サ行

シュムメトリア symmetria ………………………………………………………………6
神人同形説→擬人論
スカルパ scarpa ……………………………93, 94, 96, 97, 100, 104, 131, 135, 158
スコピエット scoppietto ………………………………………………30, 31, 44, 53
スピンガルダ spingarda …………………………………………………32, 47, 53, 157
『戦争の技術』 *Arte della guerra* …………………80, 137, 204-208, 211, 212, 215-218
側面射撃 ………………………68, 69, 72, 76, 77, 79-81, 84, 104-106, 121-129, 131, 132, 134, 135,
　　138-141, 143-148, 152, 153, 158, 160-171, 174-177, 183, 184, 187, 209, 230

　　　　　　　　　　　　　　　タ行

大塔 torrione………………………………………………122, 127, 132, 134, 144, 145, 230
チェルボッターナ(チェルボターネ) cerbottana ………………………………32, 157
チッタデッラ cittadella……………………………………77, 78, 97, 142, 160, 180
『ディスコルシ』 *Discorsi sopra la prima deca di Tito Livio* ………………………
　　　　　　　　　　　　　　　196, 198, 199, 202, 204, 205, 207, 211, 220

　　　　　　　　　　　　　　　ナ行

『日録』→『カラブリア公日録』

　　　　　　　　　　　　　　　ハ行

『博物誌』 …………………………………………………………………………158
バサリスコ basalisco………………………………………………………………32
パッサヴォランティ passavolante ………………………………………32, 47, 53, 157
パッツィ戦争 ………………………………………………………………………41, 44
半月堡 rivellino ……………………………………………………………………171
『備忘録』 *I Commentari* ……………………………………………………42, 56, 79
百年戦争(1337－1453) ………………………………………………8, 19, 21, 22, 25
『フィレンツェ築城検視報告書』 *Relazione di una visita fatta per fortificare Firenze* ……
　　　　　　　　　　　　　　　211-218
フィレンツェ派(フランチョーネ派)……………………………………………………
　　　　　　　　　130, 131, 134, 135, 137, 138, 142, 152, 153, 155, 165, 167, 168, 230
フチーレ fucile………………………………………………………………………30, 44
『法学提要』 *Institutiones*………………………………………………………188, 202
ボンバルダ bombarda ……………………………………28, 43, 51, 53, 72, 119, 157

　　　　　　　　　　　　　　　マ行

マスキオ maschio(主塔)……………………………………………………………

事項索引

        70-72, 74, 76-79, 83, 84, 87-89, 91, 97, 98, 100, 135, 137, 169
マルティーニ派 ……87, 91, 92, 94-102, 105, 130, 137, 152, 153, 155, 160, 165, 169, 175, 187
メザネッレ mezanelle ……………………………………………………………………157
モルタイオ(モルターロ) mortaio ………………………………………………32, 157

ヤ行

矢狭間胸壁 ……………………………………………………………94, 96, 97, 131, 158
『雄弁家について』……………………………………………………………………216
『要塞攻囲論』 *Traite de l'attaque des places* ………………………………………35
『要塞防御論』 *De la defense des places* ……………………………………………35
傭兵隊長 condottieri ……………………13, 37-42, 47-49, 52, 54-57, 103, 120, 205, 228, 231

ラ行

理想都市 città ideale ……………………………………5-7, 115, 117, 175, 179, 180, 187
リバルディ ribardi ………………………………………………………………………29
リボートカン ribaudequin …………………………………………………………29, 30
稜堡 bastione ……………6, 33-36, 66, 68, 70, 71, 74, 75, 77-79, 82-84, 88, 95, 98-100, 105,
 116, 120-122, 124, 129, 132, 134, 137, 139, 140, 145-147, 152-155, 161-163, 165-168,
 171, 174-178, 180-183, 187, 202, 206, 214
稜堡式築城 ……………6, 7, 11, 13, 35-37, 54, 68, 83, 105, 106, 114-118, 121, 122, 130, 146-
 148, 152, 153, 160, 163, 166, 174-177, 184, 187, 220, 230-232
ローマ劫略 Sacco di Roma ……………………………………………………156, 161
『ローマ史』………………………………………………………………………………204
『ローマ法大全』…………………………………………………………………………188

◎著者略歴◎

白幡　俊輔（しらはた・しゅんすけ）

1978年大阪府生まれ．2001年同志社大学文学部卒業．同年，京都大学大学院人間・環境学研究科修士課程入学．2004年イタリア・ローマ大学「サピエンツァ」建築学部留学（2006年帰国）．2010年京都大学大学院人間・環境学研究科博士後期課程修了．京都大学博士（人間・環境学）．現在，関西学院大学客員研究員．専門，軍事技術史．

〔主要論文〕「中世城壁から稜堡式城郭へ──15世紀イタリアの軍事技術・建築家・君主──」（今谷明編『王権と都市』思文閣出版，2008年）「フランチェスコ・ディ・ジョルジョの『イタリア式築城』成立への影響──大砲・築城・都市計画の視点から──」（『イタリア学会誌』2009年）「15世紀イタリア傭兵隊長の戦術と戦略」（『西洋中世研究』2010年）他．

軍事技術者のイタリア・ルネサンス
──築城・大砲・理想都市──

2012（平成24）年3月20日発行

定価：本体5,600円（税別）

著　者　白幡俊輔
発行者　田中　大
発行所　株式会社　思文閣出版
　　　　〒605-0089 京都市東山区元町355
　　　　電話 075-751-1781（代表）

印　刷　亜細亜印刷株式会社
製　本

ⓒS. Shirahata　　　ISBN978-4-7842-1625-3　C3022